内蒙古中部二连浩特地区古生代-早中生代岩浆-构造演化

Paleozoic to Early Mesozoic Magmatism in the Erenhot Region, Central Inner Mongolia：Petrogenesis and Tectonic Implications

袁玲玲　张晓晖　著

中南大學出版社
www.csupress.com.cn
·长 沙·

内容简介

Introduction

增生造山带构造演化与显生宙陆壳生长是当前国际固体地球科学界关注的重要议题。汇聚板块边缘岩浆事件序列的精细厘定是透视增生造山带构造演化过程和大陆地壳生长/再造机制的重要窗口。本书以对中亚造山带东段构造演化过程记录相对全面的二连浩特古生代-早中生代侵入岩建造为研究对象，系统开展了野外地质调查、精细年代学、矿物学和岩石地球化学研究，厘定了晚寒武世-晚奥陶世、晚泥盆世-早石炭世、晚石炭世-早二叠世和中三叠世四幕具有代表性的岩浆活动，重现了两期活动大陆边缘沟-弧(-盆)体系的发展、消亡和其间伴随的洋脊俯冲、大洋板片回撤等构造过程以及造山后岩石圈大规模伸展场景，构建了二连浩特-锡林浩特活动大陆边缘多阶段陆壳生长与演化的动态模型。本书可供从事岩浆岩岩石学、地球化学、大地构造学等研究的工作人员参考使用，也可供从事相关区域地质调查和填图工作的生产单位技术人员使用。

作者简介

About the Author

袁玲玲，女，1989 年生，博士(2017 年获中国科学院地质与地球物理研究所理学博士)，现为中南大学地球科学与信息物理学院特聘副教授。主要从事岩浆岩岩石学、岩石地球化学等研究工作，主持国家自然科学基金青年项目 1 项，参与国家自然科学基金重大项目子课题、面上项目等多项，在 *GSA Bulletin*、*Precambrian Research*、*Lithos*、*Journal of Asian Earth Sciences* 和《岩石学报》等国内外权威期刊发表论文 10 余篇。曾获中国科学院院长特别奖(2017)。

前言

Preface

本书的选题主要来源于国家自然科学基金面上项目(编号:41873035、41573031、41173043)关于华北地区北部显生宙岩浆岩建造精细成因解剖与大陆增生过程示踪的系列研究。本书综述了活动大陆边缘增生-造山演化的研究现状,总结了中亚造山带南缘内蒙古中部地区岩浆-构造演化的研究进展,介绍了内蒙古中部区域构造格局和二连浩特地质概况,系统开展了二连浩特-艾勒格庙地区古生代-早中生代侵入杂岩的岩相学、高精度年代学和多层次元素-同位素地球化学研究,详细探讨了各阶段侵入岩建造的岩石成因及其表征的中-下地壳和壳-幔过渡带性质变化规律、地球动力学过程以及陆壳生长-再造机制。

基于借助活动大陆边缘岩浆岩建造精细成因解剖反演地球动力学过程与大陆地壳增长模式的研究主题,本书设计了下述研究方案:

(1)野外地质调查:以1:20万区域地质图为基础,同时结合1:5万区域地质资料,根据岩体展布形态设计合理的考察路线。以横穿代表性岩体的实测剖面为主线,观察岩体内部岩相变化,对岩性变化明显的岩体进行大比例尺地质填图。系统采集各种类型的岩石样品,并运用GPS准确记录采样位置。

(2)年代学研究:采用锆石SIMS U-Pb定年,精确限定二连浩特地区各期岩浆事件时间,建立研究区古生代-早中生代侵入杂岩的精细年代学格架。

(3)岩石学和元素-同位素地球化学研究:采用岩石“探针”、元素地球化学和同位素示踪(全岩Sr-Nd-Hf与锆石Hf-O同位素)技术与方法,对代表性样品进行系统的岩相学、矿物学和配套的元素-同位素地球化学组成分析,综合研究岩石成因与相关的地质过程。具体而言,矿物主量元素采用日本JEOL系列电子探针 JXA-8100 测定，全岩主量元素采用 XRF 测定，全岩微量元素与 Hf 同位素采用 ICP-MS 测定，全岩 Sr-Nd 同位素采用 MAT-261 固体同位素质谱仪测定，锆石 Hf 同位素采用 LA-MC-ICP-MS 测定，锆石 O 同位素采用 Cameca IMS-1280 离子探针测定。

(4)区域对比与综合集成研究：在岩浆-构造事件序列划分和岩石成因研究的基础上，开展区域(蒙古南部和中国东北部)岩浆事件对比，探讨活动大陆边缘岩浆岩成因、地球动力学过程与大陆地壳生长-演化方式之间的耦合联系。

作为联接南蒙古陆与中国北部微陆块的枢纽，二连浩特地区所发育的古生代-早中生代侵入杂岩提供了认识中亚造山带东段以多世代、短周期俯冲体系的孕育和发展为特征的漫长增生造山历史的连续岩浆记录。在上述研究基础上，本书主要介绍以下研究成果和认识：

(1)艾勒格庙-二连浩特地区古生代至早中生代岩浆作用可划分为四个阶段。初期岩浆活动由晚寒武世石英闪长岩(496±3 Ma)和晚奥陶世角闪闪长岩(451±3 Ma)组成，晚泥盆世-早石炭世侵入岩建造包括 373 Ma 花岗岩、335 Ma 花岗闪长岩-花岗岩和 325 Ma 闪长岩，第三期岩浆岩序列包括晚石炭世角闪石岩-花岗岩(305~303 Ma)以及早二叠世花岗岩(280~263 Ma)，第四期岩浆作用以大规模中三叠世花岗岩(242~226 Ma)为代表。

(2)晚寒武世乌兰敖包石英闪长岩高 MgO(1.92%~2.26%，本书含量若无特殊说明，均指质量分数)，呈准铝质-轻微过铝质，富集大离子亲石元素(LILEs)和轻稀土元素(LREEs)，具有球粒陨石质全岩 $\varepsilon_{Nd}(t)$(+0.7~+0.9)和宽泛的锆石 $\varepsilon_{Hf}(t)$(-3.7~+14.3)，指示其为典型的活动陆缘幔源岩浆同化-分离结晶作用产物，标志着二连浩特-锡林浩特活动大陆边缘早古生代俯冲体系初步建立。晚奥陶世哈尔绍若敖包角闪闪长岩高镁指数($Mg^{\#}$=58~64)，富 Nb (5.82×10^{-6}~7.18×10^{-6})和 TiO_2(1.0%~1.3%)，高$(Nb/Th)_{PM}$(1.2~2.1)和 Nb/U (12~18)，具有类似富铌玄武岩的元素组成；此外，该闪长岩同样富集 LILEs 和 LREEs，具有正的全岩 $\varepsilon_{Nd}(t)$ (+2.2 ~ +2.3)和锆石$\varepsilon_{Hf}(t)$ (+7.3 ~ +11.0)，以及低的锆石 $\delta^{18}O$ (5.43‰~6.22‰)。这些特征说明富铌闪长岩可能形成于洋脊俯冲阶段板片流体和熔体共同交代的地幔楔部分熔融。因此，早古生代陆壳生长以地幔物质的直接添加为主。

(3)晚泥盆世-早石炭世中-酸性侵入岩含角闪石，呈中钾钙碱性、准铝质-弱过铝质、镁质属性，具有典型的I-型花岗岩特征。373 Ma 的牧场一队花岗岩具有较高的 $Mg^{\#}$(46~53)，接近球粒陨石的全岩 $\varepsilon_{Nd}(t)$（-1.3 ~ +0.2），正的锆石 $\varepsilon_{Hf}(t)$（+5.0 ~ +8.9)和较低的锆石 $\delta^{18}O$（5.29‰~6.08‰)，表明该花岗岩可能形成于新晋底侵的玄武质下地壳含水熔融。335 Ma 的本巴图花岗岩具有宽阔的 SiO_2 含量范围(66.2%~73.0%)和分异程度不等的“右倾型”稀土配分模式，低 $I_{Sr}(t)$（0.70317~0.70471)，高 $\varepsilon_{Nd}(t)$（+2.6 ~ +6.0)、锆石 $\varepsilon_{Hf}(t)$（+7.6 ~ +11.3)以及 $\delta^{18}O$（6.33‰~7.43‰)。这些特征支持本巴图I-型花岗岩起源于新生的玄武质地壳脱水熔融及嗣后的陆壳混染与分离结晶的观点。325 Ma 巴彦高勒东闪长岩含古生代继承锆石，富 Al_2O_3(含量大于等于17%)，具有离散的锆石 $\varepsilon_{Hf}(t)$（-16~+13.8)和 $\delta^{18}O$（5.27‰~6.74‰)，由交代岩石圈地幔部分熔融产生的玄武质岩浆经新生地壳和古老上地壳混染形成。上述晚泥盆世钙碱性花岗岩株见证了活动陆缘晚古生代俯冲体系的启动，而早石炭世I-型花岗岩记录了伴随弧后盆地扩张与闭合的陆壳生长-再造与壳内重循环。

(4)晚石炭世浩尧尔海拉苏角闪石岩极度富Mg、Ni、Cr，是从富水的高镁安山质岩浆中析出的角闪石($Mg^{\#}$=67~80)、单斜辉石($Mg^{\#}$=75~84)等镁铁质矿物组成的堆晶岩。角闪石岩富集LILEs，高 $I_{Sr}(t)$（0.71084~0.71520)，低 $\varepsilon_{Nd}(t)$（-6.3~-0.1)，但具有正的 $\varepsilon_{Hf}(t)$（-0.3~+5.9)，表明安山质母岩浆起源于经再循环沉积物熔体交代的难熔地幔楔部分熔融。同期哈拉图庙花岗岩发育晶洞构造、文象结构，高全碱(Na_2O+K_2O)、FeO^T/MgO 和 Rb/Sr，富集 Ga、Zr、Nb、Y 和稀土元素等高场强元素(HFSEs)，低 Al_2O_3 和 CaO，与钙碱性长英质岩石在浅部地壳脱水熔融形成的A-型花岗岩类似。二者均与贺根山弧后盆地闭合之后板片拆离所引起的热扰动有关。早二叠世花岗岩建造虽具有相似的放射性成因初始 Nd-Hf 同位素组成，但其岩石组合类型复杂，包括富钠钙、呈轻微过铝质、低 $I_{Sr}(t)$ 的干茨呼都格I-型花岗岩，发育钛铁矿、呈过铝质、高 Na_2O/K_2O(本书元素或氧化物比均指其质量分数比)和 $\delta^{18}O$(9.7‰~10.9‰)的才里乌苏S-型花岗岩，以及含铁质黑云母、富碱和HFSEs、高全岩锆饱和温度(791~864℃)的昆都冷铝质A-型花岗岩。三者分别形成于年轻的变中-基性岩脱水熔融、变杂砂岩-泥质岩重熔以及脱水的变玄武质-安山质或紫苏花岗质岩石部分熔融，它们是对早二叠世晚期俯冲板片二次回撤与弧后伸展的响应。这些特征迥异的岩浆岩序列不仅记录了多样化的陆壳生长-分异机制，也见证了新生下地壳重熔再造和年轻表壳物质快速壳内重循环造就的以氧同位素分异为标志的圈层性地壳的形成。

(5)中三叠世包饶勒敖包复合岩基主体由二长花岗岩、正长花岗岩、碱长花岗岩组成，发育少量石英二长岩微粒包体，并被近同期闪长玢岩脉侵入。代表基性端元的闪长玢岩高 Mg、Ni、Cr，富集 LILEs 和 LREEs，具有离散的正锆石 $\varepsilon_{Hf}(t)$（-0.4~+9.5），暗示其母岩浆起源于经俯冲沉积物改造的交代地幔楔部分熔融。代表酸性端元的低分异二长花岗岩具有高钾钙碱性 I-型花岗岩组成和显示俯冲亲缘性的微量元素配分模式，具有低的全岩 $I_{Sr}(t)$（0.704691~ 0.709756）和 $\varepsilon_{Nd}(t)$（-1.9~+1.4），以及离散的正锆石 $\varepsilon_{Hf}(t)$（+1.6~+9.4），反映岩浆起源于大量新生物质(63%~77%)和少量老地壳混熔作用。二长质包体在岩石结构、元素-同位素化学组成上契合壳-幔岩浆混合作用；正长花岗岩、碱长花岗岩相对高硅富碱，显著亏损 Ba、Sr、Eu、P、Ti 和中稀土元素，并具有略微富集的 Sr-Nd 同位素组成，由二长花岗质岩浆经分离结晶和陆壳混染形成。该大规模壳熔花岗质岩浆活动诱发于造山后岩石圈地幔滴落所致的玄武质岩浆持续底侵作用，是新生镁铁质下地壳向成熟长英质陆壳演化的重要方式。

本研究的分析测试工作得到中国科学院地质与地球物理研究所离子探针、固体同位素、多接收-电感耦合等离子体质谱、电子探针与扫描电镜、岩矿分析与制样等实验室的大力支持与帮助。本书的出版得到国家自然科学基金项目（编号：41903030、41873035、41573031、41173043）、有色金属成矿预测与地质环境监测教育部重点实验室专项资金与中南大学科学研究启动基金联合资助，在此一并表示诚挚的感谢。

著者

2022 年 5 月

目录

Contents

第1章 绪 论

1.1 选题依据与研究意义

1.1.1 活动大陆边缘岩浆作用与地球动力学过程

有别于经典威尔逊旋回终极产物陆-陆碰撞造山带，增生型造山带形成于汇聚板块边缘大洋岩石圈长期俯冲作用，包括增生楔、岛弧、洋壳残片、大洋高原、微陆块以及俯冲-折返的高级变质岩、造山后花岗岩类和碎屑沉积盆地等基本单元(李继亮，2004；Condie et al.，2007；Cawood et al.，2009)。这一系列复杂的组成要素反映增生型造山带经历了多旋回、短周期俯冲-碰撞-垮塌(伸展)过程。作为汇聚板块边缘多层次物质与能量交换载体的岩浆作用往往伴随上述构造循环形成大量随时间迁移和演化的同俯冲-俯冲后岩石组合，如形成于洋内俯冲的拉斑质基性岩、陆缘弧中-酸性钙碱性岩、俯冲后陆内高钾钙碱性-碱性岩(Whalen et al.，1999；Jolly et al.，2001；Coulon et al.，2002；Bonin，2004)。它们不仅记录了以幔源玄武质岩浆底垫、洋壳重循环为主的陆壳增生，沉积物俯冲主导的陆壳重循环，基性下地壳重熔驱动的陆壳分异等大陆生长-演化过程，也蕴含有解析活动大陆边缘洋壳消减、外来地体拼贴、陆缘弧裂解、弧后挤压等复杂地质过程的关键地球动力学信息。因此，解析增生型造山带内错综复杂的岩石系列在岩性组合与地球化学组成方面的时-空演变规律是恢复古活动大陆边缘地质演化历史的重要途径。

1.1.1.1 俯冲阶段

在大洋岩石圈俯冲阶段，俯冲板片变质-脱水衍生的流体交代上覆地幔楔并使其发生部分熔融，形成中等富集大离子亲石元素的拉斑质或钙碱性玄武岩-安山岩-流纹岩及相应的侵入岩等弧岩浆岩组合(Murphy, 2006, 2007; Grove et al., 2012)。陆缘弧岩浆作用以钙碱性中-酸性火成岩为主(Ducea et al., 2015), 如北美科迪勒拉山系中-新生代海岸岩基(Gehrels et al., 2009; Wetmore 和 Ducea, 2011; Girardi et al., 2012), 安第斯活动大陆边缘智利中生代大火成岩省(Lucassen et al., 2006)与厄瓜多尔皮钦查更新世火山岩建造(Samaniego et al., 2010)等。此外, 由挤压环境(前进型)控制的陆缘弧岩浆一般比伸展背景(后撤型)下的陆缘弧岩浆富 SiO_2(Ducea et al., 2015)。洋内俯冲体系可能存在多种触发机制(Stern, 2004; Gerya, 2011), 岛弧岩浆性质取决于俯冲启动的构造位置, 建立在正常洋壳上的岛弧发育显著的拉斑质基性岩浆活动(Murphy, 2007), 如阿留申群岛阿库坦火山岩建造(George et al., 2004)。

俯冲带的几何学形态决定了弧岩浆系列空间分布的不均一性。对于已经熄灭的残留弧, 俯冲带岩浆作用地球化学性质在垂直于海沟方向上的变化是揭示俯冲极性的重要线索之一。在陆缘弧体系中, SiO_2 含量一定的中-酸性岩浆中 K_2O 及不相容元素丰度, Rb/Sr、$^{87}Sr/^{86}Sr$ 及 $^{18}O/^{16}O$ 值均沿着远离海沟的方向增加; Ba/Nb、Sr/Y 及 $^{143}Nd/^{144}Nd$ 值则沿着远离海沟的方向减小(Michelfelder et al., 2013)。该变化趋势表明弧区岩浆起源于相对年轻的中-基性下地壳(残留相富角闪石、石榴石), 而弧后岩浆起源于较老的偏酸性下地壳(残留相富长石)。由此可见, 因俯冲板片流体引起的地幔楔熔融及玄武质岩浆底侵对弧下地壳的改造沿着远离海沟的方向逐渐削弱(Michelfelder et al., 2013)。在洋内岛弧体系, 前弧区(火山前锋)可发育富集大离子亲石元素与轻稀土元素的钙碱性岩石组合, 后弧区可形成低 TiO_2 的岛弧拉斑玄武岩(IAT)-安山岩及相应的侵入岩, 弧后区则发育贫大离子亲石元素的类似洋中脊玄武岩(MORB)的基性火山岩, 三者放射性成因同位素组成逐渐递增(Shibata 和 Nakamura, 1997; Hochstaedter et al., 2001; Leat et al., 2004; Marchesi et al., 2007)。以上岩石组合的排列顺序反映上覆板片地幔楔熔融程度及亏损程度依次降低, 进而说明俯冲板片流体对地幔楔橄榄岩的交代作用逐次减弱(Sinton et al., 2003; Marchesi et al., 2007; Gerya, 2011)。

从洋内俯冲系统的启动至湮灭, 岛弧一般经历了不超过 70 Myr 的生命周期(Paterson 和 Ducea, 2015; Jicha 和 Jagoutz, 2015), 但其间复杂的地球动力学演变及壳-幔相互作用仍为岛弧岩浆活动所精确记录。俯冲作用启动初期, 近海沟处地幔发生减压熔融形成类似 MORB 的弧前玄武岩(FAB)(Reagan et al., 2010; Ishizuka et al., 2011); 随着俯冲作用的持续稳定发展, 下沉板片所释放的富水流体将交代早期经历过熔体萃取的残留地幔, 直至水化地幔楔部分熔融产生玻安质岩浆(Reagan et al., 2010; Leng et al., 2012); 在初始岛弧渐趋成熟的过程中, 越来越多的再循环表壳物质经俯冲作用参与岛弧岩浆的形成, 具有玻安质属性的低钾拉斑玄武岩逐渐为典型的 IAT 系列所取代(Proenza et al. 2006; Viruete et al.,

2006)，成熟的岛弧岩浆活动将以钙碱性系列为主(Hawkins et al.，1984；Pearce，1996；Jolly et al.，2001)；与此同时，幔源基性岩浆因岛弧地壳的增厚可以经历更充分的同化-分离结晶过程，早期形成的新生地壳则可以发生重熔，以基性岩主导的岛弧岩浆作用逐渐发展出更宽泛的硅质谱系，在地球化学上可表现为岩浆微量元素与同位素演化趋势解耦(Whalen et al.，1999；Myer et al.，2002；Leat 和 Larter，2003)。

相比于洋内岛弧，陆缘弧具有相当漫长的演化历史，其活动时间可远远超过 100 Myr(Ducea et al.，2015)。大量研究表明陆缘弧岩浆活动具有旋回性，其整个生命周期通常会经历多次岩浆爆发幕叠加(Collins 和 Richards，2008；Decelles et al.，2009；Gehrels et al.，2009；Kemp et al.，2009；Miller et al.，2009；Paterson et al.，2011；Paterson 和 Ducea，2015)。洋底高原、海山俯冲时消减板片倾角的改变，以及增生楔俯冲或岛弧、微陆块拼贴时海沟位置迁移引起的活动大陆边缘周期性伸展与挤压是造成岩浆活动幕式发展的主要原因(Ducea et al.，2015)。地球化学研究显示，这些大规模的弧岩浆幕往往伴随同位素组成(Sr、Nd、Pb、Hf 和 O)壳源印记的增加(Ducea 和 Baton，2007；Mamani et al. 2010；Ducea et al.，2015)。对于挤压环境主导的陆缘弧体系，该现象被解释为与增生楔俯冲(Ducea et al.，2009)或者弧后陆壳经褶皱冲断作用(Ducea，2001)底垫到岩浆弧根部有关。而在伸展型陆缘弧体系中，如澳大利亚拉克兰弧(Collins，2002；Collins 和 Richards，2008；Kemp et al.，2009)，岩浆获取表壳物质主要通过大洋板片回退所诱发的弧后盆地周期性扩张与闭合。

此外，作为绝大多数俯冲带的终极命运(Sisson et al.，2003a)，扩张洋脊与海沟相互作用广泛发生于环太平洋新生代活动大陆边缘(Sajona et al.，1993；Kinoshita，1995；Yang et al. 1996；Aguillón-Robles et al.，2001；Bourdon et al.，2003；Guivel et al.，2003；Sisson et al.，2003b)。埃达克岩-高镁安山岩-富铌玄武岩系列即是这一特殊地球动力学过程的典型岩浆记录。明显亏损重稀土元素，具有高 Sr/Y、$(La/Yb)_N$ 值的埃达克岩代表俯冲板片熔融产物，主要产出在靠近海沟的位置(Lagabrielle et al.，2000；Sisson et al.，2003b；Bourdon et al.，2003)；高镁安山岩代表板片熔体与地幔橄榄岩反应的产物，富 Mg、Ni、Cr 等过渡金属元素；富铌玄武岩是经板片熔体交代的地幔楔部分熔融的产物，倾向于喷发到距离海沟略远的位置(Bourdon et al.，2003)。除了普遍发育的埃达克岩石家族之外，洋脊俯冲还往往伴随类似 MORB 的熔岩喷发(Lagabrielle et al.，2000；Guivel et al.，1999，2003)，它们起源于扩张中心板片窗处上涌的软流圈减压熔融(Cole 和 Stewart，2009)。

1.1.1.2 碰撞后-造山后阶段

作为汇聚高峰期的碰撞阶段一般不利于岩浆上升(Bonin, 2004), 而连接碰撞造山与板内非造山环境的碰撞后-造山后阶段经历了由低地温梯度的挤压环境向高地温梯度的陆内拉张环境转变, 发育岩石圈级横推构造运动和大规模伸展构造作用, 可诱发大量的岩浆活动(Liégeois, 1998; Bonin, 2004)。这些岩浆杂岩的时-空分布特征及成分变化与造山带下复杂的地幔动力学演变密切相关。在陆-陆或者弧-陆碰撞过程中, 大洋岩石圈板片因相对于企图俯冲的大陆岩石圈板片具有负浮力而发生断离(Sacks 和 Secor, 1990; von Blanckenbug 和 Davies, 1995; Davies 和 von Blanckenburg, 1995; Atherton 和 Ghani, 2002), 引发热的软流圈上涌, 从而造成岩石圈地幔部分熔融和陆壳深熔, 开启造山作用晚期或碰撞后岩浆活动。不同于俯冲阶段典型的低钾拉斑质和中钾钙碱性岩石, 碰撞后岩浆活动始于高钾钙碱性系列, 但早期岩浆作用仍具有明显的俯冲型地球化学印记(Bonin et al. , 1998; Maury et al. , 2000; Coulon et al. , 2002; Moghazi, 2003; Duggen et al. , 2005; Oyhantçabal et al. , 2007; Clemens et al. , 2009)。壳源岩浆包括过铝质 S-型花岗岩和弱过铝质高钾钙碱性 I-型花岗岩, 通常携带类似富闪深成岩(赞岐岩)或暗云正长岩(磷英黑云二长岩)的中-基性微粒包体(Pitcher, 1997b; Ferré 和 Leake, 2001; Atherton 和 Ghani, 2002; Jarrar et al. , 2003; Buda 和 Dobosi, 2004; Castro, 2004; Raumer et al. , 2014)或与同时期基性岩脉、岩株等伴生(Fowler 和 Henney, 1996)。如基性包体母岩浆所反映, 碰撞后中-高钾、超钾质幔源岩浆可形成于含角闪石和金云母的交代岩石圈地幔部分熔融(Shimoda et al. , 1998; Gerdes et al. , 2000; Bonin, 2004; Solgadi et al. , 2007; Martin et al. , 2005; Tatsumi, 2006; Parat et al. , 2010; Raumer et al. , 2014)。这些幔源岩浆上升到俯冲阶段所形成的新生下地壳底部, 以热源或物源的方式参与碰撞后中酸性岩浆建造的形成。由于大洋板片断离后陆(弧)-陆汇聚继续进行或陆间收缩, 挤压体制重新建立(Sacks 和 Sector, 1990), 造山带大陆岩石圈持续缩短, 玄武质下地壳和地幔岩石圈因相转变而密度增大, 在流体或应力破坏等因素影响下与中-上地壳解耦, 重力不稳的下部岩石圈将发生拆沉(Kay 和 Kay, 1993; Meissner 和 Mooney, 1998), 引起造山带垮塌。该过程通常发生在碰撞后阶段晚期或造山后阶段早期, 拆沉作用所诱发的大规模软流圈上涌不断加热岩石圈底部, 进而造成持续的玄武质岩浆底侵、壳-幔相互作用和强烈的流体活动; 经过多次富水熔体抽取的岩石圈地幔逐渐"脱水", 碰撞后高钾钙碱性岩浆活动逐渐为贫硅、富钠的造山后岩浆作用所取代(Liégeois et al. , 1998; Bonin, 2004)。呈双峰式组成的造山后岩浆建造一般由少量基性岩和大量碱性-过碱性花岗岩组成, 起源于岩石圈-软流圈过渡带部分熔融及随后的壳-幔岩浆混合或陆壳混染(Bonin et al. , 1998;

Liégeois et al., 1998; Bonin, 2004); 同时, 随着岩石圈地幔不断贫化和冷却, 具有洋岛玄武岩(OIB)属性的软流圈熔体贡献将增加, 岩浆活动将表现出板内亲缘性(Bonin, 2004)。大量实例研究表明, 对碰撞后与造山后岩浆活动实际上难以从岩浆碱度直接区分时间界限(Wang et al., 2009; Whalen et al., 2006; Be'eri-Shlevin et al., 2009; Litvinovsky et al., 2011), 二者或依序出现或交叉重叠, 关键的区别在于后者具有更复杂的地球化学组成和开阔的作用范围。相比于沿板片断离作用扩展方向呈线状排布的碰撞后岩浆活动(von Blanckenburg 和 Davies, 1995; von Blanckenburg 和 Davies, 1995), 造山后岩浆活动具有规模更大的面状分布特征(Liégeois et al., 1998), 前者可沿大型横推剪切带分布(Liégeois et al., 1998), 后者伴随与缝合带相关的转换拉张或伸展构造(Bonin, 2004)。典型的造山作用晚期至造山后地球动力学变迁的岩浆记录包括北非和南美的泛非期(新元古代)造山带岩浆活动(Liégeois et al., 1998; Njanko et al., 2006; Oyhantçabal et al., 2007; Eyal et al., 2010), 欧洲加里东造山带早古生代岩浆作用(Atherton 和 Ghani, 2002; Clemens et al., 2009)、外贝加尔(Litvinovsky et al., 2011)和欧洲海西造山带(Barbarin, 1999; Bonin, 2004)晚古生代大火成岩省及环地中海分布的新近纪-第四纪火山岩带(Coulon et al., 2002; Lustrino et al., 2007; Kuscu 和 Geneli, 2010; Karsli et al., 2012)等。

1.1.1.3 大陆地壳生长与演化

在许多大陆地壳演化模式中活动大陆边缘岩浆弧被认为是地壳生长的重要场所(Brown 和 Rushmer, 2006), 岛弧侧向拼贴到大陆边缘作为整个地质演化历史中陆壳增生的重要方式一度成为该研究领域的主流观点(Kusky 和 Polat, 1999; Stern, 2008; Xiao et al., 2010a)。然而岛弧岩浆杂岩的玄武质组成却与大陆地壳的安山质组成完全不同, 如此显著的地球化学性质差异使得弧-陆碰撞成为岛弧造陆的重要前提, 因为经过挤压增厚的弧根才能重熔产生具有陆壳属性的酸性岩浆(Condie 和 Kröner, 2013)。研究表明许多晚太古代至早元古代早期克拉通都由相互拼贴的岛弧和洋内大火成岩省构成, 并且岛弧型绿岩带数量明显增多(Kusky 和 Polat, 1999; Condie, 2003; Boily et al., 2009), 但在晚太古代之后, 陆壳生长的主要场所逐渐由洋内岛弧转变至陆缘弧。元素地球化学及放射性同位素研究发现元古宙-显生宙增生造山带中一半以上新生物质形成于陆缘弧, 岛弧的贡献(基性岩部分)不超过10%(Condie 和 Kröner, 2013; Ducea et al., 2015)。这是因为许多现代岛弧(地壳厚度小于20 km)都能够经俯冲作用部分或完全返回到地幔(Yamamoto et al., 2009; Stern, 2011; Condie 和 Kröner, 2013), 成功拼贴到大陆边缘的岛弧也借助陆缘弧岩浆活动演化为了成熟陆壳(Condie 和 Kröner, 2013)。因此, 弧岩浆作用在显生宙陆壳形成与演化方面的贡献主要以陆缘弧造陆的形式体现，其一般过程是交代地幔楔熔融生成玄武质熔体，这些原始幔源物质经历同化-分离结晶、重熔等复杂的壳内分异过程，形成具有大陆地壳地球化学性质的中-酸性岩浆和基性-超基性残留体或堆晶体(Davidson 和 Arculus，2006；Arndt，2013)，后者在地壳加厚过程中发生榴辉岩相转变而拆沉(Rudnick，1995，Clift et al.，2003；Cecil et al.，2012；Ducea et al.，2015)。

此外，众多地质学家在澳大利亚拉克兰褶皱带、美洲环太平洋造山带、欧洲海西造山带以及中亚造山带等地区的研究表明，碰撞后-造山后岩浆底垫在显生宙主要活动大陆边缘的地壳生长与分异过程中也至关重要(Pickett 和 Saleeby，1994；King et al.，1997；Jahn，2004；Zhang et al.，2011b)。需要强调的是，大陆地壳的形成与演化经历了多旋回多阶段复杂变化，不可通过简单的模式一概而论，如在牵涉脊-沟交互的俯冲过程，板片窗周缘洋壳熔融也是陆壳增生的重要方式(Windley et al.，2007；Tang et al.，2010，2012)。对于一个具体的造山旋回，活动大陆边缘岩浆作用元素地球化学及同位素演化是揭示陆壳生长-分异机制与地球动力学过程之间多重动态关联的重要线索(Whalen et al.，1999；Kemp et al.，2009)。

1.1.2 内蒙古中部地区古生代-早中生代构造演化与岩浆作用

中亚造山带是衔接东欧-西伯利亚克拉通与塔里木-华北克拉通的重要构造单元，也是世界上规模最大、持续时间最长、演化最复杂的增生型造山带(Sengör et al.，1993；Jahn et al.，2000；Jahn，2004；Windley et al.，2007；Wilhem et al.，2012；Xiao et al.，2009a，2015a)。伴随古亚洲洋的闭合与消亡，位于中亚造山带东南段的内蒙古中部地区在古生代-早中生代发育了多条未定论的蛇绿岩带、弧岩浆岩带及碰撞后岩浆岩省(张晓晖 等，2010)。精确厘定这些岩浆序列对于全面认识南蒙活动大陆边缘多旋回增生造山机制和促进东亚大陆显生宙构造重建具有重要意义。

中亚造山带显生宙时-空演化及陆壳生长过程一直是学术界热议的焦点。首先，概括中亚造山带增生造山作用的宏观构造模式当前有两类，其一是"单一岩浆弧持续俯冲-增生"模式，其提倡者认为中亚造山带是通过巨型岩浆弧——钦察-图瓦-蒙古弧从晚元古代至二叠纪持续增生形成(Sengör et al.，1993；Khain et al.，2002；Yakubchuk，2004)；其二是"多岛洋俯冲-增生"模式，其支持者认为中亚造山带是由众多不同构造属性的块体，包括微陆块、洋岛、岛弧等，经历多次短周期俯冲-增生-碰撞的结果，类似现今太平洋西南缘的演化格局(Kröner et al.，2007；Windley et al.，2007；Xiao et al.，2010b，2015b；Wilhem et al.，2012)。该模型强调其中的微陆块大多具有前寒武纪结晶基底，它们可能从早期超大陆裂解而来(Kheraskova et al.，2010；Levashova et al.，2010，2011)。作为学术界普遍认可的古亚洲洋最终闭合场所(Xiao et al., 2003, 2009b; Cocks 和 Torsvik, 2013),内蒙古中部地区是检验上述模式的最佳实验基地。其次,以活动大陆边缘为中心的多旋回多阶段不同方式的陆壳增生和演化是中亚造山带造陆的重要特征(Jahn, 2004),具体的陆壳生长机制包括同俯冲期弧岩浆杂岩(交代地幔楔熔融和洋壳重循环)底垫或侧向增生(Helo et al., 2006; Wang et al., 2007; Windley et al., 2007; Tang et al., 2012),以及碰撞后幔源岩浆垂向底侵(Chen 和 Arakawa, 2005; Zhang et al., 2011b)。二者在中亚造山带显生宙陆壳生长过程中如何发挥其主导作用需要连续的岩浆记录进行综合评价。

现有的研究表明内蒙古索伦-林西缝合带(图 1-1)代表中亚造山带增生历史的终结(Xiao et al., 2003; Jian et al., 2010; Wu et al., 2011; Eizenhöfer et al., 2014, 2015),但是对该缝合带的形成过程及空间展布仍有诸多争议。这主要表现为对内蒙古中部地区地体属性划分不明,俯冲体系的数量与极性区分不清,不同造山旋回中俯冲-碰撞-伸展以及弧后盆地扩张-闭合等构造事件的时代归属不详。这些困惑与局限最终导致以下重要分歧:古亚洲洋闭合于泥盆世(Xu et al.,

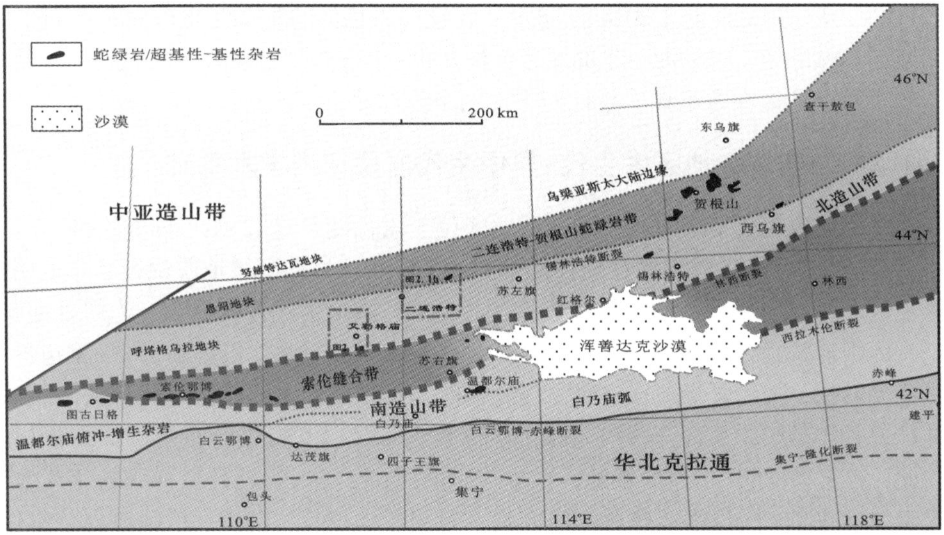

图 1-1　内蒙古中部区域构造格局据 Badarch et al., 2002;Xiao et al., 2003;Jian et al., 2010 修改

2013; Zhao et al., 2013),还是晚二叠世-早三叠世(Sengör et al., 1993; Xiao et al., 2003; Jian et al., 2010; Eizenhöfer et al., 2014, 2015; Li S et al., 2016a)?索伦缝合带是否往东变宽,或者沿东部岩石圈级断裂(如贺根山-黑河断裂、西拉木伦-长春断裂)发

扫一扫,看彩图

生了分叉？索伦缝合带最终形成于古亚洲洋板片南向俯冲(Jian et al.，2010)，还是南、北双边俯冲(Eizenhöfer et al.，2014，2015；Li et al.，2015；Song et al.，2015)？厘清这些问题的关键在于建立内蒙古中部地区主要地体所经历的地球动力学过程与岩浆响应之间的动态关联。在近年地质重建工作中古生代岩浆演化已初具雏形，但对早中生代岩浆活动的解剖非常有限。

在当前中亚造山带东南段构造演化的主流模式中(Xiao et al.，2003；Jian et al.，2008，2010；Blight et al.，2010a；Xu et al.，2013)，索伦缝合带以北的内蒙古中北部(二连浩特–锡林浩特)地体被认为是蒙古南部地体向东的延伸，(早)古生代处于古亚洲洋向北俯冲形成的活动大陆边缘体制，一方面，两个地区均有零星前寒武纪岩石报道(Yarmolyuk et al.，2005；孙立新 等，2013；周文孝与葛梦春，2013；Xu et al.，2015a；Wang et al.，2022)，但对于该地体是否存在一定规模的古老陆壳结晶基底仍有赖于系统的显生宙岩浆活动同位素地球化学研究；另一方面，南蒙和内蒙古中北部均发育晚寒武世–志留纪、石炭纪–早二叠世钙碱性–碱性火山岩及相应的侵入岩(Chen et al.，2000；Yarmolyuk et al.，2005；Kovalenko et al.，2006；Jian et al.，2008；Blight et al.，2010b；Zhang et al.，2011b，2015；Zhu et al.，2014)，暗示二者经历了相似的构造演化过程。但受限于闭塞的自然环境，内蒙古中北部地区晚泥盆世–早石炭世岩浆事件研究程度尚浅，制约了两个地区在古生代岩浆作用方面的全面对比。

1.1.3 二连浩特地区古生代–早中生代岩浆作用学术意义

本书研究区艾勒格庙–二连浩特地区位于索伦缝合带北侧，是联接南蒙呼塔格乌拉地块与锡林浩特–松辽地体的枢纽(图 1–1)。早期区域地质调查工作表明，该地区发育有内蒙古中部最具代表性的古生代–早中生代侵入杂岩，为解开前文论及的中亚造山带构造重建中诸多谜团提供了天然实验室。但因临近中–蒙边界，交通欠发达，这些岩浆杂岩的研究程度很低，大部分岩体的侵位时代都缺乏精确的同位素年龄限定，岩石学和地球化学资料远不足以支持进行系统的成因探讨。因此，对艾勒格庙–二连浩特地区古生代–早中生代侵入杂岩开展详细的年代学、元素地球化学、同位素地球化学研究具有重要学术意义，其一，精确地划分工作区岩浆期次可为区域地质对比研究提供重要参考资料；其二，元素地球化学和同位素地球化学示踪技术应用可以很好地解决岩浆起源和演化问题，为揭示汇聚大陆边缘壳–幔性质和演变规律提供岩石学依据；其三，在年代学和岩石成因学研究的基础上揭示其隐含的地球动力学与陆壳演化信息，恢复二连浩特地区古生代地质演化场景，为研究中亚造山带复杂的增生造山历史提供区域研究案例。

1.2 研究内容与技术路线

1. 艾勒格庙-二连浩特地区古生代-早中生代侵入杂岩的野外地质特征

在熟悉区域地质资料的基础上，选择内蒙古中北部艾勒格庙-二连浩特地区代表性古生代-早中生代侵入杂岩进行详实的野外地质考察。以1：20万区域地质图为基础，设计合理的考察路线，观察这些岩体的主要岩石类型、接触关系以及各岩体内部岩相和矿物组成变化规律；对岩体及重要围岩进行系统采样，并利用GPS准确记录采样位置。

2. 艾勒格庙-二连浩特地区古生代-早中生代侵入杂岩的形成时代

采用SIMS锆石U-Pb定年技术精确约束各岩石单元形成时代，建立艾勒格庙-二连浩特地区古生代-早中生代岩浆杂岩的侵位序列。

3. 艾勒格庙-二连浩特地区古生代-早中生代侵入杂岩的岩石地球化学特征与岩石成因

(1)岩相学特征。挑选各杂岩体内不同相带的岩石、包体和相关围岩进行切片观察，分别在偏光显微镜下做系统的岩相学描述和分析，对重要造岩矿物进行电子探针分析，了解其成分变化规律，为岩石成因研究提供必要的矿物学证据。

(2)基性岩浆的起源、性质与演化。对侵入杂岩中的基性岩石进行系统的全岩主、微量元素地球化学以及Sr-Nd-Hf同位素测试，分析岩浆的演化趋势，推断母岩浆的性质和岩浆分异演化过程中可能存在的围岩混染；运用LA-MC-ICP-MS和SIMS原位测试技术分析锆石的Hf-O同位素组成，配合锆石微区U-Pb定年，从矿物学角度探讨岩浆的起源与演化过程；将元素地球化学和同位素地球化学模拟相结合，并参考区域上幔源岩石的研究结果和实验岩石学资料，确定初始岩浆的源区及形成过程。

(3)中酸性岩浆的起源、性质与演化。对构成侵入杂岩的中酸性岩石进行系统的主、微量元素和Sr-Nd同位素地球化学研究，确定其地球化学特征和成因类型；运用LA-MC-ICP-MS与SIMS同位素原位测试技术分析重要岩石单元中锆石的Hf-O同位素组成，结合锆石微区U-Pb年龄分析和实验岩石学资料，探讨中酸性岩浆的源岩特征和可能经历的岩浆演化过程；将元素地球化学和同位素地球化学模拟相结合，参考同时期幔源岩石的研究结果和区域围岩的地球化学资料，定量/半定量解剖中酸性杂岩体形成过程中的岩浆混合、结晶分异和同化混染作用。

4. 通过岩浆作用反演活动大陆边缘动力学过程与大陆地壳生长机制

通过中基性岩浆岩的岩石成因研究，阐明源区地幔楔的性质及其变化规律；探讨和甄别地幔成分演变的机理(流体交代或陆壳混染)，鉴别交代流体属性(如板片变质释放流体、洋壳熔体或俯冲沉积物熔体），探讨洋壳(或洋中脊)俯冲背景下的壳-幔相互作用特征。借助碱质A-型花岗岩成因研究，提取岩浆源区性质的多元信息，揭示碰撞后-造山后阶段下地壳和壳-幔过渡带性质的演变规律。

在工作区岩石成因研究的基础上，与邻区及中亚造山带其他地区相关岩浆事件进行对比，阐明中亚造山带东段古生代-早中生代岩浆作用的时空分布和迁移特征；探讨古生代洋陆格局及其演化轨迹；揭示活动大陆边缘岩浆岩成因、地球动力学过程与大陆地壳生长模式之间的耦合关联。

1.3 取得的主要成果和认识

(1)艾勒格庙-二连浩特地区古生代至早中生代岩浆作用可划分为四个阶段，即晚寒武世-晚奥陶世(496~451 Ma)、晚泥盆世-早石炭世(373~325 Ma)、晚石炭世-早二叠世(305~263 Ma)，以及中三叠世(242~226 Ma)四期岩浆活动。它们主要刻画了两期活动大陆边缘沟-弧(-盆)体系的发展、消亡和其间伴随的洋脊俯冲、大洋板片回撤等构造过程，以及造山后大规模伸展作用。一方面，这些岩浆序列具有亏损地幔终极源区，记录了显著的陆壳生长；另一方面，它们不同程度携带了中-晚元古代变质结晶基底和表壳岩系地球化学印记，指示南蒙活动大陆边缘在古亚洲洋闭合过程中所经历的持续陆壳再造。

(2)晚寒武世-晚奥陶世陆缘弧岩浆建造包括乌兰敖包低钾拉斑质石英闪长岩和哈尔绍若敖包具有类似富铌玄武岩特征的角闪闪长岩，二者分别形成于古亚洲洋板片俯冲启动初期和洋脊俯冲阶段交代地幔楔部分熔融及之后的同化-分离结晶作用；该阶段陆壳生长以地幔物质直接添加为主。

(3)晚泥盆世牧场一队钙碱性花岗岩起源于变玄武质下地壳部分熔融，见证了南蒙活动大陆边缘晚古生代俯冲体系的启动。早石炭世巴彦高勒东闪长岩和本巴图花岗岩分别形成于交代岩石圈地幔部分熔融和底侵新生地壳重熔及嗣后陆壳混染，记录了伴随弧后盆地扩张与闭合的陆壳生长-再造及壳内重循环。

(4)晚石炭世末期浩尧尔海拉苏镁铁质岩墙和哈拉图庙A-型花岗岩见证了二连浩特-贺根山弧后盆地的消亡，分别记录了弧后盆地板片拆离过程中陆壳的增生与再造。早二叠世晚期二连浩特I-S-A型花岗岩组合响应于晚古生代古亚洲洋俯冲板片二次回撤与弧后伸展，见证了通过新生下地壳重熔再造和年轻表壳物质快速重循环造就的以氧同位素分异为标志的圈层性地壳的形成。

(5)中三叠世包饶勒敖包花岗岩基起源于造山后岩石圈地幔滴落与玄武质岩浆底侵诱发的新生地壳和少量古老陆壳混熔作用。该大规模壳熔花岗质岩浆作用是新生玄武质下地壳向成熟长英质陆壳演化的重要方式。

第 2 章　区域地质背景与研究区地质特征

2.1　内蒙古中部区域构造格局

在近年来古亚洲洋构造域地质演化研究中，内蒙古中部地区被一致三分为南、北并置的两个复合陆块及位于二者之间的索伦缝合带（图 1-1）（Xiao et al.，2003；Jian et al.，2008；Eizenhöfer et al.，2014）。北部陆块与南蒙地体（Badarch et al.，2002）连接，自南往北依次包括北造山带（Jian et al.，2008）、二连浩特-贺根山蛇绿岩带与乌梁亚斯太大陆边缘；南部陆块与华北克拉通相连，在内蒙古中部称南造山带（Jian et al.，2008），向东延伸至吉林地区称辽源地体（Wilde 和 Zhou，2015）。

2.1.1　索伦缝合带

由蛇绿岩、增生楔和岩浆弧残片组成的索伦缝合带代表古亚洲最终闭合场所（Xiao et al.，2009b；Jian et al.，2010；Wu et al.，2011；Eizenhöfer et al.，2014），其西侧与南蒙苏林赫尔地体相接（Badarch et al.，2002），在内蒙古中部从索伦鄂博经苏尼特右旗、林西，最后至长春-延吉一带（Sun et al.，2013），全长约 2500 km，南北宽 50～100 km。在内蒙古中部大量蛇绿混杂岩透镜体出露于索伦鄂博、满都拉、柯单山、双井子（林西）等地区。透镜体一般由蛇纹质橄榄岩、辉石岩、辉长岩、基性熔岩、斜长花岗岩和放射虫硅质岩组成，并与碳酸盐岩、蓝片岩、弧岩浆杂岩碎片等一道形成由泥、砂质沉积岩支撑的构造混杂岩（王友 等，1999；Jian et al.，2010；Xiao et al.，2009；Luo et al.，2016）。现有的锆石 U-Pb 年代学（Jian et al.，2007；Miao et al.，2007a；Jian et al.，2010；Chen et al.，2012；Luo et al.，2016）和古生物地层学（Shang，2004；王惠 等，2005）资料将这些蛇绿岩套归结为二叠纪（299～252 Ma）古亚洲洋岩石圈残留或 SSZ（俯冲带上盘)-型蛇绿岩(含有大量继承锆石，显示俯冲型地球化学亲缘性)。缝合带内岩浆活动以中-晚二叠世至三叠纪碰撞后-造山后高镁安山岩(闪长岩)-玄武岩(张连昌 等，2008；Jian et al.，2010；Liu et al.，2012)、壳熔花岗岩(Li et al.，2017)为主。

2.1.2 北造山带

北造山带西起南蒙呼塔格乌拉(托托尚)地块(Badarch et al.，2002；Yarmolyuk et al.，2005；Jian et al.，2010)，向东经锡林浩特地块延伸至松辽盆地(Zhou et al.，2015)，沿林西断裂与南部的索伦缝合带并置，记录了古亚洲洋不定期向北俯冲。有关北造山带基底组成的研究可以粗略概括为索伦缝合带北侧构造拼合体，即原温都尔庙群的解体。近年来系统的野外地质考察和同位素年代学研究从该“地层单元”重新划分出包括“锡林浩特岩群”在内的早-中元古代宝音图群、早古生代温都尔庙群与早古生代蛇绿混杂岩。

目前，锡林浩特杂岩的时代归属与成因机制仍有待商榷。部分学者认为锡林浩特杂岩代表古亚洲洋闭合过程中形成的古生代弧前沉积，并在弧-陆碰撞时遭受变质作用(Chen et al.，2009；陈斌 等，2009；薛怀民 等，2009；Li et al.，2011)；而另一部分学者支持锡林浩特杂岩是前寒武纪陆块残片(葛梦春 等，2011；周文孝与葛梦春，2013；孙立新 等，2013；Xu et al.，2015)，其原岩可能为罗迪尼亚超大陆聚合过程中发育在稳定克拉通边缘的中-晚元古代弧前沉积或岩浆杂岩，在随后的古亚洲洋演化过程中卷入多期构造-变质热事件(朱永峰 等，2004；Li et al.，2011)。位于南蒙呼塔格乌拉地体与内蒙古锡林浩特陆块联接部位的艾勒格庙-二连浩特地区近年来也有中元古代结晶基底见报道(Wang et al.，2022)。

北造山带早古生代温都尔庙群主要分布于芒和特(艾勒格庙南部)-查干诺尔-二道井(苏尼特左旗南部)-红格尔一线(Xu et al.，2013)。李承东等(2012)及徐备等(2016)在苏左旗南部和艾勒格庙地区获得温都尔庙群基性火山岩年龄为460±4 Ma，长英质千枚岩和石英岩碎屑锆石最小年龄分别为445 Ma和417 Ma。蛇绿混杂岩一般呈透镜状或不规则状岩片漂浮于强烈片理化的温都尔庙群绢云石英片岩中(徐备 等，2016)，主要岩块包括蛇纹石化橄榄岩、堆晶辉石岩、枕状熔岩、火山碎屑岩、硅质岩、大理岩和蓝片岩(徐备 等，2001；Xu et al.，2013；李瑞彪 等，2014；Zhang et al.，2015)。Zhang et al.(2009)将苏尼特左旗南部蛇绿岩(张臣与吴泰然，1999；黄金香 等，2006)与早-中奥陶世沙队低钾拉斑系列(498~469 Ma)、宝力道TTG岩系(奥长花岗岩-英云闪长岩-花岗闪长岩，481~461 Ma，Chen et al.，2000；Jian et al.，2008)，中-晚志留世祖日和图高钾钙碱性花岗岩(430~421 Ma，Jian et al.，2008)、具有IAT-MORB过渡属性的角闪石辉长岩(417 Ma)一道，概括为 SSZ-型蛇绿岩从诞生(俯冲启动)、发育(地幔楔形成)、成熟(俯冲稳定)、至死亡(洋脊俯冲)的一个完整演化周期(Shervais，2001；Shervais et al.，2004)。

文献综述研究表明北造山带至少经历了晚寒武世-早志留世、晚泥盆世-早石炭世和早二叠世三阶段钙碱性弧岩浆活动(Jian et al.，2008；Chen et al.，2009；Zhang et al.，2009a；Liu et al.，2013；Li et al.，2014b；Chen et al.，2016a；Li et al.，2016；Li et al.，2016b)。目前的报道主要集中于苏左旗(宝力道)、锡林浩特和西乌旗地区，主要岩性包括角闪辉长岩、闪长岩、石英闪长岩、英云闪长岩、花岗闪长岩及同时代火山岩，而对西部的艾勒格庙-二连浩特地区鲜有报道。

2.1.3　二连浩特-贺根山蛇绿岩带

二连浩特-贺根山蛇绿岩带位于锡林浩特断裂以北，向西延伸至南蒙恩绍地区(Badarch et al.，2002)，向东延伸至黑河地区(Zhou et al.，2015)。蛇绿岩带由多个呈 NNE 向展布的不连续岩块组成，分别来自二连浩特(354～314 Ma，Zhang et al.，2015)、贺根山(354～300 Ma，Miao et al.，2008；Jian et al.，2012)和西乌旗(356～330 Ma，Song et al.，2015)。系统的岩石学和地球化学研究(Miao et al.，2008；Zhang et al.，2015)表明，这些混杂岩块体具有 SSZ-型蛇绿岩特征，可能形成于弧后环境。

作为北造山带(二连浩特-锡林浩特地块)向乌梁亚斯太大陆边缘拼贴的空间标志，二连浩特-贺根山蛇绿岩带两侧发育大量晚石炭世-早二叠世碰撞后碱性花岗岩及双峰式火山岩(Cheng et al.，2014；Tong et al.，2015；Zhang et al.，2008a，2011b，2015；Yuan et al.，2016a)。

2.1.4　乌梁亚斯太大陆边缘

乌梁雅斯太地体与二连浩特-贺根山蛇绿岩带以查干敖包-阿荣旗断裂为界，其西侧与努赫特达瓦地块相连(Badarch et al.，2002)，东侧可延伸至兴安陆块大兴安岭地区(Zhou et al.，2015)。该构造单元基底岩石(Badarch et al.，2002；Xiao et al.，2003)包括中-晚元古代片麻岩、片岩、石英岩和大理岩，寒武纪碳酸盐岩和粉砂岩，奥陶纪拉斑质-钙碱性玄武岩、安山岩(Wu et al.，2015)、凝灰岩、凝灰质板岩和砂岩，志留纪粉砂岩和泥岩，泥盆纪玄武岩、安山岩(赵芝 等，2010a；张渝金 等，2016)、火山碎屑岩及浅海相碳酸盐岩，石炭纪海陆交互相碎屑岩和火山岩(赵芝 等，2010b；蒙启安 等，2013)，早二叠世陆相火山岩及火山碎屑岩。其中奥陶纪(赵利刚 等，2012；Li et al.，2016)、泥盆纪和石炭纪(赵芝 等，2010a)熔岩均伴随拉斑质-钙碱性侵入岩活动。

2.1.5 南造山带

南造山带夹持于索伦缝合带和华北克拉通之间，分别以西拉木伦、白云鄂博-赤峰断裂为界，从乌拉特后旗图古日格地区(Xu et al.，2013)，经白云鄂博北部包尔汗图、达茂旗北部巴特敖包、苏尼特右旗白乃庙-图林凯(Xiao et al.，2003)、翁牛特旗解放营子等地区，一直向东延伸到吉林省中南部(裴福萍 等，2014；Zhang et al.，2014；Pei et al.，2016)。近期研究于达茂旗北部、白乃庙和正镶白旗地区早古生代侵入岩中发现大量2.5~1.2 Ga继承锆石(Jian et al.，2008；秦亚 等，2013；Zhang et al.，2014；Wu et al.，2016)，于达茂旗北部宝音图群厘定出2.5 Ga基性火山岩(张玉清与苏宏伟，2002)，于翁牛特旗南部解放营子地区发现了2.55~2.50 Ga石英闪长岩(Wang et al.，2016)。以上年代学数据说明南造山带(白乃庙岩浆弧)也存在古老陆壳基底。

系统的岩石学、构造地质学、地质年代学等综合研究表明，南造山带主要由(图古日格-)温都尔庙俯冲-增生杂岩带(Jian et al.，2008；Xu et al.，2013)和白乃庙弧岩浆带组成。与北造山带情形相似，南造山带中温都尔庙群也包含大量橄榄岩、辉长岩、斜长花岗岩、石英岩组成的洋壳残片和蓝片岩块；其本身由下部桑达来音呼都格组绿泥石片岩(夹含铁石英岩及透镜状大理岩)、变质玄武岩、蚀变安山岩，以及上部哈尔哈达组绿泥石英片岩、绢云石英片岩及石英岩组成(徐备 等，2016)，并被晚志留世-早泥盆世西别河组磨拉石建造不整合覆盖(张允平 等，2010)。李承东等(2012)获得乌兰沟桑达来音呼都格组安山岩的形成时代为470±2 Ma，哈尔哈达组石英岩最年轻碎屑锆石年龄为430~424 Ma。典型的混杂岩结构与组成以温都尔庙附近乌兰沟剖面为代表(Jian et al.，2007)。该剖面包含三个亚单元，即北部含蓝闪石的高压多硅白云母片岩(多硅白云母$^{40}Ar/^{39}Ar$年龄为453~449 Ma，De Jong et al.，2006)、变玄武岩(单元Ⅰ)，中部糜棱状或细圆齿状绢云母-绿泥石片岩(单元Ⅱ)，南部变形较弱的绿片岩相变玄武岩(发育削顶的枕状构造，部分覆盖有硅质岩和灰岩)、超基性岩和辉长岩墙(单元Ⅲ)。在剖面中可观察到单元Ⅰ仰冲于单元Ⅱ之上，单元Ⅱ与单元Ⅲ组成复合体，呈叠瓦状排列(Xiao et al.，2003；Jian et al.，2007)。Jian et al.（2008)获得温都尔庙蛇绿岩中变质辉长岩与斜长花岗岩的锆石U-Pb年龄为497~477 Ma，并结合本区玻安质岩浆(473~470 Ma)、埃达克岩(467~450 Ma)(刘敦一 等，2003)、高温变质作用(451~434 Ma)、碱性岩(428~423 Ma)，将上述蛇绿岩套的形成与就位分别归结于洋内俯冲初期弧前扩张与后期洋脊俯冲。

白乃庙岩浆弧位于温都尔庙俯冲-增生杂岩带南侧，与华北克拉通之间以温更-乌德-车根达来(乌拉特中旗-白云鄂博北部-达茂旗东北部)超基性-基性杂岩带(可能为弧后蛇绿岩带，贾和义 等，2003；尚恒胜 等，2003；赵磊，2008)为界，主要经历了晚寒武世至早志留世低钾拉斑质-钙碱性弧岩浆活动(Jian et al., 2008; Xu et al., 2013; Zhang et al., 2013; Li et al., 2015; Zhang et al., 2014; Pei et al., 2016; Wu et al., 2016)，晚志留世-早泥盆世碰撞后碱性岩浆作用(Jian et al., 2008; Pei et al., 2016)，晚石炭世至早二叠世钙碱性弧岩浆作用(王挽琼, 2014; Wu et al., 2011)。

2.2　二连浩特地区地质概况

二连浩特-艾勒格庙地区与南蒙呼塔格乌拉地体接壤，位于北造山带西南端(图 1-1)。研究区内最古老的地层为中-新元古代艾勒格庙群，古生代地层较发育，中-新生代地层则大面积出露；古生代和中生代岩浆作用活跃(图 2-1)(李文仁 等, 1965; 逄永库 等, 1978, 1980)。

2.2.1　中-新元古代艾勒格庙群

艾勒格庙群主要分布于艾勒格庙、贵勒斯太、陶布其及包郎音乌苏地区(图 2-1)，出露面积约 80 km^2。地层遭受了强烈构造破坏及岩浆侵入。在三叠纪包饶勒敖包岩基东北缘和东南缘，艾勒格庙群呈捕虏体断续出露。该群总体为一套中浅变质岩系，变质程度及厚度变化较大，沉积环境为浅海相沉积(周文孝与葛梦春, 2013)。在脑木根幅 1∶20 万区域地质调查(逄永库 等, 1980)中，根据岩性组合特征将该群划分为两个岩段。第一岩段下部大理岩与变质流纹岩、糜棱岩化凝灰岩互为夹层；上部以大理岩、结晶灰岩为主，夹绢云石英片岩、变质粉砂岩和绢云母板岩。第二岩段下部以灰白色绢云石英片岩为主，夹薄层硅化大理岩与结晶灰岩；上部以灰白色、灰绿色变质晶屑凝灰岩为主，夹变质砂岩、大理岩和片理化石英岩。

2.2.2　古生代-中生代地层

艾勒格庙-二连浩特早古生代地层以温都尔庙群海相火山岩夹碎屑岩建造为特征(逄永库 等, 1980)，主要分布于芒和特和哈尔陶勒盖地区(图 2-1)，总出露面积约 56 km^2。温都尔庙群在研究区内可划分为两个岩段，第一岩段(芒和特)以石榴石绢云母片岩和绿片岩为主，夹石英岩、含铁石英岩，可与温都尔庙地区该群上部哈尔哈达组对比(见 2.1.5 小节)；第二岩段(哈尔陶勒盖)以变质砂岩和变质长石砂岩为主，夹绿片岩、变质凝灰岩和灰岩。

晚古生代地层划分为泥盆系中统东乌旗西山组，石炭系下统哈拉图庙群、中统本巴图组、上统阿木山组，二叠系下统三面井组、中统哲斯组-西力庙组和上统

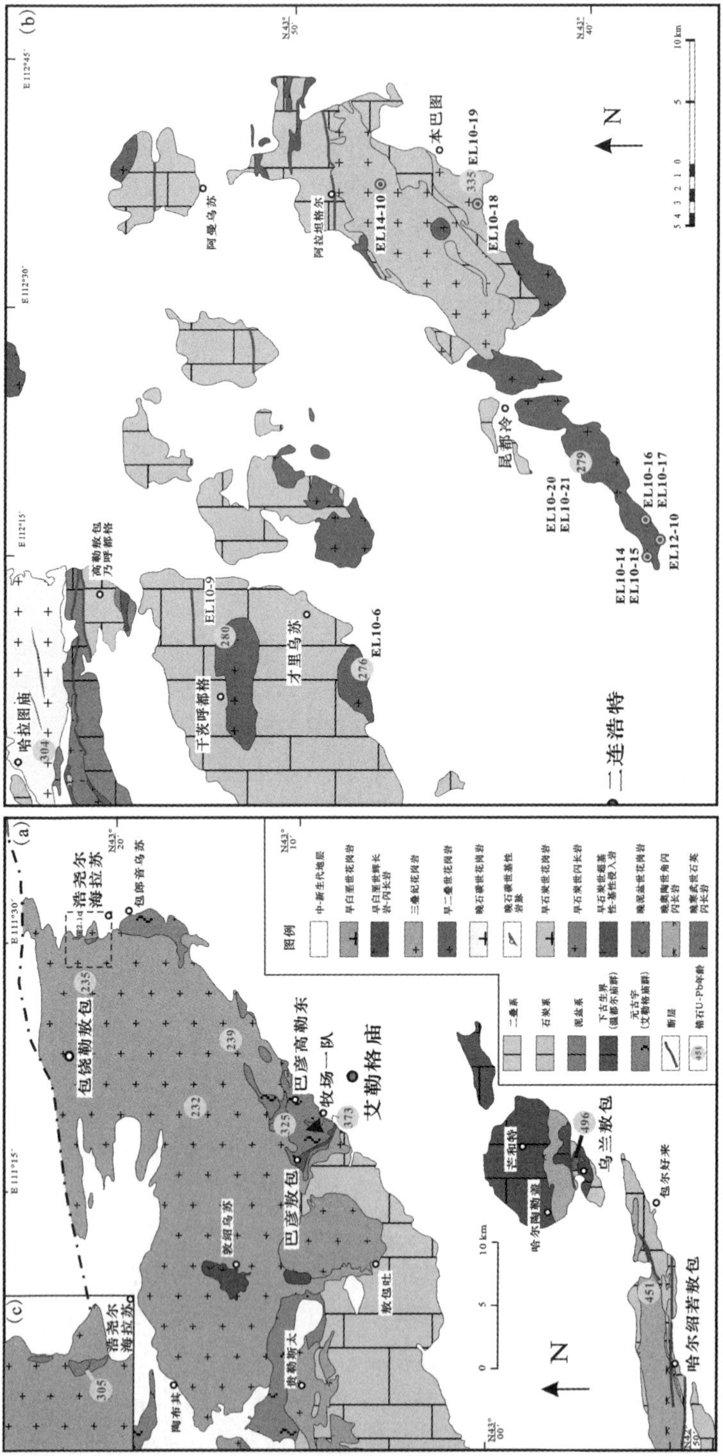

图2-1 艾勒格庙-二连浩特地区古生代-早中生代岩体分布图

[据李文仁 等(1965)，逯永库 等(1978, 1980)修改]

扫一扫，看彩图

包尔敖包组(图2-1)(李文仁 等，1965；逄永库 等，1978，1980)。中泥盆世东乌旗西山组分布于哈拉图庙南部，由云母石英片岩、炭质-硅质板岩与火山碎屑岩组成，属浅海相沉积。石炭纪哈拉图庙群分布于干茨呼都格-阿曼乌苏一带，总出露面积约360 km^2；由凝灰质-砂质-炭质板岩、灰岩及凝灰岩组成，产孢子花粉、腕足、珊瑚、苔藓虫等化石；本巴图组分布于包尔好来及本巴图地区，总出露面积约36 km^2，主要层序为长石石英砂岩或硬砂岩夹安山岩、凝灰岩、灰岩；阿木山组零星见于哈尔绍若敖包和阿拉坦格尔地区，总出露面积约8 km^2，由灰岩、安山玢岩、长石砂岩与粉砂岩组成，产腕足、珊瑚、蜓类化石。二叠纪三面井组分布于哈尔绍若敖包南部，出露面积约15 km^2，由含砾砂岩夹灰岩、硬砂岩、板岩与安山岩组成；哲斯组分布于乌兰敖包、哈尔绍若敖包北部和高勒敖包乃呼都格地区，总出露面积24 km^2，岩性为硬砂岩、长英砂岩、凝灰岩夹少量灰岩，含大量腕足类化石；西力庙组主要见于敖包吐地区，出露面积437 km^2，岩性为变质流纹岩、英安岩、凝灰岩、硅泥质板岩、灰岩、长石石英岩；包尔敖包组分布于包尔好来西南侧，出露面积5 km^2，主要岩性为杂砂岩和凝灰岩，底部含杂色砾岩，具有类磨拉石建造特征。

中生代地层主要包括晚侏罗世粗面岩、凝灰岩、沉积角砾岩和白垩纪砾岩、砂-泥岩等陆相沉积。

2.2.3　二连浩特地区古生代-中生代岩浆作用

根据1：20万区域地质调查报告(李文仁 等，1965；逄永库 等，1978，1980)以及近年来发表的年代学数据(Tong et al.，2015；Zhang et al.，2015；Yuan et al.，2016a，2019，2022；Yuan 和 Zhang，2018)，艾勒格庙-二连浩特地区在古生代-中生代经历了多期岩浆侵入事件(图2-1)，其中早古生代岩石仅零星出露，大部分岩浆活动集中于晚古生代和中生代，岩性多以花岗岩为主，基性岩呈岩墙或小岩株产出。在本书研究区内，早古生代岩石包括乌兰敖包石英闪长岩、哈尔陶勒盖与哈尔绍若敖包角闪闪长岩。晚古生代岩石包括巴彦高勒东、牧场一队与本巴图闪长-花岗闪长岩株，浩尧尔海拉苏、阿曼乌苏基性-超基性岩脉(或岩墙)，以及哈拉图庙、干茨呼都格、才里乌苏、昆都冷花岗岩株。Zhang et al.(2015)对阿曼乌苏岩体进行了锆石SHRIMP U-Pb定年，获得年龄354~314 Ma，Tong et al.(2015)对昆都冷岩体进行了锆石LA-MC-ICP-MS U-Pb定年，获得年龄279±1 Ma。中生代岩石包括包饶勒敖包、敖包吐花岗岩和敦绍乌苏辉长岩。

第 3 章 实验分析方法

探针片、全岩粉末样品制备及单矿物锆石分选均在河北省区域地质矿产调查研究所完成；造岩矿物电子探针分析、锆石阴极发光成像、锆石微区原位 U-Pb 定年及 Hf-O 同位素分析、全岩主量元素和 Sr-Nd 同位素分析均在中国科学院地质与地球物理研究所完成；全岩微量元素分析在中国地质大学(武汉)地质过程与矿产资源国家重点实验室完成；全岩 Hf 同位素分析在中国地质大学(北京)科学研究院完成。

3.1 造岩矿物主量元素分析

选取野外采集到的新鲜岩石样品，切割代表性剖面，制成光薄片，在偏光显微镜下鉴定后标记出待测矿物位置，对薄片镀碳后进行单矿物微区原位主量元素测试。分析仪器为日本 JEOL 公司生产的配有 4 道波谱仪(WDS)和 OXFORD 公司 INCA 能谱仪(EDS)的 JXA-8100 型电子探针，实验条件为加速电压 15 kV，电子束流为 10 nA，电子束斑根据不同矿物颗粒在 1~5 μm 变化，采用 ZAF 校正(即通过原子序数校正因子、吸收校正因子、荧光校正因子，将实测的 X 射线强度比 *K* 值转换为质量浓度)。电子背散射图像(BSE)也在同一台仪器上完成。

3.2 锆石 SIMS U-Pb 定年

将用于 U-Pb 定年的岩石样品机械破碎至 50~80 目，利用重选和磁选技术分选出非磁性重矿物锆石。在双目镜下挑选颗粒大、包裹体少、无明显裂隙且晶型完好的锆石颗粒，与锆石标样 Plésovice (Sláma et al., 2008)和 Qinghu (Li et al., 2009)一起粘贴到环氧树脂靶上，然后抛光使其暴露一半晶面。对锆石进行透射光、反射光显微照相以及阴极发光(CL)图像分析(由德国 LEO-1450VP 扫描电子显微镜完成，工作电压 20 kV，电流 2~20 nA)，以检查锆石的内部结构，帮助选择适宜的测试点位。图像采集完成后，用于二次离子质谱仪(SIMS)分析的样品靶需在真空下镀金以备分析。U、Th、Pb 的测定在 Cameca IMS-1280 离子探针上进行，详细的分析方法见 Li et al.（2009）。以 O^{2-} 为离子源，强度 10 nA，加速电压 -13 kV，分析束斑约 20 μm × 30 μm。锆石标样与锆石样品以 1∶3 比例交替测定。标准锆石 Plésovice（337.1±0.4 Ma，Sláma et al.，2008)用于校正 U-Th-Pb 同位素比值，标准锆石 Qinghu（159.5±0.2 Ma，Li et al.，2009）作为未知样监测数据的精确度。

3.3 锆石 SIMS O 同位素分析

锆石微区原位 O 同位素分析仍在 Cameca IMS-1280 二次离子质谱仪上完成，详细的测试方法参考 Li et al.（2013）。为避免 U-Pb 定年时氧源的污染，O 同位素分析应在测年之前进行，否则应对锆石靶再次抛光(磨去约 5 μm 厚度)。以 $^{133}Cs^{+}$ 为离子源，强度 2 nA，加速电压 10 kV。测量的 $^{18}O/^{16}O$ 值先利用维也纳平均海水(VSMOW，$^{18}O/^{16}O=0.0020052$)进行标准化并以 $\delta^{18}O$ 表示，然后采用标准锆石 Penglai($\delta^{18}O=5.31‰±0.10‰$，Li et al.，2010)进行仪器质量分馏校正。同时用标准锆石 Qinghu（Li et al.，2013)检测质量分馏校正的准确性。

3.4 锆石激光剥蚀 Lu-Hf 同位素分析

锆石微区原位 Lu-Hf 同位素分析在配备了 Geolas-193 紫外激光剥蚀系统的 Neptune 多接收电感耦合等离子体质谱仪(LA-MC-ICP-MS)上完成。分析点选在 U-Pb 年龄测试点上或者附近，仪器工作过程中束斑直径为 44~60 μm(取决于锆石颗粒大小)，脉冲速率为 8 Hz，详细的分析流程见 Wu et al.（2006）。样品分析过程中，采用标准锆石 MUD Tank(Woodhead 和 Hergt，2005)和 GJ-1(Morel et al.，2008)作为双重外部标样，监测仪器漂移。分析结果表明，所有测试过程中两个标样的 $^{176}Hf/^{177}Hf$ 值均与其推荐值在误差范围内一致。

3.5 全岩元素地球化学分析

挑选具有代表性的岩石样品进行预处理，必要时切掉边部风化或者污染的表皮。通过破碎-粗磨-细磨，将样品加工到200目以下，以备全岩主、微量元素，Sr-Nd-Hf同位素分析使用。

全岩主量元素采用X-射线荧光光谱仪XRF-1500（Sequential X-ray Fluorensence Spectrometer（SHIMADZU）测试。具体的分析流程：①将适量分析试剂(主要成分为熔剂$Li_2B_4O_7$、助熔剂LiF、氧化剂NH_4NO_3)和待测粉末样品(小于200目)置于105℃的烘箱中烘烤2 h(去除自由水)，然后取出并迅速放入干燥器中，冷却至室温。同时将洗净的小瓷坩埚置于高温电炉中煅烧，取出后置于干燥器中，待冷却至室温时称量每个坩埚的质量并编号。②用电子天平准确称取样品0.5000±(0.0007) g于坩埚中，将坩埚置于高温电炉，加热至1000℃并保持1.5 h，取出后在干燥器中冷却至室温，称重并计算样品的烧失量(LOI)。③用电子天平称取混合试剂5 g，与已干燥的样品混合并研磨均匀，倒入铂金坩埚中，加入3滴溴化锂(脱模剂)，将坩埚置于熔样机中，在1000℃下使样品充分熔融，取出坩埚使样品冷却并形成玻璃熔片。④将制作好的样片置于光谱仪上测量。样品分析过程中选用国家标准物质中心的GSR-1(花岗岩)和GSR-3(玄武岩)进行质量监控，对标准样品的分析结果表明，主量元素的分析误差为1%(含量>10%)至5%(含量<1%)。

全岩微量元素分析选用Agilent 7500a型四极杆电感耦合等离子体质谱仪(ICP-MS)，分析过程参考Liu et al. (2008)。样品制备采用混合酸溶样法，具体流程如下：①用准确度为十万分之一的天平称取岩石样品粉末50 mg于Teflon溶样弹中，加入少许高纯水湿润样品；②在溶样弹中加入1.5 mL高纯HNO_3和1.5 mL高纯HF，将密封的溶样弹置于190℃的烘箱中，加热48 h。③打开溶样弹，将溶液在115℃下蒸干，再次加入1.0 mL HNO_3并重新蒸干。④在蒸干后的样品中加入3.0 mL浓度为30%的HNO_3，然后将密封的溶样弹置于190℃的烘箱中，加热12~24 h。⑤最后用浓度为20%的HNO_3将溶液稀释至100 g，待测。对标准样品BCR-2、BHVO-2和AGV-2的分析结果表明，微量元素分析的不确定度为1~10%(取决于元素含量)。

3.6 全岩 Sr-Nd 同位素分析

Rb-Sr、Sm-Nd 同位素分析在德国 Finnigan 公司 MAT-262 型多接收热电离质谱仪(ID-TIMS)上完成，化学分离和上机测试流程参考 Li et al.（2015）。依据样品中 Rb、Sr、Sm、Nd 的含量，称取适量岩石粉末样品置于清洗干净的 Teflon 溶样罐中，加入适量^{87}Rb-^{84}Sr 和^{149}Sm-^{150}Nd 混合稀释剂及纯化的 HF-HNO_3-$HClO_4$ 混合试剂，拧紧罐盖，在 100~120℃的电热板上加热 7 d，每天轻摇 Teflon 溶样罐以保证样品完全溶解。Rb、Sr 和 REE 的分离在装有 AG 50W-X12 阳离子交换树脂(200~400 目)的石英交换柱中进行，而 Sm 和 Nd 的分离在 P507 树脂柱中进行。Sr 同位素比值分析采用 Ta 金属带和 Ta-HF 发射剂，而 Sm、Nd 和 Rb 同位素比值分析采用 Re 金属带。在全部流程中，Rb-Sr 和 Sm-Nd 的本底分别小于 300 pg 和 100 pg。利用$^{146}Nd/^{144}Nd=0.7219$ 和$^{86}Sr/^{88}Sr=0.1194$ 对测得的同位素比值标准化，以进行质量分馏校正。采用国际标样 NBS-987 Sr 和 JNdi-1 Nd 监控仪器稳定性，USGS(美国地质调查所)标样 BCR-2 监控整个测试流程的准确度。

3.7 全岩 Hf 同位素分析

全岩 Hf 同位素分析在 Neptune 多接收电感耦合等离子体质谱仪(MC-ICP-MS)上完成，详细的化学分离和上机测试流程参考 Lu et al.（2007）。依据样品中 Lu、Hf 的含量，称取适量岩石粉末样品置于带不锈钢外套的 Teflon 溶样弹中，首先加入 10 滴高纯水润湿样品，然后加入 90 滴 HF，旋紧不锈钢外套，放入烘箱，在 200℃下保温 3 d，使样品彻底溶解。Hf 同位素的分离采用两阶段离子交换层析法，首先使用阴离子交换树脂(AG 1X8)，对氢氟酸溶解的样品在 HCl-HF 介质条件下进行 Hf、Zr、Ti 与其他元素的分离，用 $HClO_4$ 赶尽氟离子后用 H_2O_2-HNO_3 重新溶解；再根据不同浓度 HNO_3 条件下 Zr、Hf 在萃淋树脂(UTEVA)中的吸附规律，使用 9 mol/L 的 HNO_3 和 6 mol/L 的 HNO_3 淋洗，使 Hf 与 Ti、Zr 分离。采用标准物质 JMC-475 监控同位素比值测试过程中仪器稳定性，USGS 标样 BHVO-2（$^{176}Hf/^{177}Hf=0.283096\pm0.000020$，Weis et al.，2005）和 AGV-2（$^{176}Hf/^{177}Hf=0.282984\pm0.000009$，Weis et al.，2007）监控整个测试流程的准确度。

第 4 章　二连浩特地区古生代-早中生代侵入岩岩相学

我们对上文所述古生代-早中生代岩侵入体中的 11 个岩体进行了详细的野外勘察、样品采集(表 4-1)和地球化学分析，岩体的分布位置如图 2-1 所示。现在分别对各岩体进行详细的岩相学描述，造岩矿物电子探针分析结果如附表 1 所示。

表 4-1　艾勒格庙-二连浩特地区古生代-早中生代侵入杂岩采样统计

样品编号	采样位置			岩性	侵位年龄/Ma	其他年龄信息/Ma
	地点/岩体	纬度(N)	经度(E)			
EL14-19	乌兰敖包	42°55′37″	111°16′25″	细晶花岗闪长岩	496±3	继承：510
EL16-4	乌兰敖包	42°55′37″	111°16′25″	细晶花岗闪长岩		
EL14-22	哈尔绍若敖包	42°50′52″	111°10′19″	角闪闪长岩	451±3	
EL14-23	牧场一队	43°08′38″	111°17′43″	石英闪长岩-花岗闪长岩	373±3	继承：1579
EL10-18	本巴图	43°43′42″	112°36′48″	花岗闪长岩	335±3	
EL10-19	本巴图	43°44′12″	112°38′24″	花岗闪长岩		
EL14-10	本巴图	43°47′13″	112°36′24″	花岗闪长岩		
EL10-4	巴彦高勒东	43°11′24″	111°20′30″	闪长岩	325±2	继承：415
EL15-3	浩尧尔海拉苏	43°22′05″	111°30′02″	角闪石岩	305±2	
EL15-5-1	浩尧尔海拉苏	43°22′06″	111°30′03″	角闪闪长岩	303±3	
EL15-6	浩尧尔海拉苏	43°22′07″	111°30′04″	闪长岩		
EL16-3	浩尧尔海拉苏	43°22′7″	111°30′0. 2″	细粒角闪闪长岩		
EL10-11	哈拉图庙	43°58′24″	112°4′0″	碱长花岗岩		

续表4-1

样品编号	采样位置			岩性	侵位年龄/Ma	其他年龄信息/Ma
	地点/岩体	纬度(N)	经度(E)			
EL14-4	哈拉图庙	43°58′29″	112°04′00″	碱长花岗岩		
EL14-5	哈拉图庙			碱长花岗岩	304±2	
EL10-9	干茨呼都格	43°52′24″	111°9′24″	二长花岗岩	280±3	
EL10-6	才里乌苏	43°48′18″	112°49′48″	二长花岗岩	276±2	
EL16-6	才里乌苏	43°47′41″	112°6′12″	斑状二长花岗岩		
EL16-7	才里乌苏			斑状二长花岗岩		
EL10-14	昆都冷	43°37′54″	112°14′42″	正长花岗岩		
EL10-16	昆都冷	43°37′55″	112°16′12″	正长花岗岩		
EL10-20	昆都冷	43°40′18″	112°20′6″	正长花岗岩	278±2	
EL10-21	昆都冷			正长花岗岩	280±1	
EL12-10	昆都冷	43°37′36″	112°15′17″	正长花岗岩		
EL14-13	包饶勒敖包	43°15′44″	111°20′17″	二长花岗岩	235±1	继承:303~291
EL13-9-4	包饶勒敖包	43°23′15″	111°27′00″	正长花岗岩	233±3	继承: 947, 384, 315
EL15-9-3	包饶勒敖包	43°23′15″	111°27′00″	正长花岗岩		
EL14-11	包饶勒敖包	43°13′46″	111°24′13″	碱长花岗岩	239±3	继承: 947, 384, 315
EL13-10	包饶勒敖包	43°19′07″	111°30′30″	文象花岗岩	234±7	继承:2455~1810
EL10-5	包饶勒敖包	43°11′42″	111°18′12″	钠长花岗岩		
EL13-9-2	包饶勒敖包	43°23′02″	111°27′35″	钠-更长花岗岩		
EL15-8	包饶勒敖包	43°23′15″	111°27′00″	黑云石英二长岩包体		
EL14-12	包饶勒敖包	43°14′21″	111°20′31″	花岗细晶岩脉		
EL10-23	包饶勒敖包			花岗斑岩脉		
EL12-5	包饶勒敖包	43°15′12″	111°20′02″	石英脉	219±2	
EL14-14	包饶勒敖包	43°10′30″	111°9′12″	二长闪长玢岩脉		
EL14-20	包尔好来	42°51′54″	111°13′34″	闪长玢岩脉	243~233	继承:509~262

4.1 中-基性侵入岩

4.1.1 哈尔绍若敖包岩体

哈尔绍若敖包岩体位于艾勒格庙村西南约 30 km 处[图 2-1(a)]，呈北东东向展布，延伸约 15 km，出露面积约 68 km^2[图 4-1(a)]，在芒和特地区侵入早古生代地层温都尔庙群[图 2-1(a)]。其主体岩性为角闪闪长岩，呈半自形粒状结构[图 4-1(b)]，块状构造，矿物组合为 55%～70%斜长石、20%～35%角闪石、5%～10%石英，和微量磷灰石、锆石、Fe-Ti 氧化物等副矿物。斜长石为自形-半自形板状，粒度 0.5～1.0 mm，新鲜的斜长石可见聚片双晶，具有中长石组成（$An_{36\sim42}Ab_{57\sim62}Or_{0\sim2}$）；在蚀变岩石中斜长石被绢云母黝帘石集合体交代；另有部分样品中斜长石呈碎粒状。角闪石为半自形柱状或板状，呈绿色-淡绿色，具有多色性，粒度 2～3 mm。电子探针分析表明它们主要为镁质普通角闪石，其 $Mg/(Mg+Fe^{2+})$为 0.71～0.81，单位化学式中 Si 原子数为 6.5～6.7。采集样品：EL14-22-(1～5)。

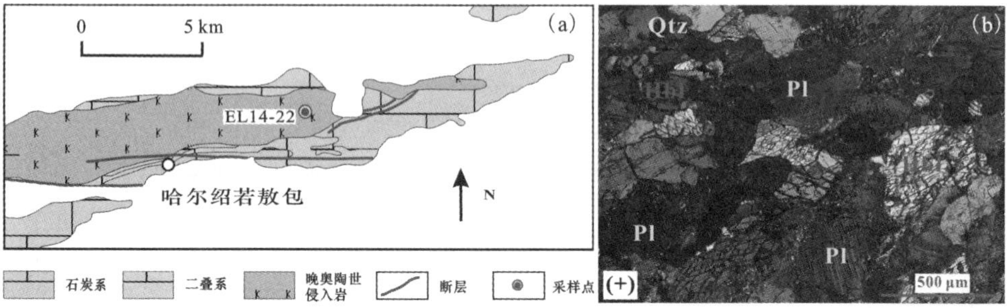

图 4-1 哈尔绍若敖包角闪闪长岩岩体地质图(a)与样品显微照片(b)

扫一扫，看彩图

4.1.2 巴彦高勒东岩体

巴彦高勒东岩体位于艾勒格庙村西北约 5 km 处[图 2-1(a)]，侵入新元古代地层艾勒格庙群中，呈不规则岩株产出，出露面积约 4 km^2[图 4-2(a)]。岩体主要由闪长岩组成，受构造断裂影响，普遍发育碎裂和压碎结构[图 4-2(b)]。典型的岩石样品含 60%～65%斜长石（$An_{31\sim44}Ab_{56\sim68}$）、5%～8%石英和 0～5%角闪石；副矿物包括磁铁矿和锆石；次生矿物包括绿帘石(10%~13%)、绿泥石(8%~10%)和白云母(1%~3%)。斜长石呈自形长板状，粒度 1~5 mm，表面严重泥化，见卡斯巴双晶，部分斜长石发育机械双晶。采集样品：EL10-4-(1~5)。

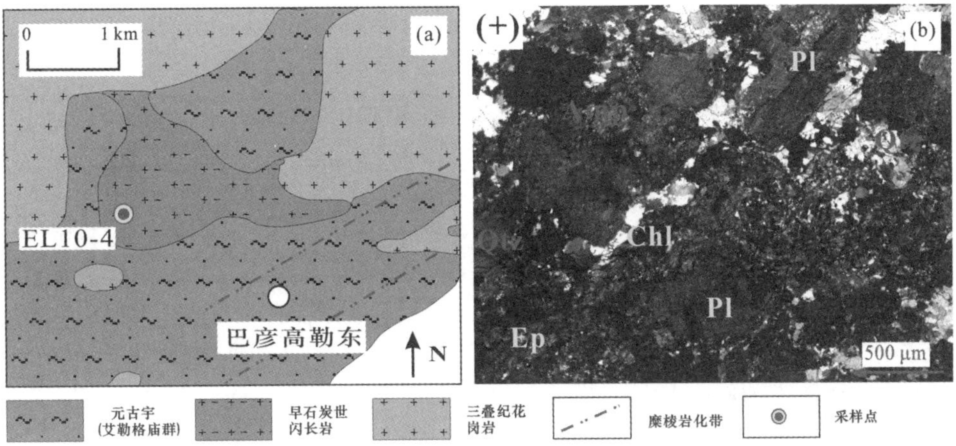

图 4-2　巴彦高勒东闪长岩岩体地质图(a)与显微照片(b)

扫一扫，看彩图

4.1.3　浩尧尔海拉苏岩体

浩尧尔海拉苏岩体位于艾勒格庙村北北东方向 25 km 处[图 2-1(a)]，呈岩脉或岩墙状产出，因遭受河流切割与冲蚀，其延伸情况不清楚。岩体侵入新元古代地层艾勒格庙群中，自身被英安斑岩脉侵入(图 4-3)。岩性包括辉石角闪石岩和角闪闪长岩。粗粒辉石角闪石岩[图 4-4(a)~(d)]由 75%~80%角闪石(自形-半自形柱状，粒度 1~6 mm)、10%~15%辉石、5%~10%斜长石和少量石英组成。角闪闪长岩[图 4-4(e)~(f)]呈粗粒至细粒结构，由 60%~70%角闪石(粒度 0.2~2 mm)、20%~35%斜长石、5%石英和微量碱性长石组成。在两类岩石中，角闪石均具有镁质普通角闪石-阳起石质普通角闪石-阳起石组成[图 4-5(a)]，其 SiO_2 含量为 46.5%~56.3%，FeO^T 含量为 4.9%~8.1%，MgO 含量为 13.8%~19.0%，CaO 含量在 12.2%至 13.1%之间。辉石多以包裹在角闪石内部的嵌晶或充填在角闪石晶间的它形颗粒存在[图 4-4(c)~(d)]；其成分变化范围狭窄($Wo_{41\sim51}En_{37\sim45}Fs_{8\sim14}$)，主要为透辉石[图 4-5(b)]，镁指数变化于 75~84。角闪石岩中斜长石呈填隙状，钙长石端元(An)含量为 33%~45%。角闪闪长岩中斜长石为中-更长石($An_{18\sim32}Ab_{67\sim82}$)，发育聚片双晶，并与石英交生。两类斜长石自形程度均较低，并且钙长石端元的含量相对于同类岩石(SiO_2 含量相当)中斜长石偏低，指示斜长石为晚期结晶相。以上观察表明该套岩石可能为堆晶产物，堆晶相主要为角闪石。采集样品：EL15-3-(1~3)，EL15-5-(1~4)，EL15-6-(1~2)，EL16-3。

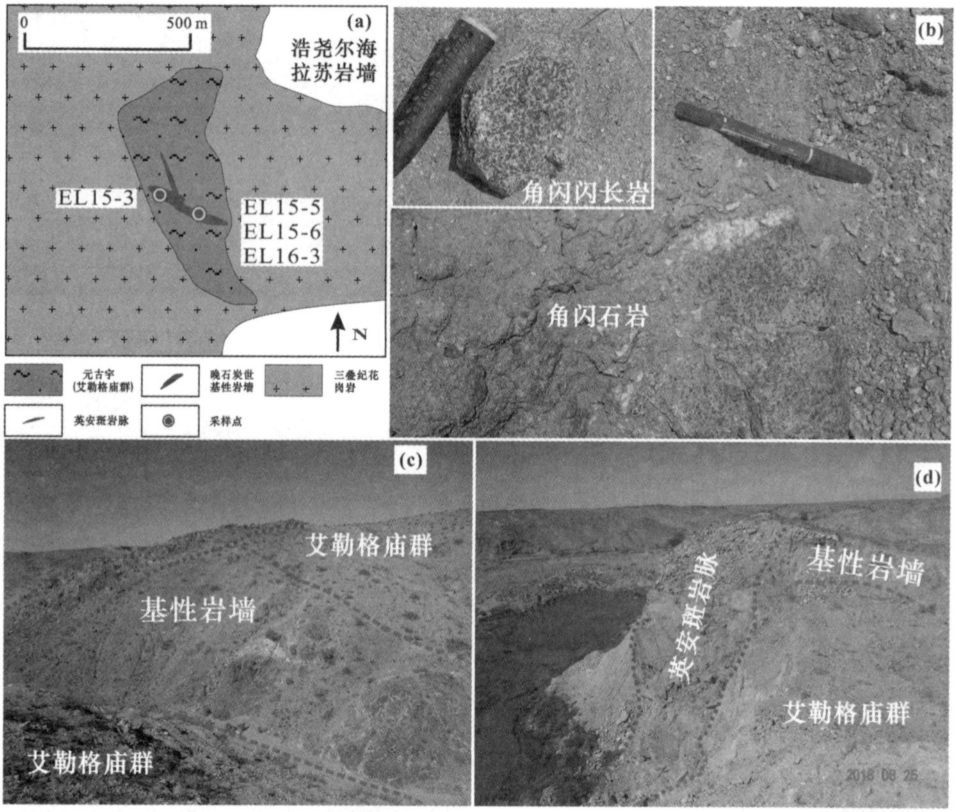

图 4-3　浩尧尔海拉苏岩墙地质简图(a)与野外照片(b)~(d)

扫一扫，看彩图

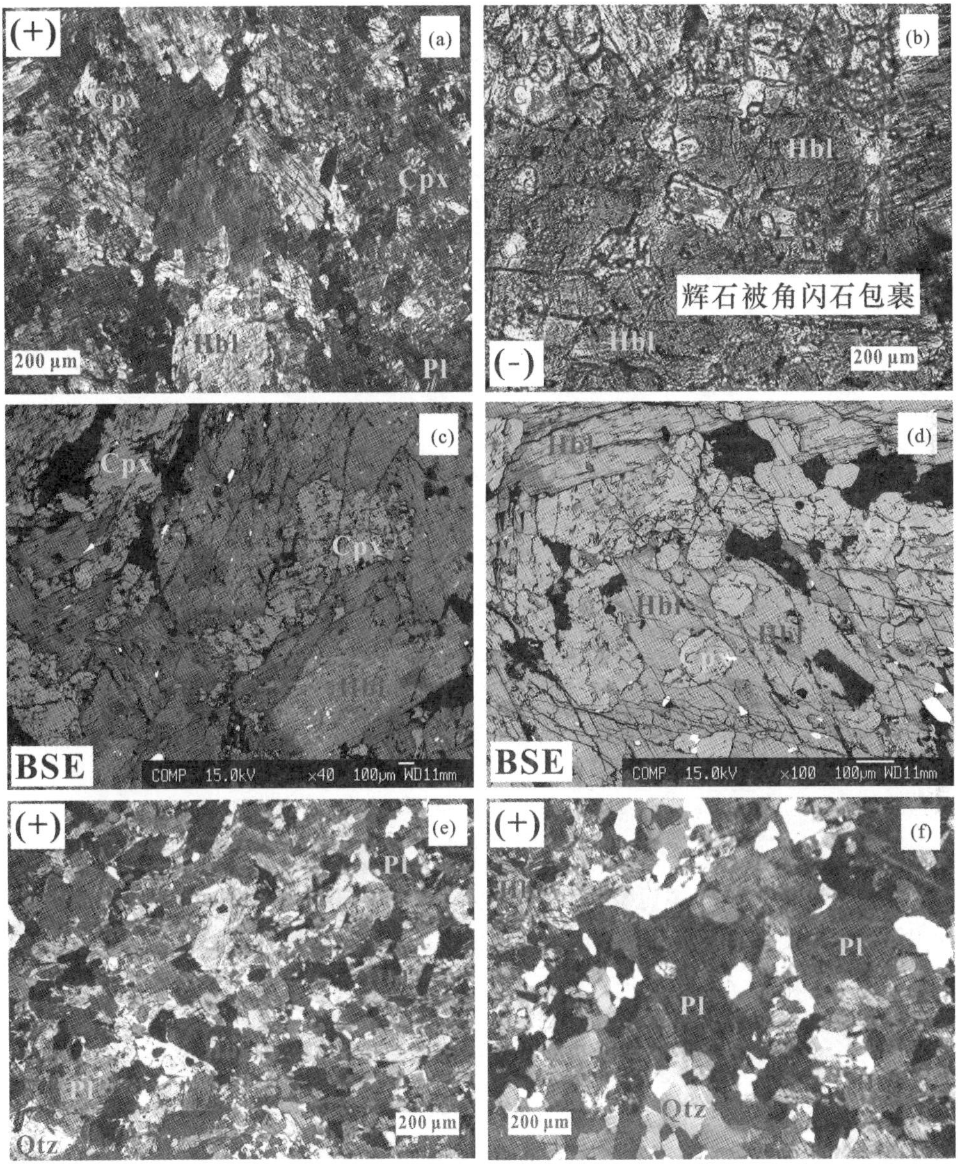

图 4-4　浩尧尔海拉苏角闪石岩(a~d)、角闪闪长岩(e~f)偏光显微照片与背散射图像

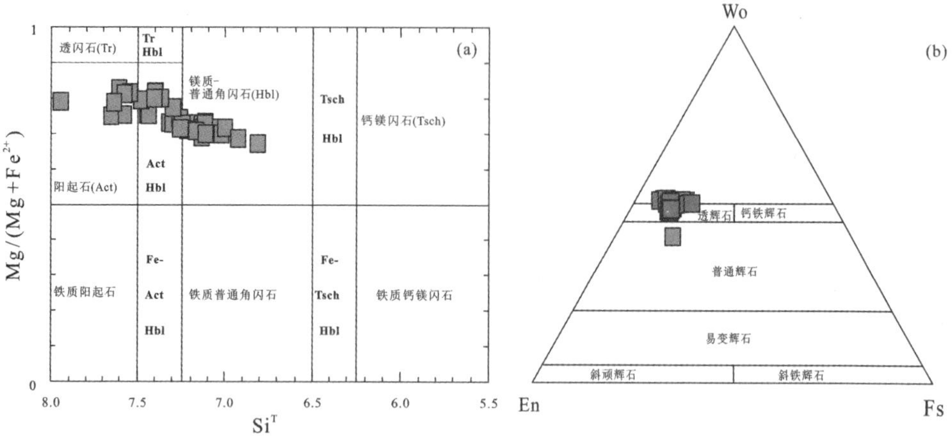

图 4-5　浩尧尔海拉苏岩石样品中角闪石 $Mg/(Mg+Fe^{2+})-Si^T$ 分类图(a)(Leak, 1978)与单斜辉石 Wo-En-Fs 三角分类图(b)(Morimoto et al., 1988)

4.2　酸性侵入岩

4.2.1　乌兰敖包岩体

乌兰敖包石英闪长岩位于艾勒格庙村以南约 23 km 处[图 2-1(a)]，呈不规则小岩株产出，出露面积约 2 km^2[图 4-6(a)]。该岩体侵入早古生代地层温都尔庙群中，被下二叠统哲斯组不整合覆盖；由于遭受两组近东西向断裂活动影响[图 4-6(a)～(c)]，其展布方向已经无法辨认。石英闪长岩呈碎裂花岗结构[图 4-6(d)]，块状构造。矿物组合为 70%斜长石($An_{17\sim25}Ab_{75\sim82}$)、15%角闪石和 15%石英。斜长石普遍碎粒化，呈不规则波状消光。部分角闪石分解成绿泥石和碳酸盐。此外，柱状矿物角闪石和拉长的石英呈半定向排列。采集样品：EL14-19-(1～4)，EL16-4。

4.2.2　牧场一队岩体

牧场一队岩体位于艾勒格庙村以西约 3.5 km 处[图 2-1(a)]，侵入新元古代地层艾勒格庙群，出露面积约为 2 km^2[图 4-7(a)]。岩石强烈风化，普遍遭受变形，在地貌上形成负地形冲沟。岩性包括石英闪长岩和花岗闪长岩，呈变余细粒半自形结构[图 4-7(b)]，片麻状构造。矿物组成为 20%～25%石英、40%～50%

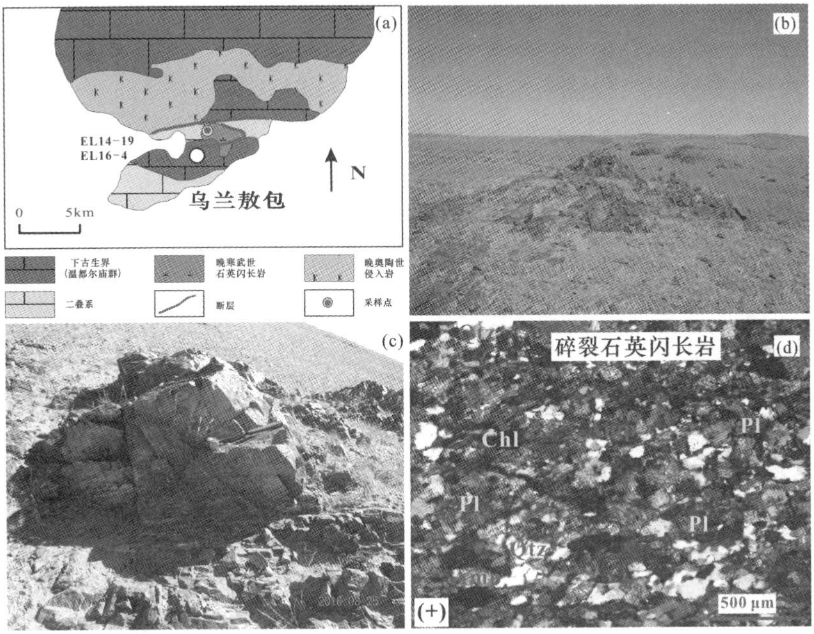

图 4-6　乌兰敖包石英闪长岩岩体地质图、野外照片与样品显微照片

扫一扫，看彩图

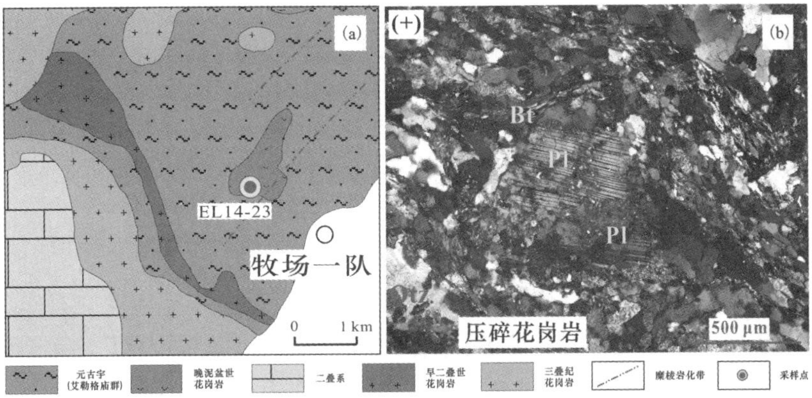

图 4-7　牧场一队花岗岩岩体地质图(a)与样品显微照片(b)

扫一扫，看彩图

斜长石($An_{17\sim31}Ab_{68\sim82}$)、5%~7%碱性长石、5%~8%角闪石和0~2%黑云母，以及微量磁铁矿、磷灰石、锆石等副矿物。角闪石大多蚀变成绿泥石、绿帘石和方解石；斜长石发生绢云母化或泥化。采集样品：EL14-23-(1~3)。

4.2.3 本巴图岩体

本巴图岩体位于二连浩特市北东东方向40 km处，出露面积约70 km^2[图2-1(b)]。岩体侵入由变质杂砂岩、灰岩、安山岩和凝灰岩组成的晚古生代火山–沉积地层中。岩体由花岗闪长岩和黑云母花岗岩组成，呈典型的中–粗粒花岗结构[图4-8(a)]，块状构造。主要矿物包括35%~50%斜长石、8%~20%碱性长石、20%~25%石英、3%~10%黑云母和1%~9%角闪石。副矿物包括磷灰石、锆石、榍石和磁铁矿等，它们多在角闪石和黑云母中以包裹体形式存在。斜长石呈自形–半自形柱状或板状，粒度1~6 mm，其化学组成变化范围宽广($Ab_{41\sim95}An_{2\sim58}Or_{0\sim3}$)。花岗闪长岩中斜长石发育韵律生长环带和正环带[图4-8(b)~(e)]。花岗岩中斜长石主要为钠长石和更长石。此外，大部分斜长石发育钠长石净边[图4-8(f)]。碱性长石一般为半自形板状或不规则粒状，粒度0.5~5 mm。其钾长石端元(Or)变化范围为93%~98%。部分碱性长石发育细窄的钠长石出溶条纹[图4-8(i)]。角闪石呈自形柱状晶体，粒度1~3 mm，单偏光下呈绿色，多色性明显。电子探针分析表明，这些角闪石属于镁质普通角闪石，部分蚀变为阳起石。部分角闪石呈嵌晶状包含于斜长石中，同时其本身也“包裹”许多细小的斜长石颗粒[图4-8(c)]；被“包裹”的斜长石大多截切角闪石解理，并且低钙长石端元($Ab_{87\sim99}An_{1\sim11}Or_{0\sim2}$)，表明该类斜长石晚于角闪石结晶。原生黑云母具有镁质黑云母–镁叶云母组成，铁指数$Fe^{2+}/(Fe^{2+}+Mg)$为0.42~0.52。采集样品EL10-18-(1~5)，EL10-19-(1~5)，EL14-10-(1~3)。

4.2.4 哈拉图庙岩体

哈拉图庙岩体位于二连浩特市以北45 km处[图2-1(b)]，出露面积约75 km^2(图4-9)。岩体侵入泥盆纪火山碎屑岩及灰岩中，自身被早二叠世花岗闪长斑岩脉侵入。岩性为中–粗粒碱性长石花岗岩，发育由石英和电气石作为充填物的晶洞构造[图4-10(a)]。偏光显微镜下可观察到由碱性长石和它形石英交生形成的显微文象结构[图4-10(b)]。花岗岩矿物组合[图4-10(c)]为55%~65%条纹长石($Or_{22\sim52}Ab_{48\sim78}$)、30%~35%石英、0~7%斜长石及少量黑云母。副矿物成分包括钛铁矿、磷灰石、锆石和榍石。采集样品：EL10-11-(1~3)，EL14-4，EL14-5-(1~4)。

扫一扫，看彩图

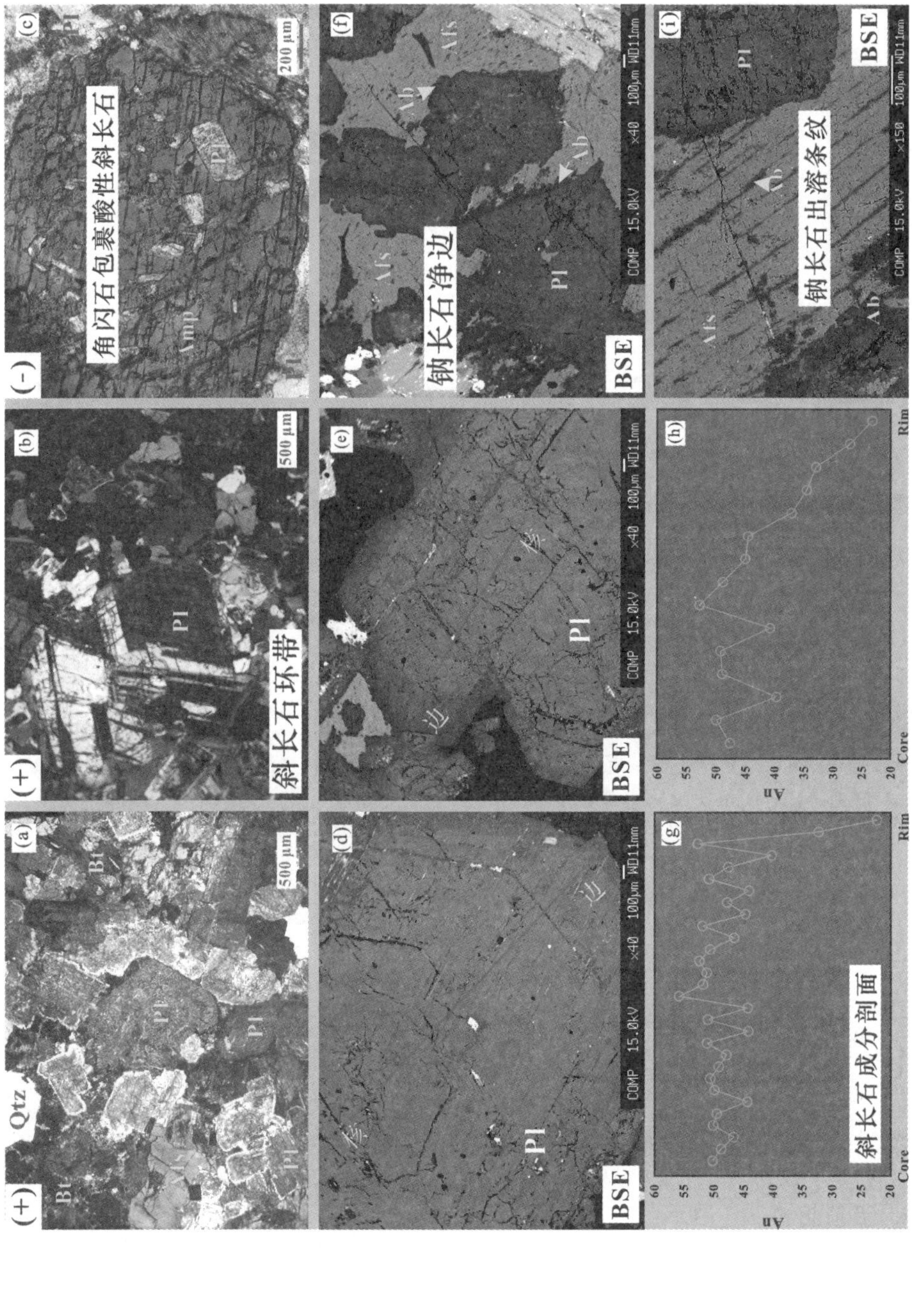

图4-8　本巴图花岗岩样品偏光显微照片、背散射照片与斜长石生长环带成分变化图

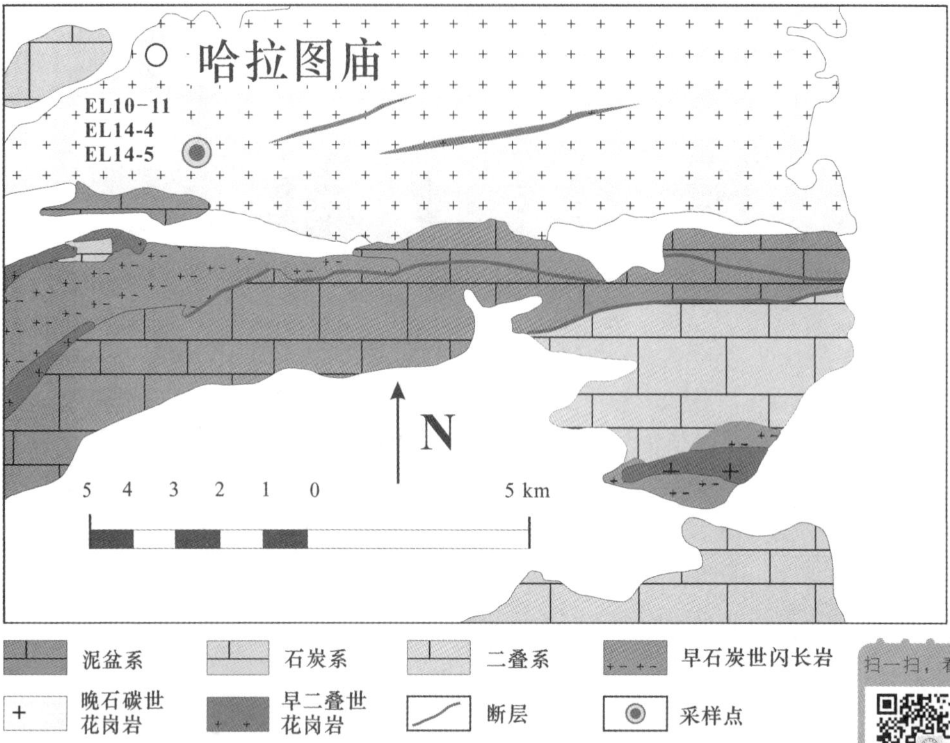

图 4-9　哈拉图庙岩体地质图

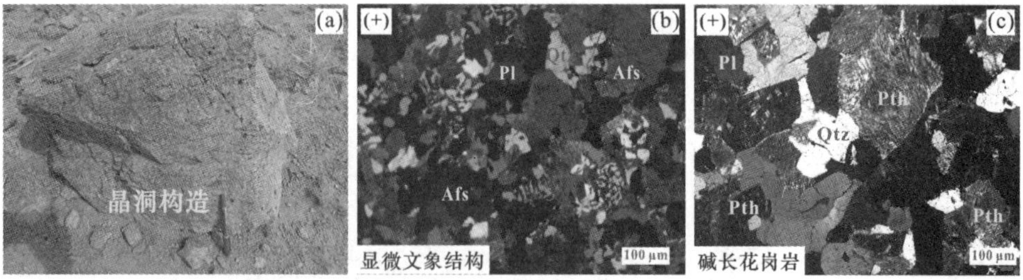

图 4-10　哈拉图庙花岗岩露头照片与显微照片

4.2.5　干茨呼都格岩体

干茨呼都格岩体位于二连浩特市以北 30 km 处，出露面积约 35 km^2[图 2-1(b)]。岩体侵入下石炭统哈拉图庙群炭质板岩和砂岩中。岩体被多期花岗斑岩脉、细晶

图 4-11　干茨呼都格(GCH)(a~f)、才里乌苏(CLW)(g~m)与昆都冷(KDL)(n~p)花岗岩野外照片及样品背散射、偏光显微照片

扫一扫，看彩图

岩脉和英安玢岩脉侵入[图 4-11(a)~(c)]。干茨呼都格岩体主要由细粒二长花岗岩组成，典型的矿物组合为 30%~40%斜长石($An_{14\sim28}Ab_{71\sim85}Or_1$)、25%~35%碱性长石($Qr_{91\sim93}Ab_{7\sim9}$)、25%~30%石英和 3%~4%黑云母，以及锆石、钛铁矿、磁铁矿和磷灰石等副矿物。碱性长石主要为发育格子双晶的微斜长石[图 4-11(d)]，局部可观察到发育卡斯巴双晶的正长石[图 4-11(e)]，呈半自形–它形，粒度 0.1~0.5 mm。斜长石为发育聚片双晶的钠长石(双晶纹相对较宽)或更长石[图 4-11(f)]，呈半自形板状，粒度 0.2~0.6 mm。少数斜长石发育微弱的正生长环带(An_{33}~An_{12})，另有少量斜长石内部可观察到再吸收核。两类长石表面均发生了较明显的泥化。黑云母呈半自形–它形片状，粒度小于 0.3 mm，在薄片中呈黄褐色，多色性明显。电子探针分析表明黑云母具有中等 FeO^T 和 MgO 含量[图 4-12(a)]，$n(FeO)/n(FeO+MgO)$

值为 0.63~0.69。根据 Abdel-Rahman（1994）的 $MgO-Al_2O_3-FeO^T$ 分类方案，干茨呼都格花岗岩中黑云母结晶于过铝质系列[图 4-12(b)]。副矿物多包裹于黑云母或斜长石内部。采集样品：EL10-9-(1~9)。

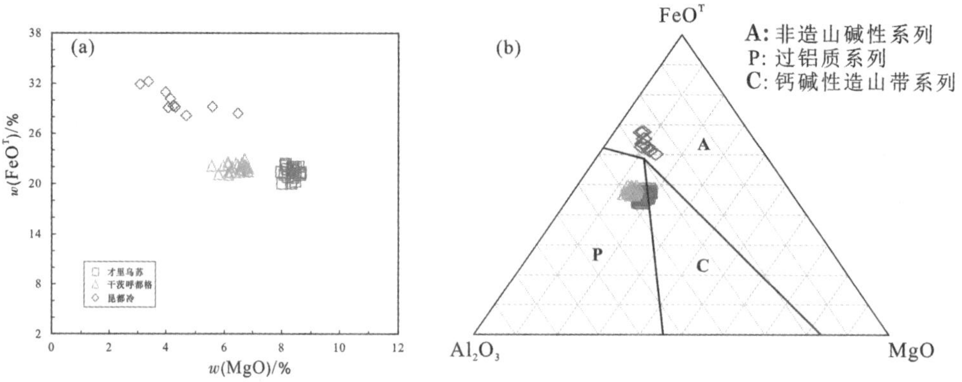

图 4-12　干茨呼都格、才里乌苏与昆都冷花岗岩黑云母 $w(FeO^T)-w(MgO)$ 变化图(a)及 $MgO-Al_2O_3-FeO^T$ 三角分类图(b)(Abdel-Rahman, 1994)

4.2.6　才里乌苏岩体

才里乌苏岩体位于二连浩特市以北约 20 km 处，侵入下石炭统哈拉图庙群砂泥质板岩和炭质板岩中，出露面积约 15 km^2[图 2-1(b)]。岩体局部发育暗色包体，一般呈椭圆形，直径为 3~5 cm。这些包体可分为两类，一类与花岗岩中常见微粒包体相似，含有斜长石斑晶，但包体中斜长石斑晶的自形程度明显比寄主岩斑晶差，基质外观似辉绿结构，但填隙物为石英；另一类包体无斑晶，颜色较深，隐约可见内部发生了变形，呈条带状或片麻状构造[图 4-11(g)~(h)]。主体岩性为二长花岗岩，呈似斑状结构[图 4-11(i)~(k)]，块状构造。斑晶矿物主要为自形程度较高的斜长石(粒度 1~3 mm)，局部可见碱性长石斑晶，含量 5%~15%。基质为细粒结构，主要矿物组成为 35%~40%斜长石($An_{23\sim27}Ab_{72\sim76}Or_{0\sim1}$)、30%~35%碱性长石($Qr_{90\sim95}Ab_{5\sim10}An_{0\sim1}$)、20%~25%石英和 8%~12%黑云母(含碱性长石斑晶的样品黑云母含量高)。副矿物含有锆石、磷灰石、钛铁矿、独居石和磷钇矿[图 4-11(l)~(m)]，它们通常包裹于黑云母中或作为其他矿物颗粒间的填隙物。电子探针分析表明，才里乌苏二长花岗岩中黑云母富镁(MgO 含量为 8.0%~8.7%)[图 4-12(a)]，在 $MgO-Al_2O_3-FeO^T$ 分类图上样品投影到过铝质和钙碱性造山带岩石系列的边界线上[图 4-12(b)]。采集样品：EL10-6-(1~5)。

4.2.7 昆都冷岩体

昆都冷岩体位于二连浩特市以东约 15 km 处，侵入石炭系本巴图组中，出露面积约 50 km^2[图 2-1(b)]。岩体主要由发育晶洞构造的中-细粒正长花岗岩[图 4-11(n)]组成，偏光显微镜下可观察到由碱性长石和石英交织形成的文象结构[图 4-11(o)]。典型的矿物组合为 40%~55%碱性长石、5%~15%斜长石、30%~35%石英和少量黑云母(2%~3%)。副矿物包括锆石、磷灰石、磁铁矿、钛铁矿和榍石。碱性长石(粒度 0.5~3 mm)总体成分为 $Qr_{95\sim98}Ab_{2\sim5}$，其内部出溶的钠长石条纹含有 1%~2%的钙长石端元(An)。独立晶出的斜长石(粒度 0.3~2 mm)也主要为钠长石($Ab_{94\sim97}An_{3\sim6}Or_{0\sim3}$)。黑云母呈刀刃状或针状充填在长石和石英的颗粒之间[图 4-11(p)]，表明黑云母结晶于缺水状态下的岩浆演化晚期(Collins et al., 1982; Landenberger 和 Collins, 1996)。电子探针分析揭示黑云母具有较高的 FeO^T (24.4%~32.2%)、TiO_2(2.8%~4.5%)含量和铁指数[$Fe^\# = Fe^{2+}/(Fe^{2+}+Mg)$ = 0.71~0.85]。在 Abdel-Rahman (1994)的分类图解上，昆都冷正长花岗岩中黑云母落入非造山碱性系列[图 4-12(b)]。采集样品：EL10-(14~17)，EL10-20-(1~5)，EL10-21-(1~4)，EL12-10-(1~4)。

4.2.8 包饶勒敖包岩体

包饶勒敖包岩基位于艾勒格庙村西北约 5 km 处，出露面积达 750 km^2 (图 4-13)。岩体沿艾勒格庙复背斜展布，呈 SWW-NEE 方向延伸；侵入新元古代艾勒格庙群和上古生界火山-沉积岩系中，在东部和南部边缘可见长英质片麻岩、石英片岩等捕虏体；自身被早白垩世辉长岩-花岗岩侵入。岩体中节理和脉岩较发育，后者包括闪长玢岩、细晶岩、花岗斑岩、伟晶岩和石英脉等。岩基主体由二长花岗岩、黑云母正长花岗岩、碱长花岗岩和少量钠(-更)长花岗岩组成，不同岩性单元呈渐变或连续过渡。侵入体构成的地形平缓，因发育水平解理而呈饼状风化[图 4-14(a)]，局部可见球形风化，表面一般呈浅黄褐色至红棕色[图 4-14(a)~(b)]。

二长花岗岩经历了变形作用，呈片麻状构造，鳞片粒状变晶结构，片状矿物黑云母及拉长的石英呈半定向-定向排布[图 4-14(c)]。矿物组合为 25%~35%斜长石(粒度 0.2~0.8 mm)、30%~40%碱性长石(粒度<0.5 mm)、25%~35%石英和 6%~8%黑云母。中-细粒黑云母正长花岗岩[图 4-14(d)~(f)]由 40%~45%碱性长石(正长石或微斜条纹长石，粒度 0.3~3 mm)、25%~30%斜长石(自形板状，0.2~2 mm)、20%~30%石英和 5%~10%黑云母组成。碱长花岗岩[图 4-14(g)]由 55%~60%碱性长石(包括微斜条纹长石、条纹长石和正长石，粒度 0.3~0.6 mm，部分高岭土化)、8%~10%斜长石、25%~30%石英和 3%~5%

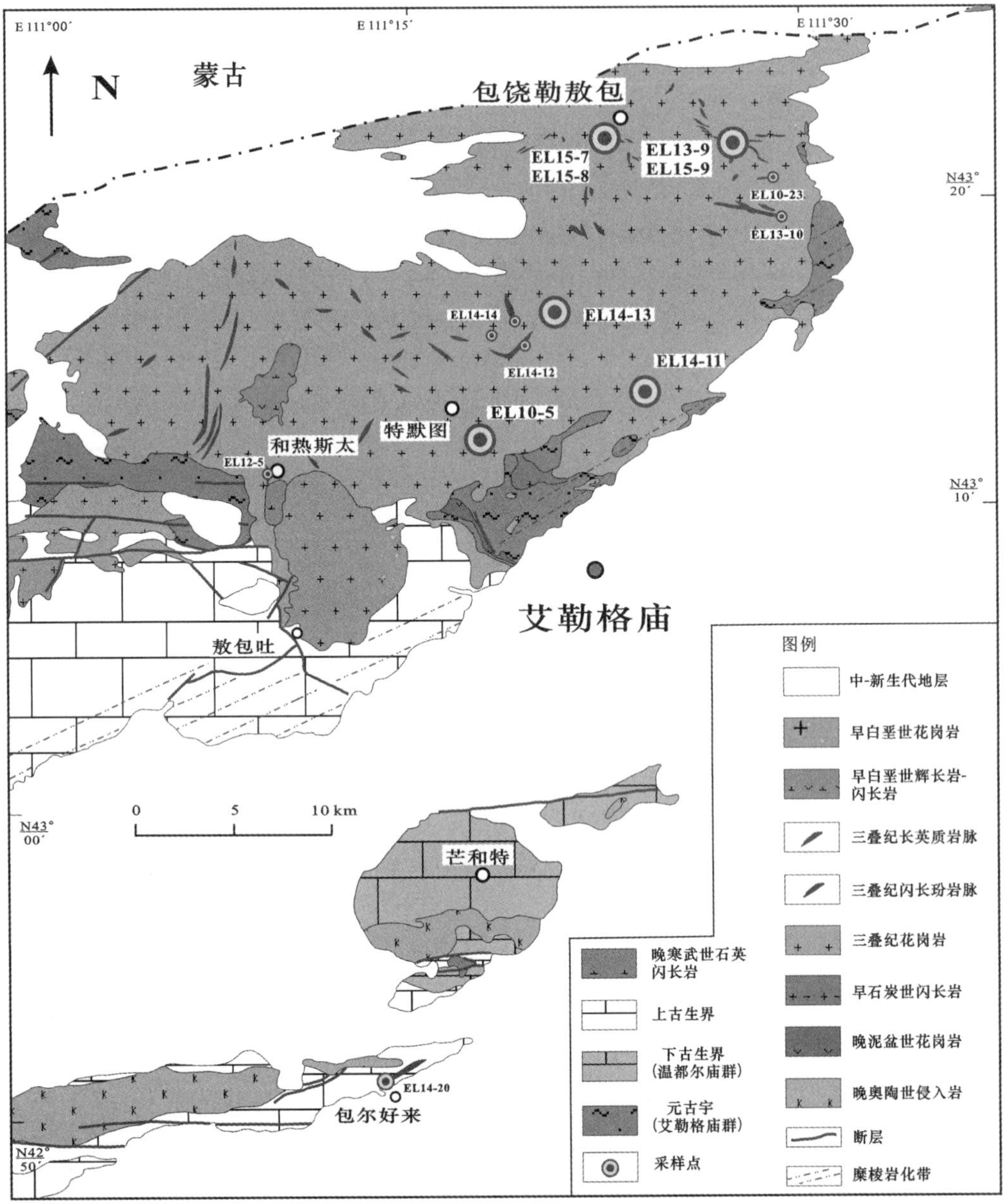

图 4–13　包饶勒敖包岩体地质图

扫一扫，看彩图

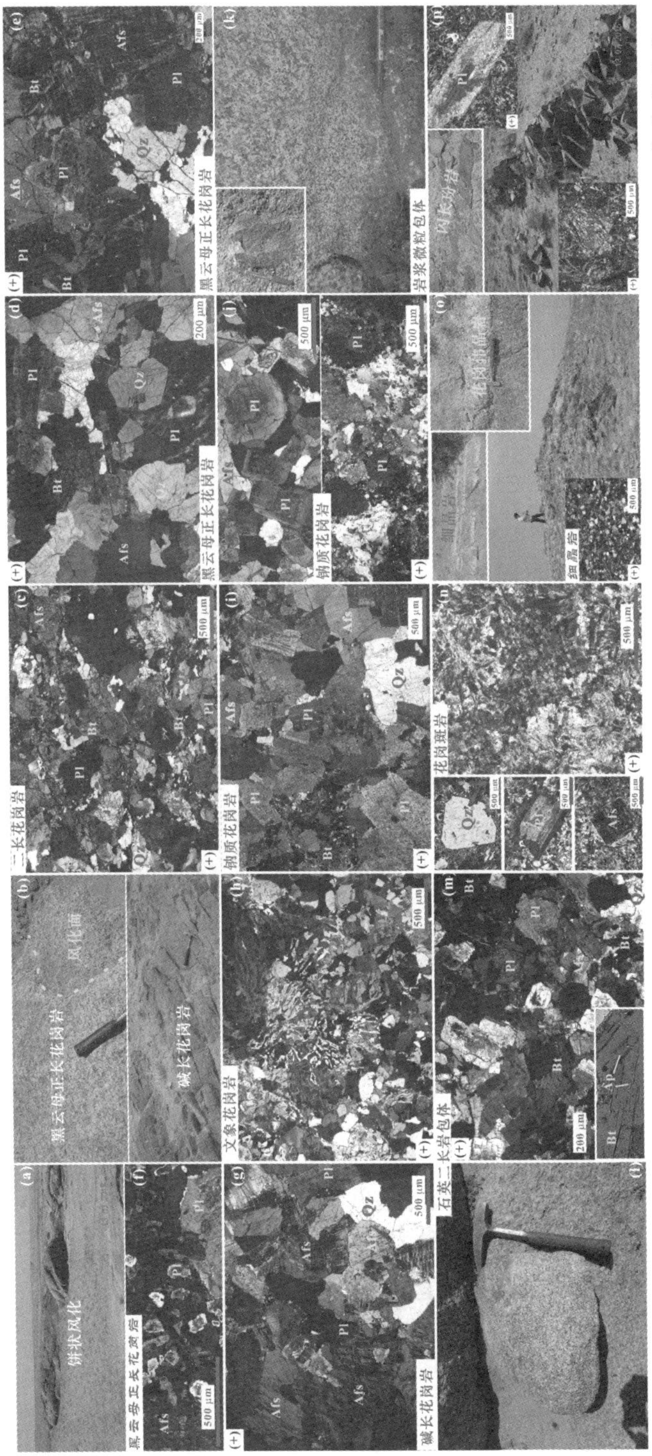

扫一扫，看彩图

图4-14　包饶勒敖包岩基不同岩性野外照片与显微照片

黑云母组成。局部碱长花岗岩发育碱性长石和石英交生的显微文象结构[图4-14(h)]。钠(-更)长花岗岩[图4-14(i)~(j)]由40%~60%斜长石(粒度0.3~1 mm)、5%~25%碱性长石(粒度0.2~0.5 mm)、25%~35%石英和5%~8%黑云母组成。在经历了变形的岩石样品中，斜长石被压碎；石英被拉长并经过了动态重结晶，呈补丁状或波状消光。在未变形样品中，部分斜长石发育微弱的同心生长环带。花岗岩中副矿物包括磁铁矿、锆石、榍石和磷灰石。采集样品(图4-13)如下：二长花岗岩EL14-13-(1~6)，正长花岗岩EL13-9-4、EL15-7和EL15-9-(1~3)，碱长花岗岩EL14-11-(1~4)和EL13-10-(1~3)，钠(-更)长石花岗岩EL10-5-(1~4)和EL13-9-(2~3, 5)。

此外，在黑云母正长花岗岩中发现了中-基性微粒包体[图4-14(k)]。包体颜色深浅不一，形态从圆形或椭圆形变化至条带状、树枝状，与寄主岩之间的界线从清晰到模糊，暗示二者可能发生了不同程度混合。比较遗憾的是基性微粒包体直径一般不超过5 cm，加之风化较严重，未能采集到适合做地球化学分析的样品。仅有两件黑云母石英二长岩(EL15-8)包体[图4-14(l)~(m)]的样品供研究使用，其矿物组合为35%~40%斜长石、30%~35%碱性长石、5%~10%石英、10%~18%黑云母(含大量棒状或针状磷灰石包裹体)及少量角闪石，副矿物包括磷灰石和榍石。

花岗斑岩(EL10-23)呈典型的斑状结构[图4-14(n)]，斑晶由碱性长石、斜长石和石英组成，基质由成分相似的隐晶质和微晶(含黑云母)组成。细晶岩脉(EL14-12)从数厘米至两米宽[图4-14(o)]，呈细晶结构(粒度小于0.2 mm)，矿物组合为石英+长石+少量黑云母。石英脉(EL12-5)中石英含量一般大于85%，另含有少量斜长石、碱性长石及副矿物(锆石、不透明矿物)。

深灰色的闪长玢岩脉宽0.2~0.8 m，长数米[图4-14(p)]，发育典型的斑状结构，斑晶以角闪石和斜长石为主，含量为5%~10%；基质呈隐晶-微晶结构，成分包括斜长石和不透明矿物。

第 5 章　二连浩特古生代-早中生代侵入杂岩年代学

为了确定艾勒格庙-二连浩特地区岩浆岩的形成时代，构建该区古生代-早中生代岩浆活动的年代学格架，本章对上文所述 11 个岩体开展了详细的锆石 SIMS U-Pb 定年，分析结果见表 4-1 和附表 2。

5.1　乌兰敖包岩体

细晶石英闪长岩 EL14-19-1 采自乌兰敖包岩体，其锆石呈半自形-它形短柱状或粒状，长 50~90 μm，长宽比为 1 : 1~2 : 1。锆石 CL 图像呈灰色，显示微弱的生长环带[图 5-1(a)]。对 18 颗锆石进行 SIMS U-Pb 分析，获得 Th/U 值为 0.25~0.58。所有分析点均落在谐和线上，其中 17 颗锆石获得谐和年龄 495.9±3.3 Ma (MSWD=0.1)[图 5-2(a)]，代表岩体的侵位时代。另一颗锆石内部含有微小的继承核，并具有略微偏老的 $^{206}Pb/^{238}U$ 表面年龄(510.4±7.4 Ma)[图 5-1(a)]。

5.2　哈尔绍若敖包岩体

角闪闪长岩 EL14-22-1 采自哈尔绍若敖包岩体，其锆石多为它形粒状，粒径 100~120 μm。锆石 CL 图像显示较宽的生长环带[图 5-1(b)]。对 22 颗锆石进行 SIMS U-Pb 分析，获得 Th、U 含量分别为 16×10^{-6} ~ 353×10^{-6} 和 50×10^{-6} ~ 473×10^{-6}，Th/U 值为 0.29~0.90。所有点均落在谐和线上，获得谐和年龄为 451.1±2.8 Ma (MSWD=0.15) [图 5-2(b)]。

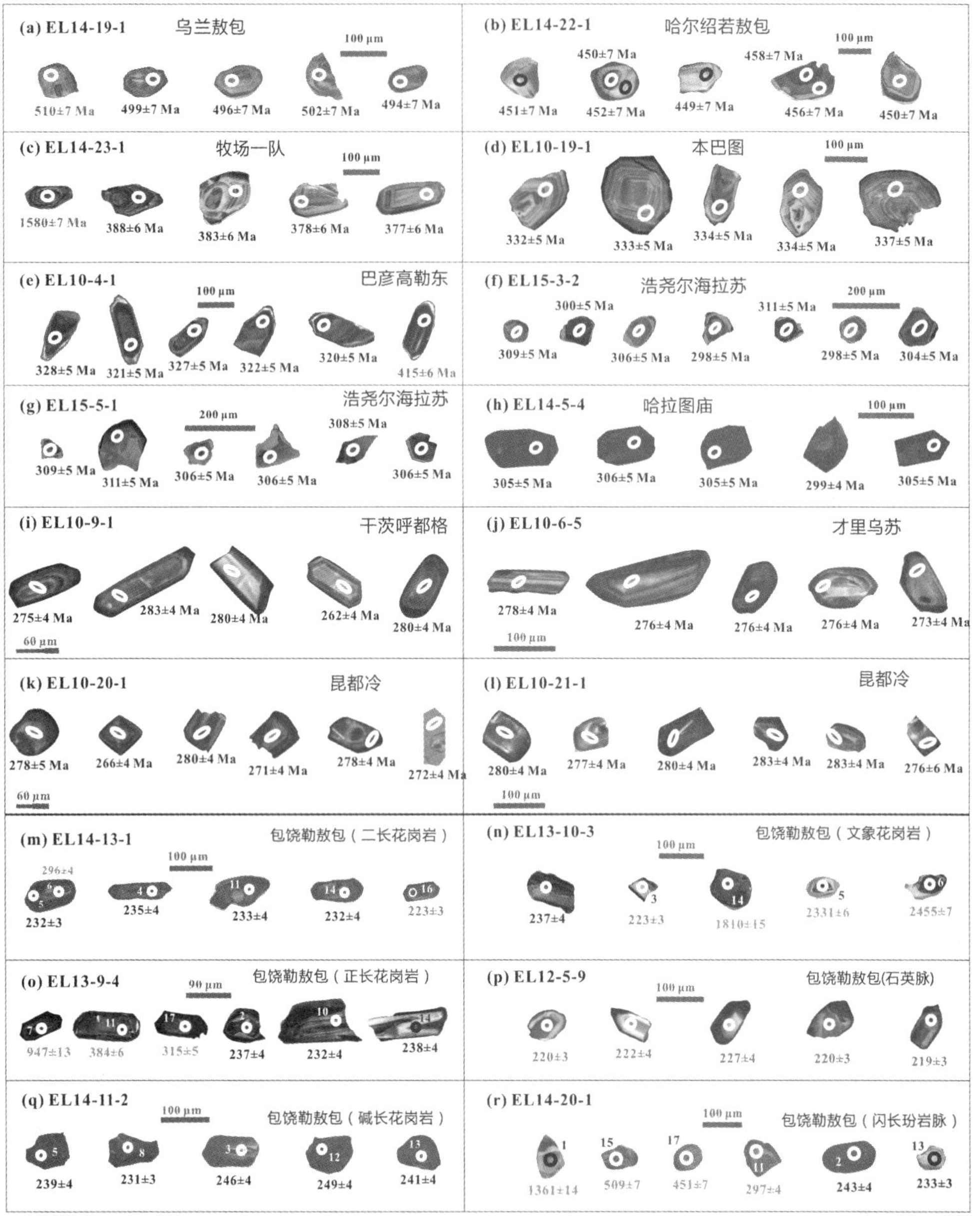

图 5-1　艾勒格庙-二连浩特地区古生代-早中生代侵入杂岩定年锆石阴极发光图像

扫一扫，看彩图

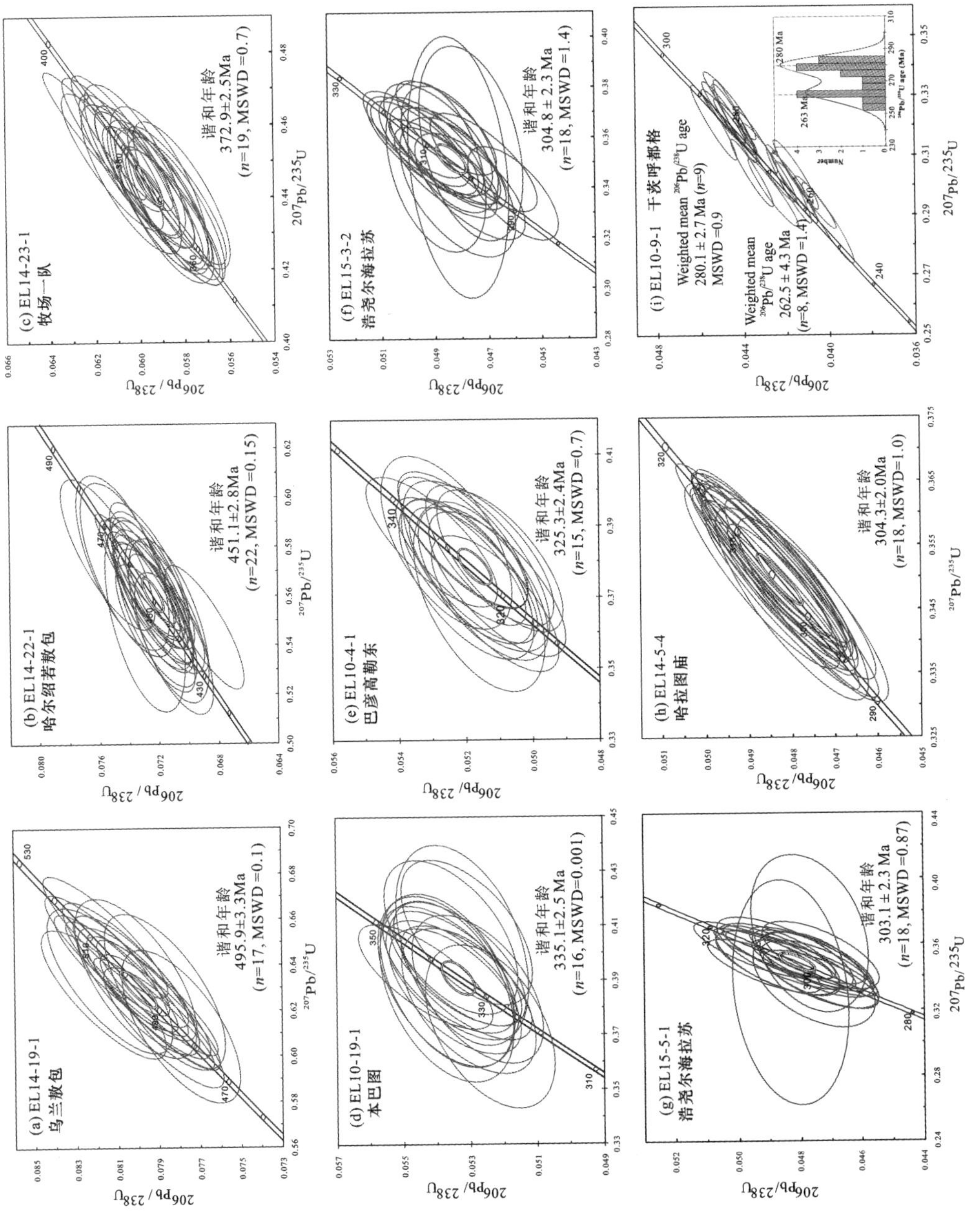
(a) EL14-19-1
乌兰敖包
谐和年龄
495.9±3.3Ma
(n=17, MSWD=0.1)
(b) EL14-22-1
哈尔绍若敖包
谐和年龄
451.1±2.8Ma
(n=22, MSWD=0.15)
(c) EL14-23-1
牧场一队
谐和年龄
372.9±2.5Ma
(n=19, MSWD=0.7)
(d) EL10-19-1
本巴图
谐和年龄
335.1±2.5 Ma
(n=16, MSWD=0.001)
(e) EL10-4-1
巴彦高勒东
谐和年龄
325.3±2.4Ma
(n=15, MSWD=0.7)
(f) EL15-3-2
浩尧尔海拉苏
谐和年龄
304.8±2.3 Ma
(n=18, MSWD=1.4)
(g) EL15-5-1
浩尧尔海拉苏
谐和年龄
303.1±2.3 Ma
(n=18, MSWD=0.87)
(h) EL14-5-4
哈拉图庙
谐和年龄
304.3±2.0Ma
(n=18, MSWD=1.0)
(i) EL10-9-1　干孜呼都格
Weighted mean 206Pb/238U age
280.1±2.7 Ma (n=9)
MSWD=0.9
Weighted mean
206Pb/238U age
262.5±4.3 Ma
(n=8, MSWD=1.4)
280 Ma
263 Ma
206Pb/238U
207Pb/235U

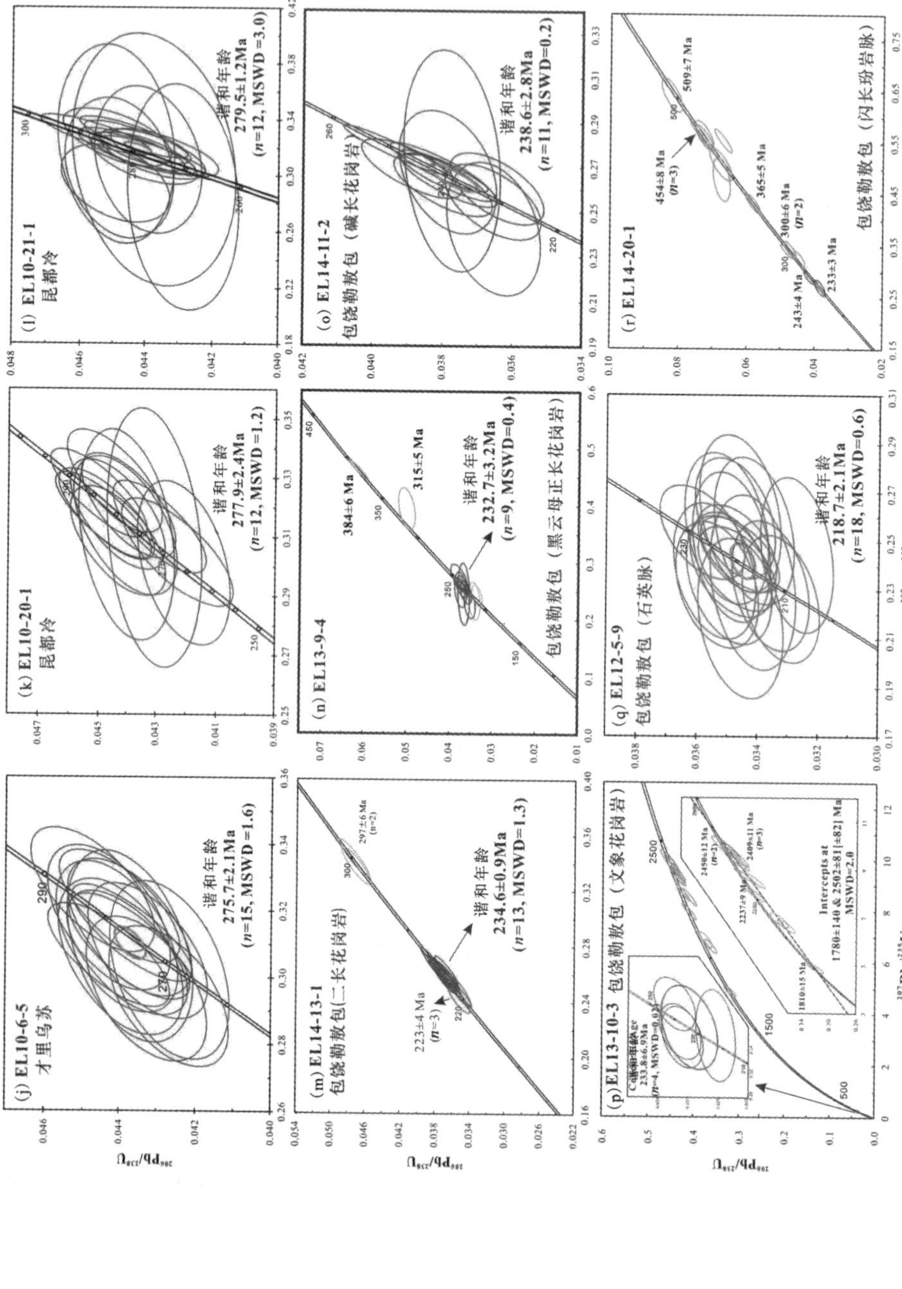

图5-2 艾勒格庙-二连浩特地区古生代-早中生代侵入杂岩锆石年龄U-Pb谐和图

5.3 牧场一队岩体

花岗岩 EL14-23-1 采自牧场一队岩体，其锆石多为自形-半自形短柱状，长 100~180 μm，长宽比为 1.5：1~2：1。锆石 CL 图像显示明显的韵律成分环带[图 5-1(c)]，表明这些锆石为典型的岩浆成因锆石。对 20 颗锆石进行 SIMS U-Pb 分析，其中 19 颗锆石获得 Th/U 值为 0.24~0.69，谐和年龄为 372.9±2.5 Ma (MSWD=0.7) [图 5-2(c)]。另一颗锆石为捕虏晶，分析点仍落在谐和线上，其 Th/U 值为 1.2，$^{207}Pb/^{206}Pb$ 表面年龄为 1579.0±7.0 Ma [图 5-1(c)]，该年龄与浩尧尔海拉苏二长片麻岩捕虏体的形成时代(作者未发表数据)一致。

5.4 本巴图岩体

花岗闪长岩 EL10-19-1 采自本巴图岩体，其锆石多呈半自形短柱状或等轴粒状，粒径 100~120 μm。锆石 CL 图像显示强烈而清晰的同心振荡环带[图 5-1(d)]，指示典型的岩浆锆石成因。16 颗锆石的 Th/U 值为 0.33~0.66，所有分析点均落在谐和线上，$^{206}Pb/^{238}U$ 表面年龄为 329~341 Ma，获得加权平均年龄 335.1±2.5 Ma (MSWD=0.3) 与谐和年龄 335.1±2.5 Ma(MSWD=0.001) [图 5-2(d)]。

5.5 巴彦高勒东岩体

来自巴彦高勒东岩株的闪长岩 EL10-4-1 具有半自形-自形柱状锆石，其大小为 80 μm×100 μm~50 μm×200 μm。锆石 CL 图像呈灰色，显示模糊的成分环带和细窄的高亮蚀变边[图 5-1(e)]。对 16 颗锆石进行 SIMS U-Pb 分析，获得 Th/U 值 0.34~0.57。所有分析点均落在谐和线上，其中 15 颗锆石获得谐和年龄 325.3±2.4 Ma (MSWD=0.7) [图 5-2(e)]，代表岩体的侵位时代。剩余 1 颗锆石为捕虏晶，具有略微偏老的$^{206}Pb/^{238}U$ 表面年龄(415.0±6.0 Ma)[图 5-1(e)]。

5.6 浩尧尔海拉苏岩体

浩尧尔海拉苏岩体由角闪石岩和闪长岩组成，本书对两种岩性的岩体均进行了锆石 SIMS U-Pb 定年。二者锆石形态相似，呈不规则次棱角状，粒径 50~120 μm。CL 图像中大部分锆石由较暗的核部和亮边构成，部分锆石亮边沿裂隙生长而形成补丁状[图 5-1(f)~(g)]，指示较强烈的岩浆期后蚀变作用。测试过程中分析点选在光滑均一或具有模糊振荡环带的核部。来自角闪石岩 EL15-3-2 的 18 个分析点获得 Th/U 值 0.11~0.94，谐和年龄 304.8±2.3 Ma（MSWD=1.4）；来自闪长岩 EL15-5-1 的 18 个分析点获得 Th/U 值 0.05~0.46，谐和年龄 303.1±2.3 Ma（MSWD=0.9）[图 5-2(f)~(g)]。二者在误差范围内一致，共同表征了浩尧尔海拉苏岩墙的侵位时代。

5.7 哈拉图庙岩体

碱长花岗岩 EL14-5-4 采自哈拉图庙岩体，其锆石主要呈半自形短柱状，长 60~120 μm，长宽比为 1.5：1~2：1。CL 图像中锆石发光微弱[图 5-1(h)]，暗示其具有较高的 Th、U 含量，但在透、反射光图像中并未见大量裂隙发育，表明锆石没有遭到明显的放射性损伤。对 18 颗锆石进行 SIMS U-Pb 分析，获得 Th、U 含量分别为 60×10^{-6}~723×10^{-6} 和 252×10^{-6}~1134×10^{-6}，Th/U 值为 0.24~0.64。所有点均落在谐和线上，获得谐和年龄为 304.3±2.0 Ma（MSWD=1.0）[图 5-2(h)]。

5.8 干茨呼都格岩体

采自干茨呼都格岩体的二长花岗岩 EL10-9-1 样品具有自形柱状锆石，长 60~150 μm，长宽比为 2：1~5：1。CL 图像中锆石发育较模糊的振荡环带[图 5-1(i)]。用于 SIMS U-Pb 分析的 17 颗锆石获得 Th/U 值为 0.21~0.47。所有分析点均落在谐和线上，但具有较宽的 $^{206}Pb/^{238}U$ 年龄变化范围(253~286 Ma)，并呈现双峰分布趋势。其中较老的 9 颗锆石获得 $^{206}Pb/^{238}U$ 加权平均年龄 280.1±2.8 Ma（MSWD=0.9）与谐和年龄 280.3±2.8 Ma（MSWD=2.0），剩余 8 颗相对年轻的锆石获得 $^{206}Pb/^{238}U$ 加权平均年龄 262.5±3.1 Ma（MSWD=1.4）与谐和年龄 262.8±3.1Ma（MSWD=3.8）[图 5-2(i)]。该现象通常被归结为岩体冷却过程中持续的岩浆补注，产生了大量再循环晶(Charlier et al.，2005；Miller et al.，2007)，暗示岩体经历了长时间的生长。相对年轻的峰值可能代表了岩体中普遍发育的细晶岩形成时代。

5.9　才里乌苏岩体

二长花岗岩 EL10-6-5 采自才里乌苏岩体，其锆石呈自形-半自形柱状，长 80~200 μm，长宽比为 1.5∶1~3∶1。锆石 CL 图像显示微弱的成分环带[图 5-1(j)]。对 15 颗锆石进行 SIMS U-Pb 分析，获得 Th/U 值为 0.26~0.63，谐和年龄 275.7±2.1 Ma（MSWD=1.6）[图 5-2(j)]。

5.10　昆都冷岩体

正长花岗岩 EL10-20-1 与 EL10-21-1 采自昆都冷岩体，其锆石呈自形-半自形等轴粒状或短柱状，长 60~100 μm，长宽比为 1∶1~2∶1。在 CL 图像上部分锆石显示模糊的同心环带[图 5-1(k)~(l)]。从样品 EL10-20-1 中获得的 12 个分析点产生 Th/U 值为 0.37~0.67，谐和年龄 277.9±2.4 Ma（MSWD=1.2）；来自样品 EL10-21-1 的 12 个分析点产生 Th/U 值为 0.41~0.62，谐和年龄 279.5±1.2 Ma（MSWD=3.0）[图 5-2(k)~(l)]。二者在误差范围内一致，共同表征了昆都冷岩体的侵位时代。该结果符合 Tong et al.（2015）的分析结果。

5.11　包饶勒敖包岩体

包饶勒敖包岩体呈复合岩基产出，本书对不同岩性端元进行了详细的锆石 U-Pb 年代学研究。来自 6 件岩石样品的锆石多呈半自形柱状，长 50~150 μm，长宽比为 1∶1~3∶1，个别锆石呈不规则棱角状。在 CL 图像上显示微弱的生长环带[图 5-1(m)~(r)]。

5.11.1　主体岩性

钠长花岗岩 EL10-5-4 中锆石绝大多数发生蜕晶作用，仅有 1 颗锆石获得一致年龄，其 $^{206}Pb/^{238}U$ 表面年龄为 252.9±3.8 Ma。

来自二长花岗岩 EL14-13-1 的 16 颗锆石获得 Th、U 含量分别为 23×10^{-6}~

980×10^{-6} 和 $302\times10^{-6}\sim1160\times10^{-6}$，Th/U 值为 0.24~0.88。锆石年龄分成三组，其中来自继承核［图 5-1(m)］的 2 个分析点给出 $^{206}Pb/^{238}U$ 平均年龄 297.2±6.2 Ma；13 个分析点(其中两个分析点来自含有早二叠世继承核的锆石边部)形成谐和年龄 234.6±0.9 Ma（MSWD=1.3)；剩余 3 颗锆石获得 $^{206}Pb/^{238}U$ 平均年龄 222.9±4.0 Ma［图 5-2(m)］。

黑云母正长花岗岩 EL13-9-4 中 17 颗锆石具有 Th/U 值 0.23~1.79。其中 9 个分析点构成谐和年龄 232.7±3.2 Ma（MSWD=0.4)；3 颗捕虏晶分别得出 $^{206}Pb/^{238}U$ 表面年龄 947±13 Ma，384±6 Ma 及 315±5 Ma［图 5-2(n)］；剩余 5 颗锆石具有非常高的 Th($929\times10^{-6}\sim5414\times10^{-6}$)和 U($1499\times10^{-6}\sim3733\times10^{-6}$)含量，晶格遭受放射性破坏，高普通 Pb，未能给出有效的年龄信息。

碱长花岗岩 EL14-11-2 中 18 颗锆石的 Th、U 含量分别为 $232\times10^{-6}\sim2878\times10^{-6}$ 和 $322\times10^{-6}\sim1993\times10^{-6}$，Th/U 值为 0.60~2.05。其中 11 个分析点获得谐和年龄 238.6±2.8 Ma（MSWD=0.2)［图 5-2(o)］，其余锆石因发生 Pb 丢失未能获得可靠数据。文象花岗岩 EL13-10-3 中选取了 15 颗锆石进行 SIMS U-Pb 分析，所有分析点均落在一致曲线上或者附近，然而仅有 4 颗锆石给出谐和年龄 233.8±6.9 Ma（MSWD=0.02)，其余 11 颗锆石为前寒武纪捕虏晶，其 $^{207}Pb/^{206}Pb$ 表面年龄变化于 2455~1810 Ma［图 5-2(p)］。

综上所述，包饶勒敖包花岗质岩浆活动从开始至湮灭，一共持续了约 30 Ma(253~219 Ma)，峰期为 242~226 Ma。

5.11.2 岩脉

侵入包饶勒敖包岩基的石英脉具有谐和年龄 218.7±2.1 Ma（MSWD=0.62，n=18)［图 5-2(q)］；而闪长玢岩脉中分析锆石多为捕虏晶，包括 1 颗前寒武纪锆石($^{207}Pb/^{206}Pb$ 年龄为 1361 Ma)，15 颗古生代锆石($^{206}Pb/^{238}U$ 年龄为 509~262 Ma)和 2 颗中三叠世锆石($^{206}Pb/^{238}U$ 年龄为 243~233 Ma)［图 5-2(r)］。

5.12 二连浩特地区岩浆阶段划分

以上岩体的锆石 SIMS U-Pb 年代学研究表明，从古生代至早中生代艾勒格庙-二连浩特地区一共发育了四期具有代表性的侵入岩活动，即早古生代晚寒武世-晚奥陶世石英闪长岩(495.9±3.3 Ma)和角闪闪长岩(451.1±2.8 Ma)、晚泥盆世-早石炭世花岗岩类(373~325 Ma)、晚石炭世-早二叠世角闪石岩(305~303 Ma)和花岗岩(304~263 Ma)、中三叠世花岗岩基(242~226 Ma)。这些岩浆序列为反演研究区古生代地质演化历史提供了相对连续的物质记录。

第 6 章　二连浩特古生代-早中生代侵入杂岩地球化学特征与成因

为了探讨研究区内侵入杂岩的岩浆起源和演化，本次研究对 11 个岩体进行了系统采样，选取具有代表性的岩石样品开展地球化学分析。对 103 件样品进行了传统的全岩主、微量元素分析，并对其中 53 件样品进行了全岩 Sr-Nd 同位素分析，对 4 件样品进行了全岩 Hf 同位素分析，数据结果分别列于附表 3、附表 4 和附表 5。为了进一步示踪岩体的岩浆起源，本书对绝大部分定年样品(共 25 件)开展了锆石微区原位 Hf-O 同位素分析，数据结果列于附表 6。

6.1　早古生代侵入岩地球化学特征及成因

6.1.1　早古生代侵入岩地球化学特征

6.1.1.1　全岩主、微量元素特征

乌兰敖包石英闪长岩具有低钾[$w(K_2O)$= 0.93%~0.97%]，富钠(Na_2O/K_2O= 3.9~4.4)，准铝质到轻微过铝质特征(A/CNK = 0.96 ~ 1.03)(图 6-1)，在 Rb-(Y+Nb)图解上落入火山弧花岗岩区(图 6-2)。在微量元素组成上，样品中等富集 Rb、Th、U、Pb 和轻稀土元素[$(La/Yb)_N$=3.9~4.1]，亏损高场强元素，发育不明显的负 Eu 异常(δ_{Eu}=0.79~0.80)(图 6-3)。

哈尔绍若敖包角闪闪长岩 SiO_2 含量为 52.7%~54.8%[图 6-1(a)]，高 TiO_2 (1.0%~1.3%)、Na_2O (4.0%~4.1%)和 P_2O_5(0.30%~0.36%)，低 K_2O (0.46%~0.88%)，具有中等至较高的 Al_2O_3(16.3%~17.0%)、MgO (4.9%~6.7%，$Mg^\#$ = 57~64)、$Fe_2O_3^T$(8.4%~9.1%)及 CaO (6.7%~7.7%)。在 Jensen 阳离子投影(Jensen，1976；Rickwood，1989)和 $w(K_2O)$-$w(SiO_2)$图解[图 6-1(b)]上，多数样

品呈钙碱性特征。在微量元素方面，岩石具有中等含量的 Ni($53\times10^{-6}\sim121\times10^{-6}$)、Cr($86\times10^{-6}\sim180\times10^{-6}$)和 V($190\times10^{-6}\sim198\times10^{-6}$)。在原始地幔标准化的微量元素分布图解上，样品富集 Ba、U、Pb 等大离子亲石元素，亏损 Nb、Ta、Zr、Hf 等高场强元素[图 6-3(a)]。在球粒陨石标准化稀土元素配分图解上，岩体具有微弱的"上凸型"稀土配分模式，中等富集轻稀土元素[$(La/Yb)_N=4.6\sim5.9$]，发育轻微的负 Eu 异常($\delta_{Eu}=0.71\sim0.90$)[图 6-3(b)]。

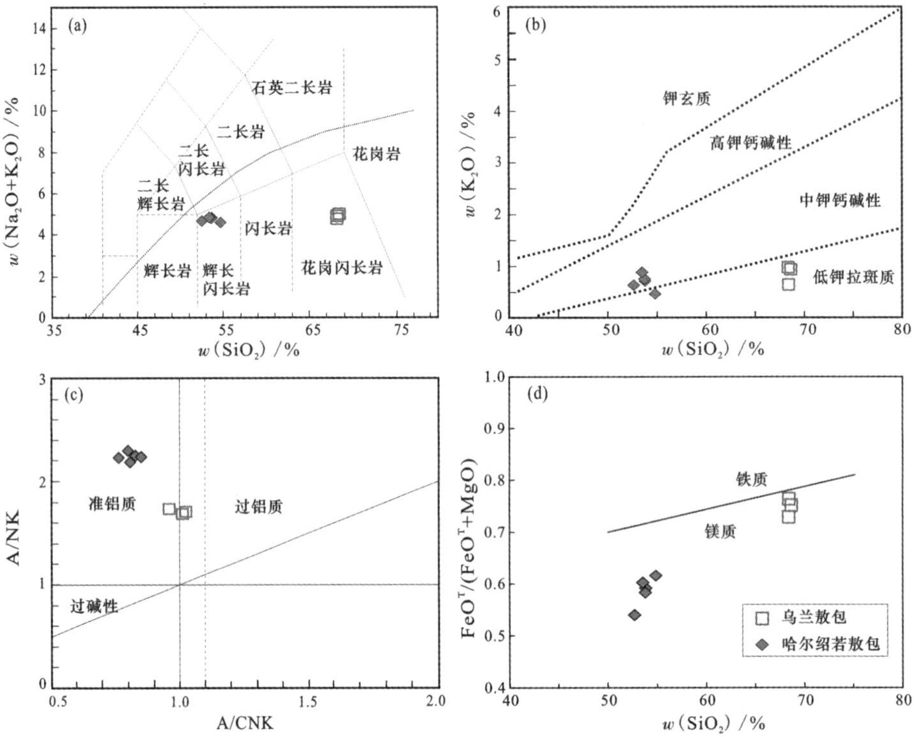

(a) $w(Na_2O+K_2O)-w(SiO_2)$ (Le Maitre, 1989); (b) $w(K_2O)-w(SiO_2)$ (Peccerillo 和 Taylor, 1976; Le Maitre, 1989); (c) A/NK-A/CNK (Maniar 和 Piccoli, 1989); (d) $FeO^T/(FeO^T+MgO)-w(SiO_2)$ (Frost et al., 2001)。

图 6-1　早古生侵入岩主量元素分类图解

6.1.1.2　全岩 Sr-Nd 同位素特征

根据锆石 U-Pb 年龄回算出乌兰敖包石英闪长岩(496 Ma)具有 Sr 同位素初始比值($^{87}Sr/^{86}Sr)_t=0.702397\sim0.705938$，$\varepsilon_{Nd}(t)=+0.7\sim+0.9$[图 6-4(a)~(b)]，Nd 同位素单阶段模式年龄 $T_{DM1}^{Nd}=1.30\sim1.40$ Ga，两阶段模式年龄 $T_{DM2}^{Nd}=1.15\sim1.17$ Ga。

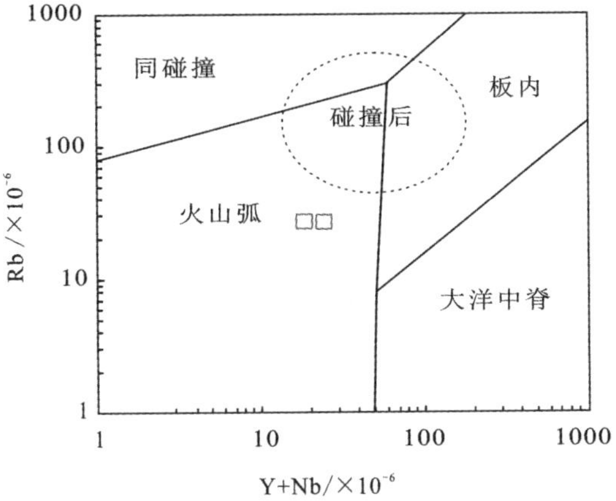

图 6-2　晚寒武世石英闪长岩 Rb-(Y+Nb) 图解(Pearce et al., 1984; Pearce, 1996)。

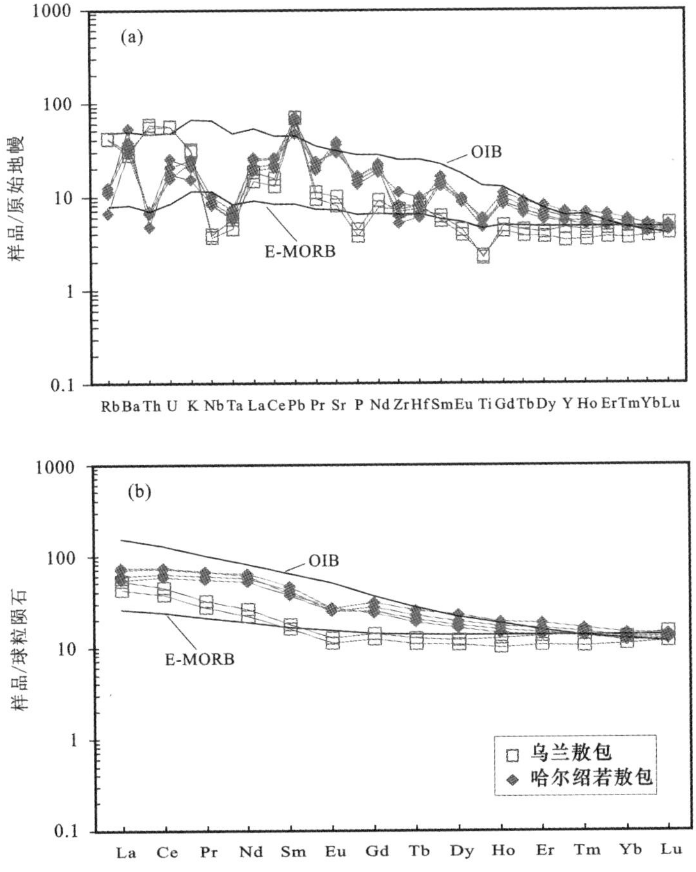

标准化参考物质引自 Sun 和 Mc Donough (1989)

图 6-3　早古生代侵入杂岩微量元素蛛网图和稀土配分图

哈尔绍若敖包角闪闪长岩(451 Ma)具有 Sr 同位素初始比值($^{87}Sr/^{86}Sr$)$_t$ = 0.698329~0.705188, $\varepsilon_{Nd}(t)$= +2.2~+2.3[图 6–4(a)~(b)], Nd 同位素单阶段模式年龄 T_{DM1}^{Nd} = 1.03~1.18 Ga, 两阶段模式年龄 T_{DM2}^{Nd} = 1.00~1.01 Ga。两个岩体的 Sr 同位素组成均比较离散, 可能遭受了岩浆期后改造。

6.1.1.3 锆石 Hf–O 同位素特征

乌兰敖包岩体石英闪长岩中锆石的 Hf 同位素初始比值($^{176}Hf/^{177}Hf$)$_t$ 为 0.282354~0.282869; $\varepsilon_{Hf}(t)$分布于–3.7~+14.3, 单阶段模式年龄 T_{DM1}^{Hf} 变化范围为 531~1251 Ma; $\delta^{18}O$ 变化于 4.40‰~6.13‰[图 6–4(c)~(d)]。哈尔绍若敖包角闪闪长岩具有相对均一的 Hf–O 同位素组成, 其锆石的($^{176}Hf/^{177}Hf$)$_t$ 为 0.282697~0.282799, $\varepsilon_{Hf}(t)$为+7.3~+11.0, 单阶段模式年龄 T_{DM1}^{Hf} 为 632~731 Ma; 锆石 $\delta^{18}O$ 集中于 5.43‰~6.22‰[图 6–4(c)~(d)]。

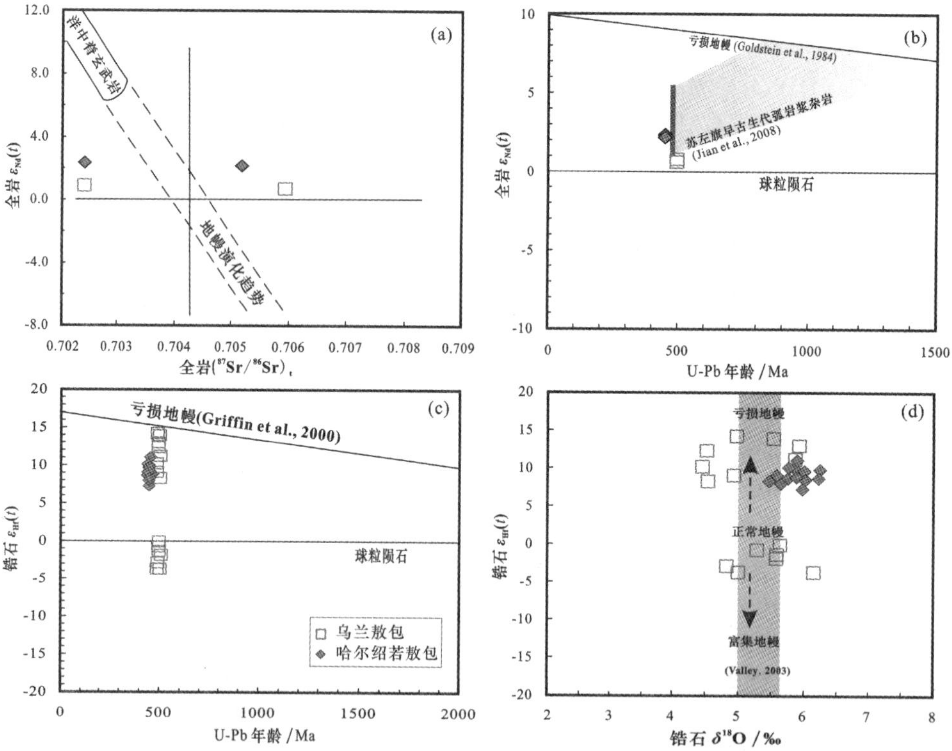

(a)全岩 $\varepsilon_{Nd}(t)$–全岩($^{87}Sr/^{86}Sr$)$_t$, (b)全岩 $\varepsilon_{Nd}(t)$–U–Pb 年龄,

(c)锆石 $\varepsilon_{Hf}(t)$–U–Pb 年龄和(d)锆石 $\varepsilon_{Hf}(t)$–锆石 $\delta^{18}O$ 图解。

图 6–4 早古生代侵入体 Sr–Nd–Hf–O 同位素组成

6.1.2　早古生代侵入岩成因

6.1.2.1　乌兰敖包石英闪长岩成因

发现于乌兰敖包地区的石英闪长岩具有中等 SiO_2(68.4%~68.7%)和 MgO(1.92%~2.26%)含量，较高的镁指数($Mg^{\#}$=41~44)和宽泛的锆石 Hf 同位素组成[$\varepsilon_{Hf}(t)$=-3.7~+14.3]。这些地球化学特征表明该岩体具有地幔和地壳双重源区。由于全岩 Sm-Nd 同位素体系相对锆石 Lu-Hf 体系具有较低的封闭温度，在岩浆混合或同化混染过程中，快速扩散的 Nd 同位素能够有效均一，因而岩石样品显示一致接近球粒陨石的正 $\varepsilon_{Nd}(t)$值[图 6-4(b)]。部分锆石仅有不足 40 Myr 的源区停留时间($T=t-T_{DM1}$, Griffin et al., 2006)与接近亏损地幔的锆石 $\varepsilon_{Hf}(t)$[图 6-4(c)]，可能结晶于初始的基性岩浆端元。Chen et al. (2000)与 Jian et al. (2008)在东部邻区苏左旗厘定的略偏基性的同期(490 Ma)闪长质岩石[$w(SiO_2)$=55%]与乌兰敖包岩体在同位素组成上吻合[图 6-4(b)]，代表幔源岩浆端元最早期的分异产物。乌兰敖包石英闪长岩富集大离子亲石元素和轻稀土元素的特性暗示该地幔源区经过了短暂的与俯冲作用相关的流体交代作用。负的锆石 $\varepsilon_{Hf}(t)$表明岩浆上升过程中同化了古老陆壳物质；利用 T_{DM}^{C} 对具有负 $\varepsilon_{Hf}(t)$值的锆石进行源区年龄估算，表明混染物在 1.5~1.7 Ga 时从亏损地幔中分离出来(Griffin et al., 2002)，该时间段与二连浩特-锡林浩特地区出露的中元古代岩浆岩(孙立新 等，2013；Wang et al., 2022)形成时代吻合。然而所有的锆石 $\delta^{18}O$ 仅在地幔值附近波动[图 6-4(d)]，暗示陆壳混染物主要来自未经地表暴露的中下地壳，或者结晶分异在岩浆演化过程中占有较大比重。微量元素配分图解中 P、Ti、Eu 及中稀土轻度亏损可能分别与磷灰石、榍石、斜长石和角闪石的分离有关。因此，结合邻区苏左旗地区出现的同时代堆晶辉长岩和中-酸性侵入岩(Chen et al., 2000；Jian et al., 2008)，乌兰敖包石英闪长岩可归结为活动大陆边缘典型的幔源岩浆同化-分离结晶作用的产物。

6.1.2.2　哈尔绍若敖包角闪闪长岩成因

哈尔绍若敖包角闪闪长岩具有偏基性组成[$w(SiO_2)$=52.7%~54.8%]，高镁指数($Mg^{\#}$=58~64)，暗示其母岩浆可能来自橄榄岩地幔。相对于正常岛弧岩浆，这套岩石富 Na_2O(Na_2O/K_2O=5.4~9.0)和 TiO_2(1.0%~1.3%)，高$(Nb/Th)_{PM}$(1.2~2.1)和 Nb/U(12~18)值，类似富铌玄武岩的地球化学组成(Wang et al., 2007；Ling et al., 2009)。样品高 Ba/La (13.3~21.9)，低 Th/Yb(0.16~0.29)，表明地幔源区遭受了俯冲板片流体交代(Woodhead et al., 2001)。区域案例研究和实验岩石学揭示富 Nb(Ta、Ti)的流体产生于大洋板片早期浅俯冲阶段(金红石出现之前)(Xiao et al., 2006; Ding et al., 2007; Gao et al., 2007), 但考虑到哈尔绍若敖包岩体高 Sr($624\times10^{-6}\sim809\times10^{-6}$)、高 Sr/Y(20~30)值的特性, 源区交代介质还应包括略晚的板片熔体(埃达克质熔体)。Ni、Cr 含量偏低暗示母岩浆首先经历了橄榄石、辉石等镁铁质矿物分离结晶作用。轻微的“上凸型”稀土配分模式和弱负 Eu 异常[图 6-3(b)]指示角闪石堆晶, 该推断与样品岩相学特征契合。从同位素组成的角度发现, 岩体具有正的全岩 $\varepsilon_{Nd}(t)$(+2.2~+2.3)和锆石 $\varepsilon_{Hf}(t)$(+7.3~+11.0), 以及年轻的 Nd-Hf 同位素单阶段模式年龄, 均指示亏损地幔源区。锆石 $\delta^{18}O$(5.43‰~6.22‰)虽比正常地幔值(5.3‰±0.3‰)略高, 但契合俯冲带地幔楔玄武质岩浆(同化-)分离结晶模式(Macdonald et al., 2000)。在 V-Ti/1000 (Shervais, 1982)和 Zr/4-Nb×2-Y (Meschede, 1986)构造环境判别图解上, 岩石样品具有火山弧与洋中脊玄武岩双重亲缘性(图 6-5)。结合沿邻区苏左旗-西乌旗一带出露的大量奥陶纪似埃达克质岩石(张炯飞 等, 2004; 石玉若 等, 2005a; 崔根 等, 2008; Jian et al., 2008), 以及锡林浩特杂岩所经历的晚奥陶世-早志留世高温低压变质作用与深熔作用(Shi et al., 2003; Chen et al., 2009; 葛梦春 等, 2011; Li et al., 2011), 哈尔绍若敖包角闪闪长岩可能形成于洋脊俯冲环境。在该动力学体制下, 下沉的扩张中心将形成板片窗, 诱发软流圈上涌, 引起俯冲板片和上覆岩石圈熔融(Ling et al., 2009; Yin et al., 2013)。

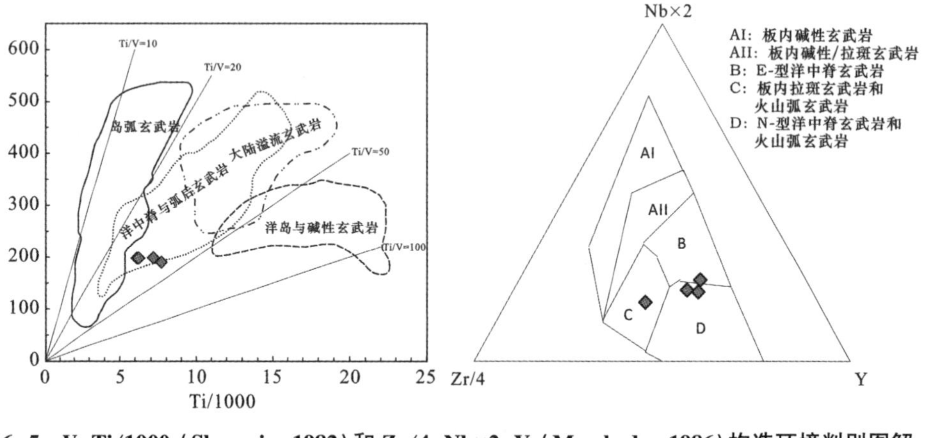

图 6-5 V-Ti/1000 (Shervais, 1982)和 Zr/4-Nb×2-Y (Meschede, 1986)构造环境判别图解。

6.2　晚泥盆世-早石炭世侵入岩地球化学特征及成因

二连浩特晚泥盆世-早石炭世岩浆活动以中-酸性侵入岩为主，包括牧场一队、本巴图和巴彦高勒东三个岩体。另有少量早石炭世超基性-基性岩脉出露于阿曼乌苏(Zhang et al., 2015)。

6.2.1　晚泥盆世-早石炭世侵入岩地球化学特征

6.2.1.1　主-微量元素特征

晚泥盆世牧场一队岩体 $w(SiO_2)$ = 67.70% ~ 72.5%，$w(Fe_2O_3^T)$ = 2.0% ~

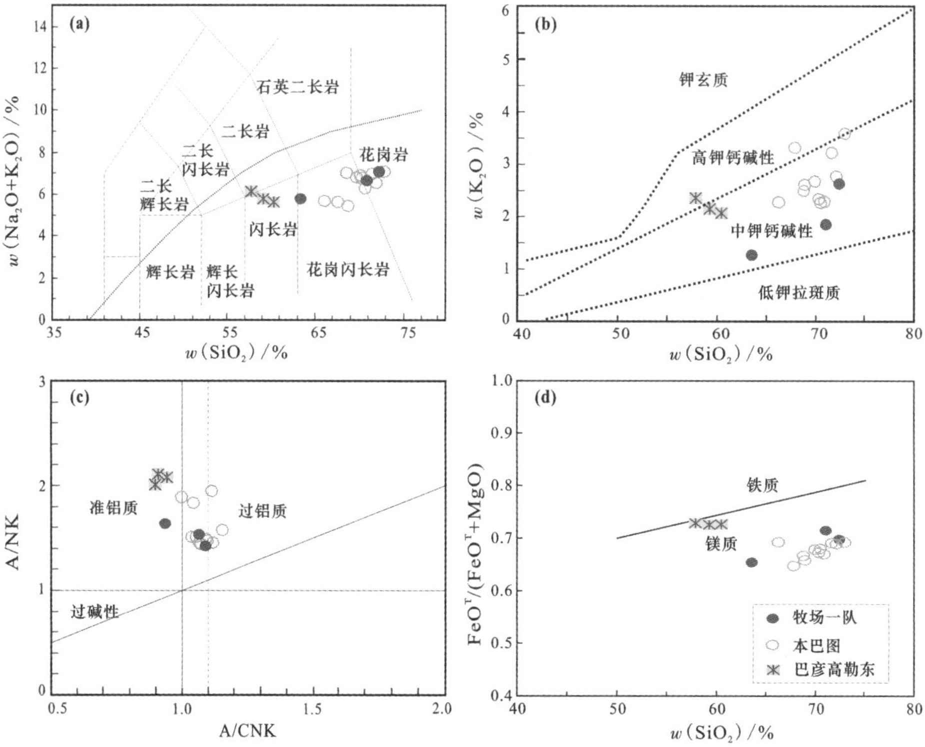

(a) $w(Na_2O+K_2O)-w(SiO_2)$ (Le Maitre, 1989)；(b) $w(K_2O)-w(SiO_2)$ (Peccerillo 和 Taylor, 1976；Le Maitre, 1989)；(c) A/NK-A/CNK (Maniar 和 Piccoli, 1989)；(d) $FeO^T/(FeO^T+MgO)-w(SiO_2)$ (Frost et al., 2001)。

图 6-6　晚泥盆世-早石炭世侵入岩主量元素分类图解

3.9%，$w(MgO)$=0.8%~1.9%，$w(CaO)$=1.7%~3.6%；其 $w(Na_2O)/w(K_2O)$ 值和铝饱和指数 A/CNK 分别为 1.7~3.6 和 0.94~1.09(样品 EL14-23-3 因遭受岩浆期后蚀变作用影响，具有较高烧失量，在数据处理过程中扣除烧失量后重新计算了各元素的质量百分比)。在 $w(K_2O)$-$w(SiO_2)$ 图上，样品具有钙碱性特征[图 6-6(b)]。在微量元素方面，它们富集大离子亲石元素和轻稀土元素，贫高场强元素和重稀土元素，具有 $(La/Yb)_N$=4.5~5.5(图 6-7)。

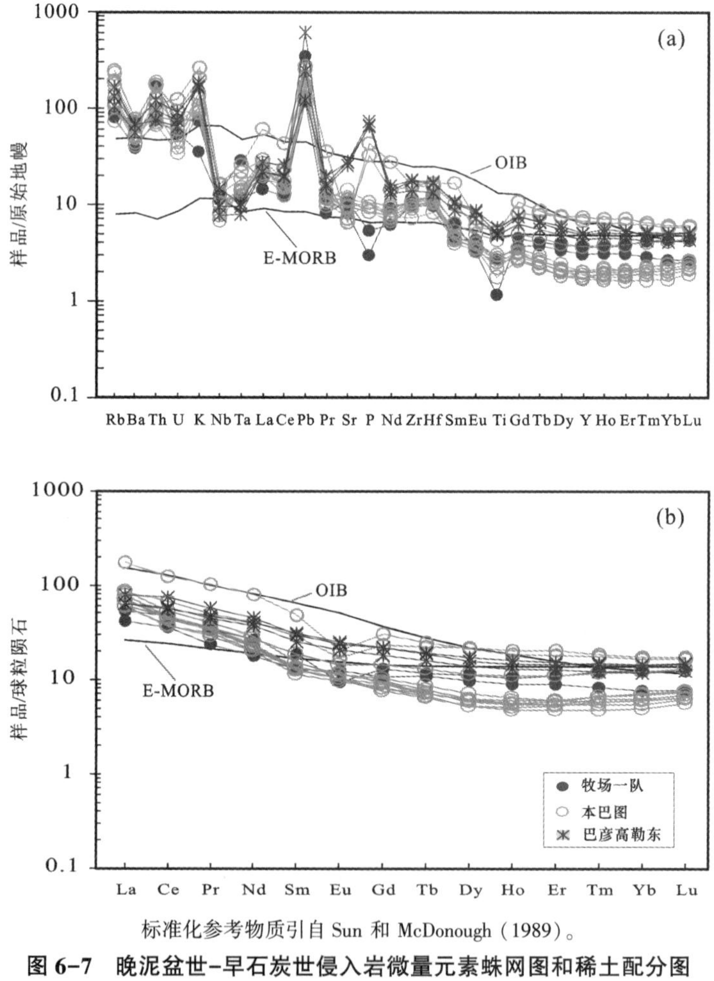

标准化参考物质引自 Sun 和 McDonough (1989)。

图 6-7 晚泥盆世-早石炭世侵入岩微量元素蛛网图和稀土配分图

来自早石炭世本巴图岩体的样品具有 SiO_2 含量 66.2%~73.0%，在 $w(SiO_2)$-$w(K_2O+Na_2O)$ 图解上投影到花岗岩闪长岩和花岗岩区内[图 6-6(a)]。所有的岩石样品均属于过铝质系列，A/CNK 为 1.00~1.15[图 6-6(c)]。在 $w(K_2O)$-$w(SiO_2)$ 及 $FeO^T/(FeO^T+MgO)$-$w(SiO_2)$ 图解上，样品分别落入钙碱性至高钾钙碱性过渡区和镁质系列内[图6-6(b)、(d)]。在微量元素蛛网图上，岩石富集Rb、Ba、Th、U、K、Pb等大离子亲石元素，亏损Nb、Ta、Ti等高场强元素[图6-7(a)]。所有样品均具有指示轻-重稀土分馏的“右倾型”稀土配分模式，但分异程度不等。多数花岗岩样品具有$(La/Yb)_N=9.6\sim16.0$和不明显的Eu异常($\delta_{Eu}=0.88\sim1.05$)，并轻度亏损中稀土元素；而花岗闪长质样品[$w(SiO_2)<69\%$]具有$(La/Yb)_N=4.9\sim5.0$和相对明显的负Eu异常($\delta_{Eu}=0.53\sim0.66$)[图6-7(b)]。

早石炭世晚期巴彦高勒东闪长岩具有$w(SiO_2)=57.9\%\sim60.5\%$，镁指数$Mg^{\#}=43.8\sim44.2$，属于钙碱性-高钾钙碱性系列，具有准铝质特征(A/CNK=0.90~0.94)(图6-6)。在微量元素方面，该岩体富集Rb、Ba、Th、U、K和Pb，亏损Nb、Ta、Zr、Hf和Ti[图6-7(a)]。相对本巴图岩体，巴彦高勒东岩体具有较均一的稀土元素组成，轻重稀土分异程度更低[$(La/Yb)_N=4.5\sim5.5$][图6-7(b)]。

6.2.1.2　全岩Sr-Nd同位素特征

晚泥盆世(373 Ma)牧场一队花岗岩含有Sr同位素初始比值$(^{87}Sr/^{86}Sr)_t=0.706981\sim0.708738$，$\varepsilon_{Nd}(t)=-1.3\sim+0.2$[图6-8(a)~(b)]，Nd同位素单阶段模式年龄$T_{DM1}^{Nd}=1400\sim1418$ Ma。大多数来自本巴图岩体(335 Ma)的样品具有Sr同位素初始比值$(^{87}Sr/^{86}Sr)_t=0.703169\sim0.704714$，$\varepsilon_{Nd}(t)=+2.6\sim+6.0$[图6-8(a)~(b)]，Nd同位素单阶段模式年龄$T_{DM1}^{Nd}=575\sim978$ Ma。巴彦高勒东闪长岩(325 Ma)具有$(^{87}Sr/^{86}Sr)_t=0.704510\sim0.705067$，$\varepsilon_{Nd}(t)=+1.9\sim+2.4$[图6-8(a)~(b)]和$T_{DM1}^{Nd}=1029\sim1051$ Ma。

6.2.1.3　锆石Hf-O同位素特征

牧场一队花岗岩(373 Ma)具有锆石Hf同位素初始比值$(^{176}Hf/^{177}Hf)_t=282676\sim0.282788$，$\varepsilon_{Hf}(t)=+5.0\sim+8.9$和单阶段模式年龄$T_{DM1}^{Hf}=648\sim801$ Ma；锆石$\delta^{18}O$变化于5.29‰~6.08‰[图6-8(c)~(d)]。

本巴图花岗闪长岩(335 Ma)具有锆石$(^{176}Hf/^{177}Hf)_t=0.282780\sim0.282883$，$\varepsilon_{Hf}(t)=+7.6\sim+11.3$，$T_{DM1}^{Hf}=513\sim662$ Ma；锆石$\delta^{18}O$为6.33‰~7.43‰[图6-8(c)~(d)]。

巴彦高勒东闪长岩(325 Ma)中绝大多数锆石$(^{176}Hf/^{177}Hf)_t$集中于0.282808~0.282961，$\varepsilon_{Hf}(t)$值从+8.4至+13.8，T_{DM1}^{Hf}变化于408~637 Ma；锆石$\delta^{18}O$值为5.27‰~5.89‰[图6-8(c)~(d)]。其中有2颗岩浆锆石($t=327\sim330$ Ma)具有$(^{176}Hf/^{177}Hf)_t=0.282119\sim0.282212$，$\varepsilon_{Hf}(t)=-16.0\sim-12.7$[图6-8(c)]，$T_{DM1}^{Hf}=1467\sim1598$ Ma；$\delta^{18}O$为5.66‰~6.74‰[图6-8(d)]，指示岩浆演化过程中有古老陆壳物质参与。

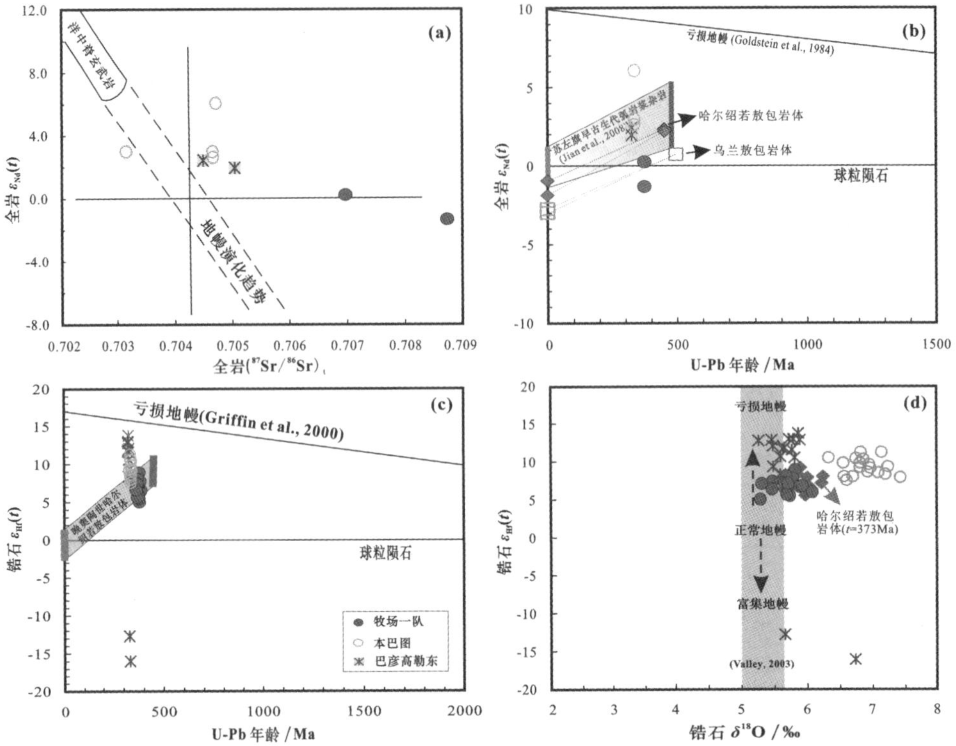

(a)全岩 $\varepsilon_{Nd}(t)$-全岩$(^{87}Sr/^{86}Sr)_t$；(b)全岩 $\varepsilon_{Nd}(t)$-U-Pb 年龄；

(c)锆石 $\varepsilon_{Hf}(t)$-U-Pb 年龄和(d)锆石 $\varepsilon_{Hf}(t)$-锆石 $\delta^{18}O$ 图解。

图 6-8　晚泥盆世-早石炭世侵入岩 Sr-Nd-Hf-O 同位素组成

6.2.2　晚泥盆世-早石炭世侵入岩成因

基于角闪石的存在(White 和 Chappell, 1977; Barbarin, 1999)，中等 SiO_2 含量，低铁指数($Fe^{\#}=0.65\sim0.73$)，钙碱性-高钾钙碱性及准铝质-轻微过铝质属性，三个岩株均呈现 I-型花岗岩特征。在(FeO^T/MgO)-(10000×Ga/Al)及(K_2O+Na_2O)/CaO-(Zr+Nb+Ce+Y) (Whalen et al., 1987)图解中，三个岩株均投影到未分异花岗岩区域[图 6-9(a)~(b)]。该分类进一步为岩体 LILE-HFSE 和 LREE-HREE 的解耦及 Rb-(Y + Nb) 图解(Pearce et al., 1984)中火山弧花岗岩亲缘性[图 6-9(c)]所支持。虽然牧场一队花岗岩的高$(^{87}Sr/^{86}Sr)_t$ 值接近 S-型花岗岩特征，但考虑到该岩体经历了强烈的变质变形作用和一致较低的锆石 $\delta^{18}O$，其 Sr 同位素组成可能已经被重置，不具有岩石成因指示意义。大量案例研究表明，I-型花岗岩通常归因于中-基性岩浆源岩部分熔融(e. g., Roberts 和 Clemens, 1993;

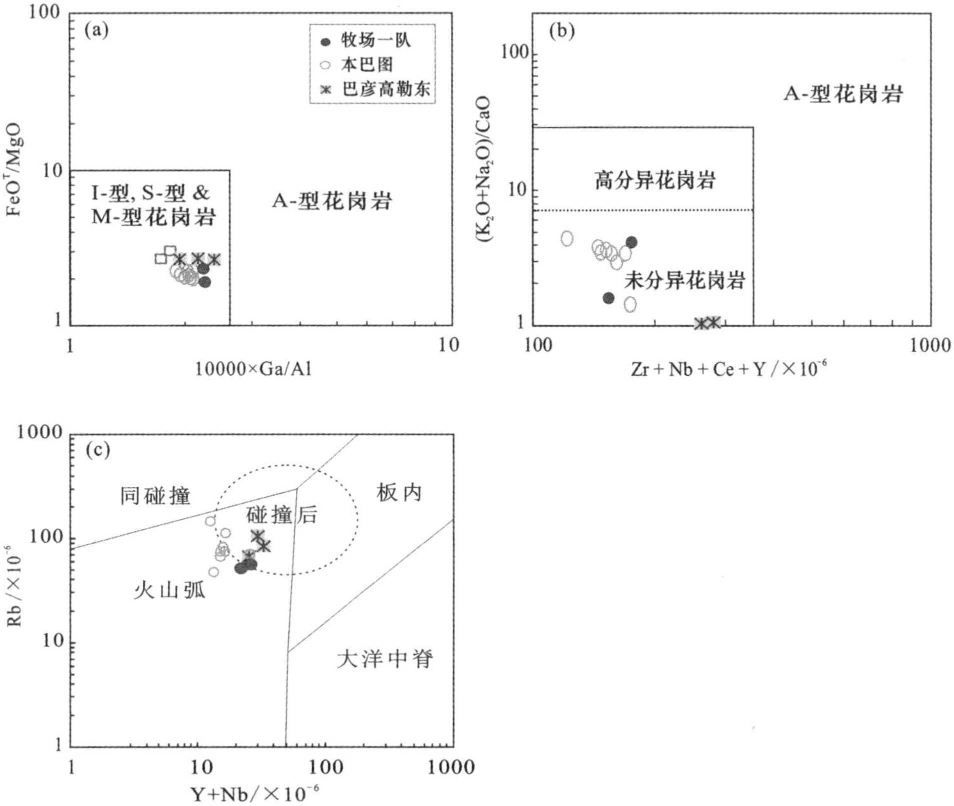

(a) FeO^T/MgO-10000× Ga/Al (Whalen et al., 1987); (b) $(K_2O+Na_2O)/CaO$-Zr+Nb+Ce+Y (Whalen et al., 1987); (c) Rb-Y+Nb (Pearce et al., 1984; Pearce, 1996)。

图 6-9　晚泥盆世-早石炭世花岗岩分类与构造环境判别图解

Altherr et al., 2000; Sisson et al., 2005; Kaygusuz et al., 2008; Topuz et al., 2010)、幔源玄武质岩浆同化-分离结晶(e. g., Moghazi, 2003; Kaur et al., 2009)或者壳-幔岩浆混合(e. g., Küster 和 Harms, 1998; Clemens et al., 2009; Zhu et al., 2009; Karsli et al., 2007, 2010)。

6.2.2.1　牧场一队岩体成因

牧场一队花岗岩具有球粒陨石质 Nd 同位素组成[$\varepsilon_{Nd}(t)$ = -1.3～+0.2]和正的锆石 $\varepsilon_{Hf}(t)$ (+5.0～+8.9)，暗示母岩浆来自亏损地幔或者年轻下地壳。同时代中-基性岩浆岩的缺席可排除幔源岩浆分异模式(Whitaker et al., 2008)。鉴于岩石样品主量元素组成与变玄武岩(角闪岩)高温高压部分熔融所得熔体成分之间的相容性(图 6–10)，笔者推测牧场一队花岗岩起源于新晋底侵玄武质(辉长质)地壳部分熔融。艾勒格庙地区晚奥陶世哈尔绍若敖包角闪闪长岩具有与牧场一队花岗岩相似的 Hf–O 同位素组成[图 6–8(c)~(d)]，可能代表了这类岩浆源区。富角闪石的“湿”源区部分熔融通常会产生较高比例熔体，而牧场一队岩体的高镁指数(Mg# = 46~53)和花岗闪长质组成(Topuz et al.，2005)契合该实验结论。均一的 Nd–Hf 同位素组成和接近地幔的锆石 $\delta^{18}O$ (5.29‰~6.08‰)说明岩体在上升–冷却过程中只遭受了低程度混染，少量的前寒武纪锆石(1579 Ma)捕获自围岩，这与岩体侵位到新元古代地层的事实吻合(图 4–7)。

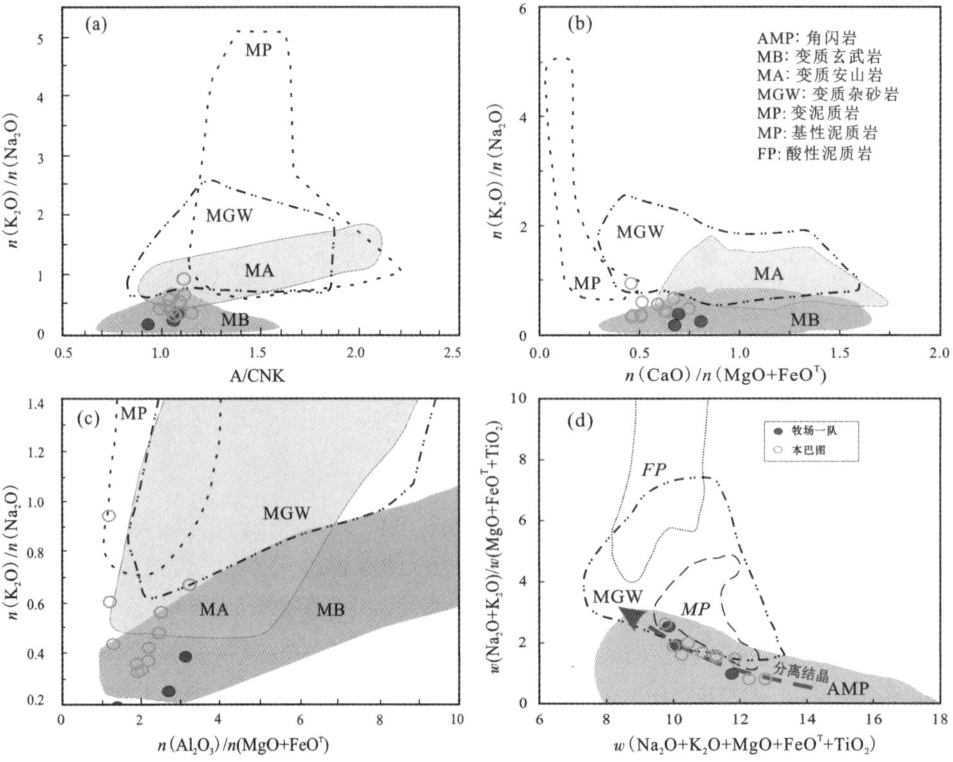

初始物质包括变质玄武岩(角闪岩，Beard 和 Lofgren，1991；Rapp et al.，1991；Rushmer，1991；Wolf 和 Wyllie，1991；Patiño Douce 和 Beard，1995；Rapp，1995；Rapp 和 Watson，1995)、变质安山岩或钙碱性花岗岩类(Beard 和 Lofgren，1991；Patiño Douce，1997；Patiño Douce 和 Mccarthy，1998)、变质杂砂岩(Skjerlie 和 Johnston，1993；Gardien et al.，1995；Patiño Douce 和 Beard，1995；1996；Montel 和 Vielzeuf，1997；Stevens et al.，1997；Patiño Douce 和 Mccarthy，1998)和变泥质岩(mafic pelites：Vielzeuf 和 Holloway，1988；Patiño Douce 和 Johnston，1991；felsic pelites：Patiño Douce 和 Harris，1998；Patiño Douce 和 Mccarthy，1998)。

图 6–10　晚泥盆世–早石炭世中–酸性侵入岩成分与各类源岩部分熔融实验结果对比

6.2.2.2 本巴图岩体成因

虽然低$(^{87}Sr/^{86}Sr)_t$值和正$\varepsilon_{Nd}(t)$-$\varepsilon_{Hf}(t)$值允许玄武质母岩浆通过同化-分离结晶过程演化出钙碱性I-型花岗岩，但本巴图岩株在体积上远大于研究区出露的近同时代基性岩墙(354~345 Ma, Zhang et al., 2015)，且二者拥有完全不同的微量元素和稀土配分模式，难以通过分离结晶过程联系起来。因此，本巴图岩体亏损的同位素组成和年轻的单阶段模式年龄可以归结为新生玄武质地壳重熔。在$\varepsilon_{Nd}(t)$-U-Pb年龄图解上，大多数样品落在代表早古生代新生陆壳的苏左旗弧岩套(Jian et al., 2008)演化线上[图6-8(b)]。同时，本巴图花岗岩具有较低的$n(K_2O)/n(Na_2O)$值和$w(Na_2O+K_2O)/w(FeO^T+MgO+TiO_2)$值，与变玄武岩或角闪岩部分熔融所得熔体的组成相当(图6-10)。

本巴图岩体中高SiO_2样品亏损中稀土元素(低Gd/Yb，高La/Sm)[图6-7(b)]，指示岩浆经历了角闪石分离(Romick et al., 1992; Skjerlie, 1992; Altherr et al., 2000)。然而，该分异过程在岩浆演化早期却受到了抑制。斜长石复杂的生长环带及离散的钙长石端元组成是岩浆遭受陆壳混染的典型特征。较高的镁指数($Mg^{\#}=48.2\sim53.3$)和锆石$\delta^{18}O$ (6.3‰~7.4‰)暗示混染物可能为埋藏于地壳深部的碳酸(盐)岩或变质杂砂岩。同化这些物质可以有效增加岩浆的$\delta^{18}O$值(e.g., Jung et al., 1998; Bhattacharya et al., 2013; Ganino et al., 2013)。事实上，由碳酸盐胶结的碎屑岩(泥岩和杂砂岩)或含有碳酸盐岩碎块的砾岩在俯冲带上部的增生楔可大量出现(e.g., Melezhik et al., 2000; Bojanowski et al., 2014)，这一系列推断也符合本巴图岩体的围岩组成特征。在碳酸盐与岩浆反应的过程中，CO_2的加入使岩浆挥发分组成发生明显改变，从而影响了矿物晶出顺序，即有利于斜长石晶出。因而在岩石薄片中可以观察到最初形成的角闪石被快速生长的斜长石捕获，同时残留在角闪石解(裂)理缝隙中的液体可生长出酸性斜长石。斜长石取代角闪石成为分离相可由本巴图岩体低SiO_2样品的负Eu异常支持。当岩浆上升至浅部地壳，CO_2很快逸出，水在挥发分中重新占据主导位置，启动角闪石分离结晶。岩浆演化晚期的富水特性可由钾长石和斜长石之间发育的钠长石条带佐证(Ren et al., 2012)。此外，MgO、$Fe_2O_3^T$、CaO/Al_2O_3等随SiO_2的变化均支持斜长石-角闪石两阶段分离结晶模式(图6-11)。

6.2.2.3 巴彦高勒东岩体成因

产生类似巴彦高勒东岩体的高Al_2O_3闪长质岩浆[$w(Al_2O_3)\geq17\%$]，需要下地壳玄武质岩石在1050~1100℃，16~20 kbar的温度和压力条件发生部分熔融，残留相为含量不等的斜长石和石榴石(Jung et al., 2002, 2009)。显然，巴彦高勒东闪长岩不支持该成因模式，Ba ($395\times10^{-6}\sim480\times10^{-6}$)、Sr ($541\times10^{-6}\sim597\times10^{-6}$)

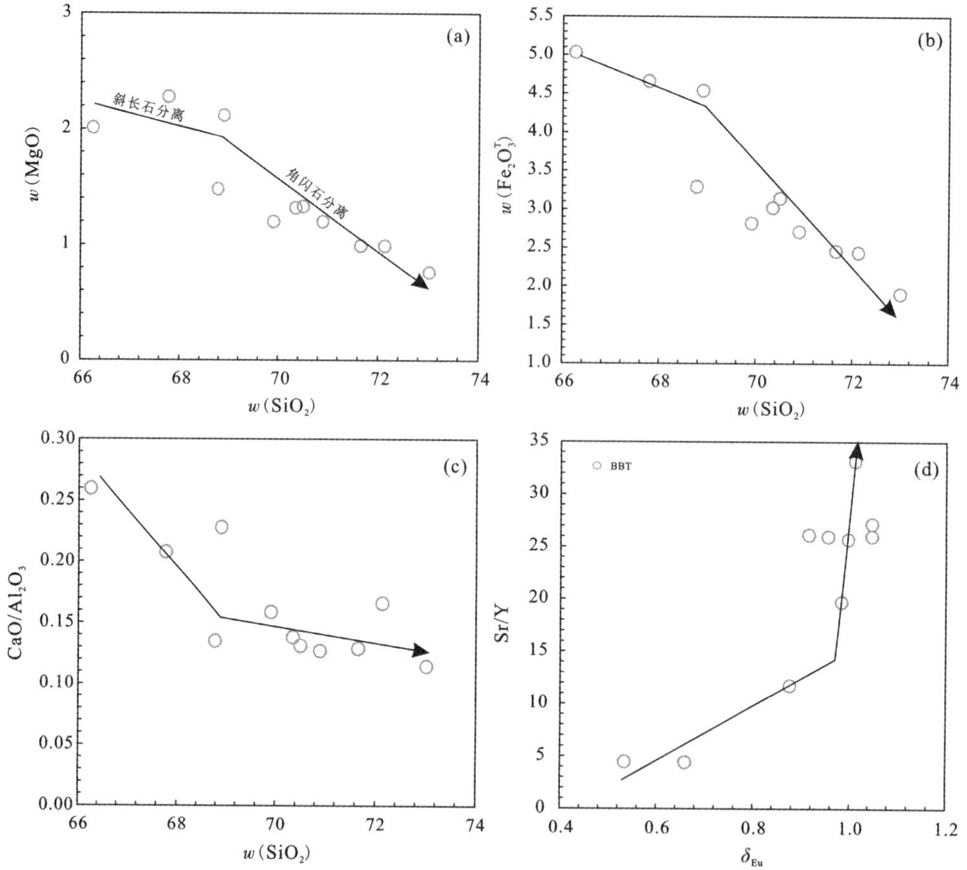

图 6-11　早石炭世本巴图岩体元素或元素比值变化图解

含量中等，并缺乏 Eu 和重稀土亏损的微量元素特征指示源区不存在大量斜长石和石榴石残留(Jung et al.，2015)。考虑到岩石样品较低的全岩 $\varepsilon_{Nd}(t)$（+1.9～+2.4）和离散的锆石 $\varepsilon_{Hf}(t)$（−16～+13.8），这套早石炭世晚期的闪长岩应该具有壳-幔双重源区。部分锆石的 $\varepsilon_{Hf}(t)$ 和 $\delta^{18}O$ 接近亏损地幔(图 6-8c)，代表新生的幔源基性岩浆端元。同时样品显示高 Cs、Rb、Ba、Th、K 和 Pb 含量，低 Ce/Pb 和 Nb/U 值，暗示玄武质母岩浆来自岩石圈地幔(Jung et al.，2015)。继富 LILE 流体交代诱发的熔体萃取之后，岩浆在上升-演化过程中，先后经历了底侵新生地壳和古老上地壳的混染。前者可由 415 Ma 的古生代继承锆石支持，后者可为具有负 $\varepsilon_{Hf}(t)$ 值(−16.0～−12.7)和古老地壳停留年龄(T_{DM}^{C} = 2135～2341 Ma)的同期岩浆锆石所证明。

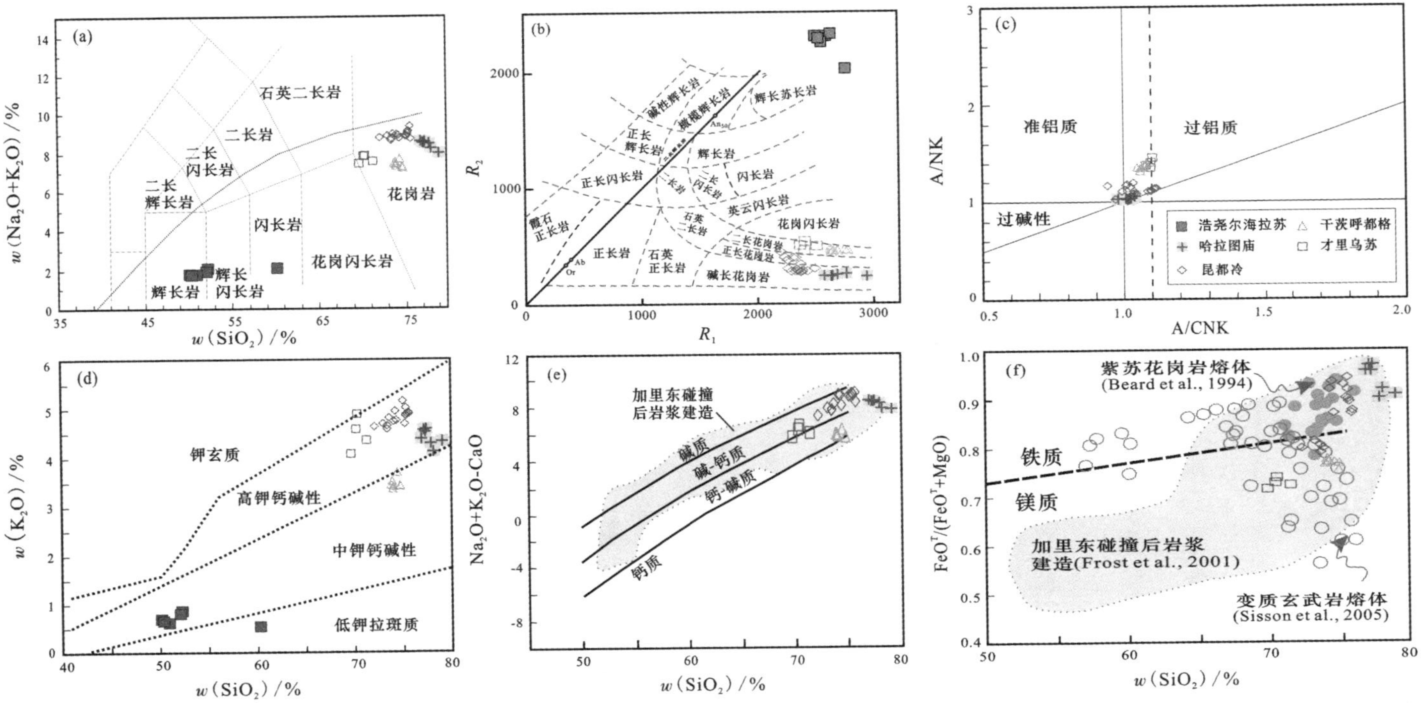

(a) $w(Na_2O+K_2O)-w(SiO_2)$ (Le Maitre, 1989); (b) R_2-R_1 (De La Roche et al., 1980), R_1和R_2采用千阳离子计算，R_1=4Si-11(Na+K)-2(Fe+Ti), R_2=6Ca+2Mg+Al; (c) A/NK－A/CNK (Maniar and Piccoli, 1989); (d) $w(K_2O)-w(SiO_2)$ (Peccerillo and Taylor, 1976; Le Maitre, 1989); (e) $w(Na_2O+K_2O-CaO)-w(SiO_2)$ (Frost et al., 2001), (f) $FeO^T/(FeO^T+MgO)-w(SiO_2)$ (Frost et al., 2001)。

图6-12 晚石炭世-早二叠世侵入杂岩主量元素分类图解

6.3 晚石炭世-早二叠世侵入岩地球化学特征与成因

二连浩特地区晚石炭世-早二叠世岩浆活动比较发育，包括浩尧尔海拉苏基性岩墙，哈拉图庙、干茨呼都格、才里乌苏和昆都冷四个花岗岩株。

6.3.1 晚石炭世末-早二叠世侵入岩地球化学特征

6.3.1.1 全岩主、微量元素

晚石炭世浩尧尔海拉苏岩墙由辉石角闪石岩和角闪闪长岩组成，具有中等 SiO_2 含量(50.2%~60.3%)［图 6-12(a)］，高 MgO（12.5%~12.9%）、$Fe_2O_3^T$（7.2%~10.2%）和 CaO（9.9%~14.5%），低 Al_2O_3(6.8%~7.9%)和 TiO_2(0.3%~1.0%)。其 Cr、Ni 含量分别为 $1036\times10^{-6}\sim1477\times10^{-6}$ 和 $138\times10^{-6}\sim226\times10^{-6}$。在哈克图解上，MgO 随 SiO_2 增长维持恒定，$Fe_2O_3^T$、CaO、Al_2O_3 随 SiO_2 增长略有下降，Cr、Ni 与 SiO_2 呈正相关(图 6-13)。在微量元素分布方面，样品富集 Rb、Th、U 和 Pb，亏损 Nb、Zr 和 Ti，具有平坦的稀土配分模式[$(La/Yb)_N$=1.2~2.6]和微弱的负 Eu 异常(δ_{Eu}=0.62~0.91)［图 6-14(a)~(b)］。

晚石炭世哈拉图庙花岗岩高 SiO_2(77.0%~79.1%)和全碱(K_2O+Na_2O=7.97%~8.59%)，具有高钾钙碱性、铁质、准铝质到过铝质特征(A/CNK=0.98~1.04)[图 6-12(a)~(d)]。在原始地幔标准化蛛网图上，样品富集 Rb、Th、U、K、Pb、Zr 和 Hf，贫 Ba、Sr、P 和 Ti[图 6-14(a)]。在球粒陨石标准化稀土配分图解上，样品显示轻-重稀土元素轻度分馏$(La/Yb)_N$=0.93~4.15，并发育显著的负 Eu 异常(δ_{Eu}=0.05~0.11)[图 6-14(b)]。

与哈拉图庙花岗岩一样，干茨呼都格岩体也具有狭窄的 SiO_2 变化范围(73.8%~74.8%)［图 6-12(a)］。按照 Frost et al.（2001)的分类方案，干茨呼都格岩体属于镁质、钙碱性和过铝质花岗岩(A/CNK=1.05~1.08)［图 6-12(c)，(e)~(f)]。在微量元素方面，该岩体富集大离子亲石元素和轻稀土元素[$(La/Yb)_N$=5.7~7.6]，亏损 Nb、Ta、Ti、Sr 和 Eu（δ_{Eu}=0.36~0.52)［图 6-14(c)~(d)］。

才里乌苏花岗岩具有中等 SiO_2 含量(69.7%~71.3%)，低铁指数($Fe^\#$=0.70~0.72)，高全碱(K_2O+Na_2O=7.1%~7.6%)，呈过铝质特征(图 6-12)。微量元素分布特征与干茨呼都格岩体相似[$(La/Yb)_N$=5.2~6.5，δ_{Eu}=0.32~0.37]，但绝对丰度略低[图 6-14(c)~(d)]。

昆都冷花岗岩 SiO_2 变化范围为 72.1%~75.4%，高 K_2O（4.58%~5.16%）、Na_2O（3.73%~4.45%)，低 CaO（0.26%~1.31%)和 P_2O_5(0.04%~0.08%)。该

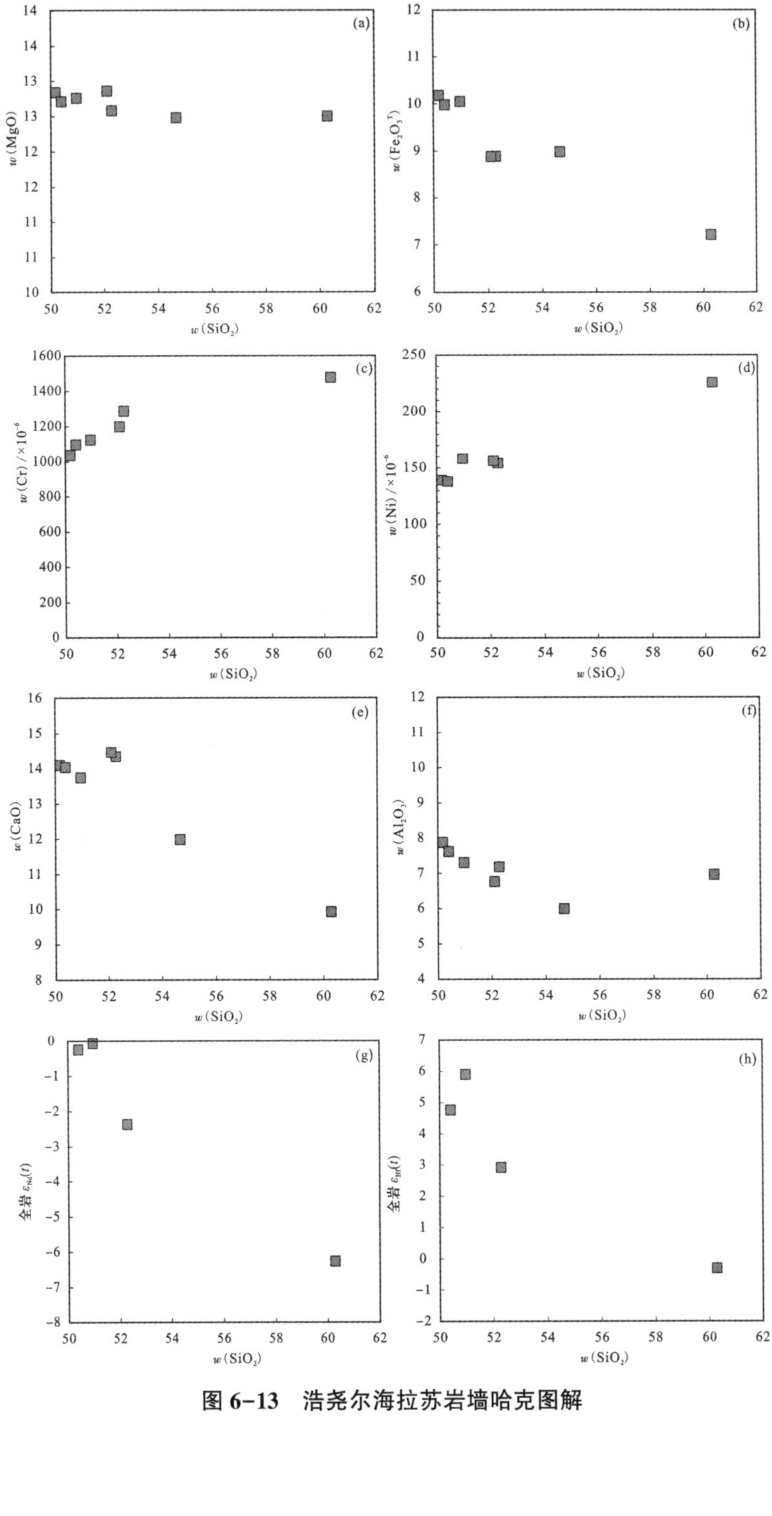

图 6-13　浩尧尔海拉苏岩墙哈克图解

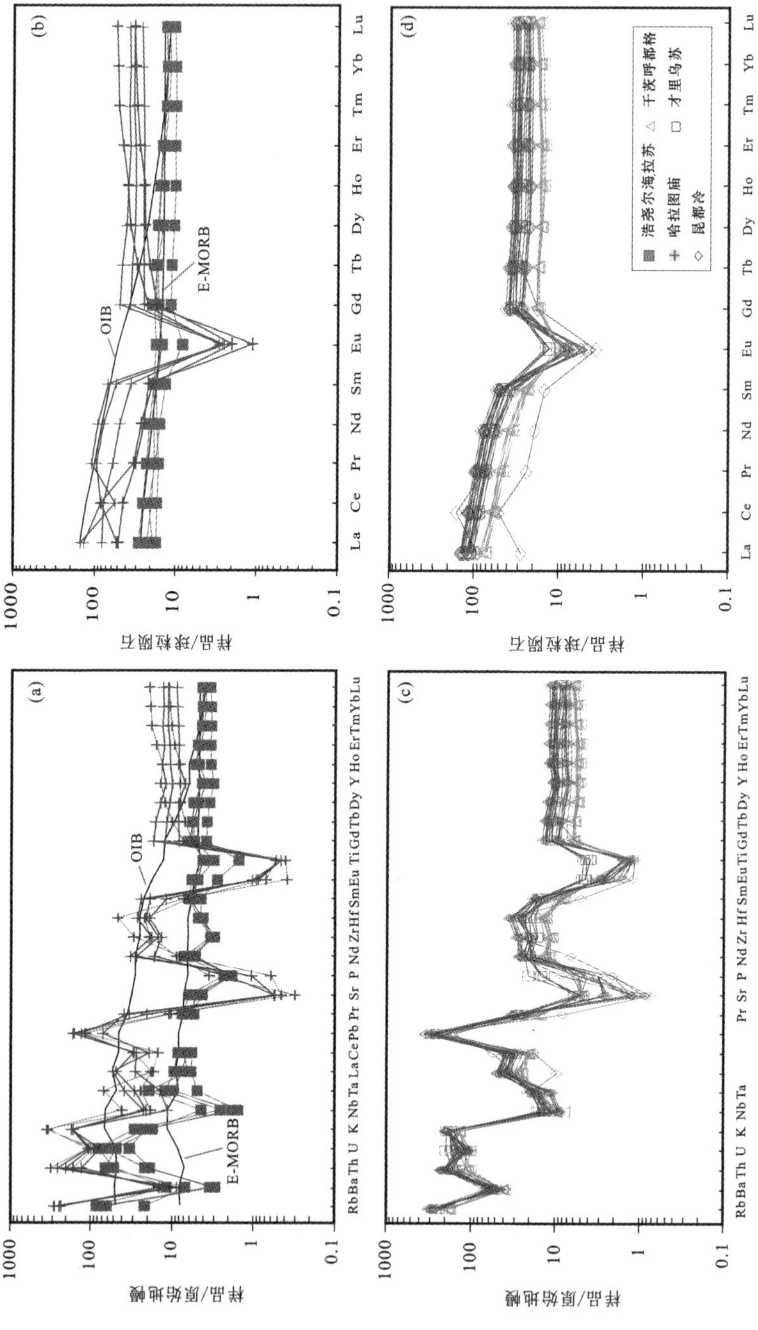

标准化参考物质引自Sun和McDonough(1989)。

图6-14 晚石炭世-早二叠世侵入岩微量元素蛛网图和稀土配分图

扫一扫，看彩图

岩体呈铁质($Fe^{\#}$=0. 79~0. 94)、准铝质到弱过铝质特征(图 6-12)。在原始地幔标准化蛛网图上，岩石富集 Rb、Th、U、K 和 Pb，亏损 Sr、P 和 Ti[图 6-14(c)]；在球粒陨石标准化稀土配分图解上，样品不同程度地富集轻稀土元素[$(La/Yb)_N$ = 1. 1~7. 6]，发育明显的负 Eu 异常(δ_{Eu}=0. 05~0. 52)［图 6-14(d)］。

6. 3. 1. 2　全岩 Sr-Nd-Hf 同位素特征

晚石炭世浩尧尔海拉苏岩墙具有$(^{87}Sr/^{86}Sr)_t$=0. 710836~0. 715202 和 $\varepsilon_{Nd}(t)$= -6. 3~-0. 1[图 6-15(a)~(b)]。样品 Sm-Nd 分异明显($f_{Sm/Nd}$=-0. 12~+0. 6)，其亏损地幔模式年龄无效。因从浩尧尔海拉苏岩墙样品分选出的锆石颗粒太小，不适合进行微区原位 Lu-Hf 同位素分析，故采用溶液法分析了全岩 Lu-Hf 同位素组成。按照锆石 U-Pb 年龄 t=305 Ma 进行时间校正，获得全岩 Hf 同位素初始比值$(^{176}Hf/^{177}Hf)_t$=282575~0. 282750 和 $\varepsilon_{Hf}(t)$= -0. 3~+5. 9［图 6-15(c)］。

考虑到从过高的$^{87}Rb/^{86}Sr$值计算出来的 Sr 同位素初始比值$(^{87}Sr/^{86}Sr)_t$误差较大(Wu et al. , 2002；Küster et al. , 2008；Liégeois 和 Stern，2010)，因此具有高$^{87}Rb/^{86}Sr$值(49. 6~69. 2)的哈拉图庙岩体未能获得具有准确岩石学含义的$(^{87}Sr/^{86}Sr)_t$。3 件哈拉图庙岩体(304 Ma)的样品具有 Nd 同位素初始比值$(^{143}Nd/^{144}Nd)_t$=0. 512383~0. 512439，$\varepsilon_{Nd}(t)$= +2. 7~+3. 8（图 6-15b)和单阶段模式年龄 T_{DM1}^{Nd}=952~1063 Ma。

干茨呼都格(t=280 Ma)花岗岩具有 Sr 同位素初始比值$(^{87}Sr/^{86}Sr)_t$=0. 70348~0. 70394；Nd 同位素初始比值$(^{143}Nd/^{144}Nd)_t$ = 0. 512414 ~ 0. 512538，$\varepsilon_{Nd}(t)$ = +2. 7~+4. 7［图 6-15(a)~(b)］和单阶段模式年龄 T_{DM1}^{Nd}=731~937 Ma。

才里乌苏(276 Ma)花岗岩具有$(^{87}Sr/^{86}Sr)_t$ = 0. 70363 ~ 0. 70395；$(^{143}Nd/^{144}Nd)_t$=0. 512378~0. 512406，$\varepsilon_{Nd}(t)$= +1. 9~+2. 4［图 6-15(a)~(b)］和 T_{DM1}^{Nd}=1023~1183 Ma。

昆都冷岩体(279 Ma)也具有高$^{87}Rb/^{86}Sr$值(9. 2~30. 8)，绝大部分样品$(^{87}Sr/^{86}Sr)_t$无效。Nd 同位素初始比值$(^{143}Nd/^{144}Nd)_t$ = 0. 512401 ~ 0. 512460，$\varepsilon_{Nd}(t)$= +2. 4~+3. 5[图 6-15(b)]，单阶段模式年龄 T_{DM1}^{Nd}=825~1198 Ma。

6. 3. 1. 3　锆石 Hf-O 同位素特征

晚石炭世末期哈拉图庙花岗岩具有锆石 Hf 同位素初始比值$(^{176}Hf/^{177}Hf)_t$= 282790~0. 282989，$\varepsilon_{Hf}(t)$= +7. 3~+10. 4 和单阶段模式年龄 T_{DM1}=373~662 Ma；绝大多数锆石 $\delta^{18}O$ 变化于 5. 58‰~6. 50‰[图 6-15(d)]，仅有 1 颗锆石 $\delta^{18}O$ (2. 17‰)低于正常地幔值。

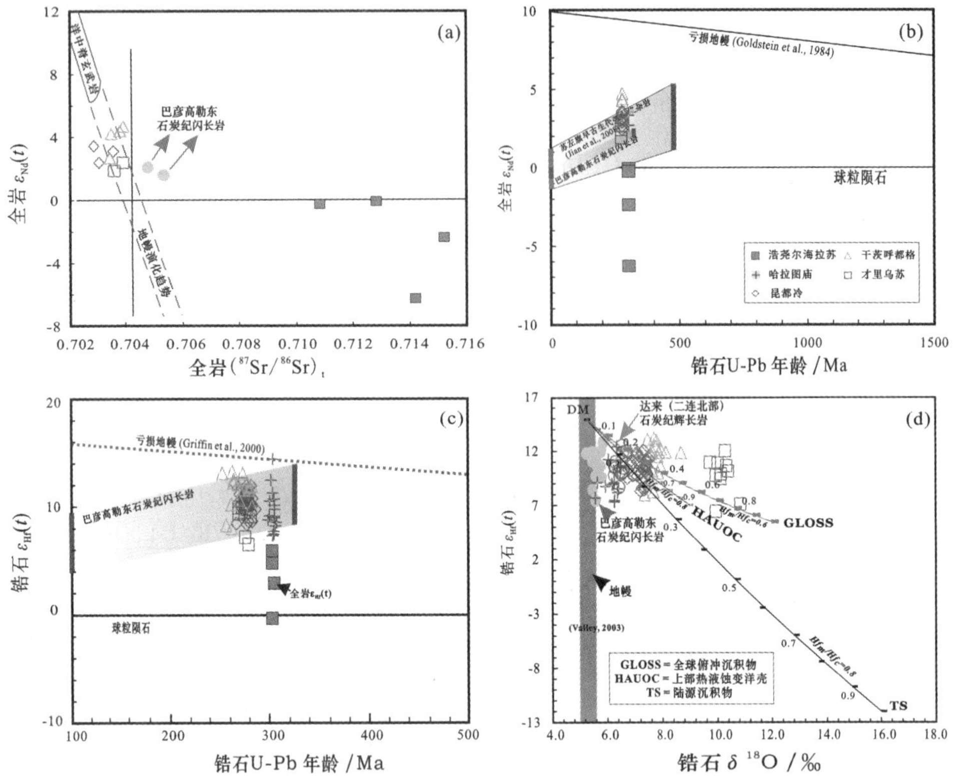

(a)全岩 $\varepsilon_{Nd}(t)$-全岩($^{87}Sr/^{86}Sr$)$_t$，(b)全岩 $\varepsilon_{Nd}(t)$-U-Pb 年龄，(c)锆石 $\varepsilon_{Hf}(t)$-U-Pb 年龄和(d)锆石 $\varepsilon_{Hf}(t)$-锆石 $\delta^{18}O$ 图解。在图 d 中分别计算了亏损地幔[DM，$\varepsilon_{Hf}(t)=14.9$，$\delta^{18}O=5.3‰$]与全球俯冲大洋沉积物[GLOSS，$\varepsilon_{Hf}(t)=5.5$，$\delta^{18}O=12.0‰$]、陆源沉积物[TS，$\varepsilon_{Hf}(t)=-12.1$，$\delta^{18}O=16.0‰$]、上部热液蚀变洋壳[HAUOC，$\varepsilon_{Hf}(t)=7.0$，$\delta^{18}O=9.0‰$]之间的二元混合曲线。各端元 $\varepsilon_{Hf}(t)$ 均校正到 279 Ma，GLOSS 和 DM 数据引自 Chauvel et al.（2008），TS 数据引自 Vervoort et al.（1999），Hf_m/Hf_c 表示新生物质(DM)与陆壳混染物的 Hf 含量比值。

图 6-15　晚石炭世-早二叠世侵入岩 Sr-Nd-Hf-O 同位素组成

干茨呼都格二长花岗岩具有锆石($^{176}Hf/^{177}Hf$)$_t$ = 0.282830～0.282980，$\varepsilon_{Hf}(t)$ = +8.0～+13.2 和单阶段模式年龄 T_{DM1}^{Hf} = 381～600 Ma；锆石 $\delta^{18}O$ 为 7.4‰～8.7‰，明显高于正常地幔值[图 6-15(c)～(d)]。

才里乌苏二长花岗岩具有锆石($^{176}Hf/^{177}Hf$)$_t$ = 0.282783～0.282941，$\varepsilon_{Hf}(t)$ = +6.5～+12.1 和单阶段模式年龄 T_{DM1}^{Hf} = 441～667 Ma；锆石 $\delta^{18}O$ 为 9.7‰～10.9‰，比干茨呼都格岩体高出约 2.0‰[图 6-15(c)～(d)]。

昆都冷正常花岗岩具有锆石$({}^{176}Hf/{}^{177}Hf)_t$ = 0.282833～0.282939，$\varepsilon_{Hf}(t)$ = +8.3～+12.1 和 T_{DM1}^{Hf} = 441～599 Ma；锆石 $\delta^{18}O$ 为 6.8‰～7.5‰。另一件样品 EL10-21-1 获得锆石$({}^{176}Hf/{}^{177}Hf)_t$ = 0.282842～0.282946，$\varepsilon_{Hf}(t)$ = +8.6～+12.3 和 T_{DM1}^{Hf} = 432～583 Ma；$\delta^{18}O$ 为 7.0‰～7.5‰[图 6-15(c)～(d)]。二者在误差范围内测量结果一致。

6.3.2　晚石炭世末-早二叠世侵入岩成因

6.3.2.1　基性岩墙成因

浩尧尔海拉苏基性岩墙高 MgO、$Fe_2O_3^T$ 和 Ni、Cr 等相容元素(图 6-13)，低亲岩浆元素(Nb、Zr)，是典型的由辉石、角闪石等镁铁质矿物组成的堆晶岩特征。Rb、Th、U 和 K 轻微富集，可能代表母岩浆的固有属性。弱负 Eu 异常可能由角闪石堆晶引起，因为在玄武质岩浆中，相邻元素 Sm 和 Gd 比 Eu 更倾向于进入角闪石相(Downes et al.，2004)。堆晶体高度富集角闪石指示母岩浆具有高水含量。堆晶相缺乏钙质斜长石表明富水母岩浆低 Al_2O_3(Sisson 和 Grove，1993)；同时，单斜辉石的出现说明母岩浆并不贫 CaO。角闪石低 TiO_2(<1%)和 K_2O(<1%)，表明其从亚碱性岩浆中析出(Molina et al.，2009；Scarrow et al.，2009)。基于岩石中单斜辉石的镁指数($Mg^{\#}$ = 75～84)和 Fe/Mg 在辉石与熔体之间的分配系数[$K_D^{Fe-Mg} = (Fe/Mg)_{Pyx}/(Fe/Mg)_{Liq}$ = 0.26，Sisson 和 Grove，1993]，可估算出与辉石平衡的熔体具有 $Mg^{\#}$ = 43.8～57.7。同样，利用角闪石的镁指数($Mg^{\#}$ = 67～80)和 Fe/Mg 在角闪石与熔体之间的分配系数[$K_D^{Fe-Mg} = (Fe/Mg)_{Amp}/(Fe/Mg)_{Liq}$ = 0.35，Sisson 和 Grove，1993]，可估算出与角闪石平衡的熔体具有 $Mg^{\#}$ = 44.3～58.3。可见，与堆晶体平衡的熔体所具有的最高 $Mg^{\#}$ 低于活动大陆边缘初始玄武质岩浆($Mg^{\#} \approx$ 70)，但接近富水且相对高 SiO_2 的原始安山质岩浆($Mg^{\#} \geq 60$)(Kelemen et al.，2007)。综上所述，堆晶相单斜辉石和角闪石结晶于低 Al_2O_3、Na_2O、TiO_2，高 MgO、Ni、Cr 和 LILE 的玄武质-高镁安山质熔体。这类岩浆通常起源于经再循环沉积物熔体交代的难熔地幔楔(Shimoda et al.，1998；Martin et al.，2005；Tatsumi，2006)。进一步的证据来自浩尧尔海拉苏与上部大陆地壳相似的$({}^{87}Sr/{}^{86}Sr)_t$ 以及 Nd-Hf 同位素解耦[$\varepsilon_{Hf}(t) > \varepsilon_{Nd}(t)$]，前者指示表壳岩再循环作用，后者指示熔体对地幔橄榄岩的交代作用(Bizimis et al.，2003)。此外，全岩 $\varepsilon_{Nd}(t)$、$\varepsilon_{Hf}(t)$ 均与 SiO_2 呈负相关[图 6-13(g)～(h)]，说明与晚石炭世末期单斜辉石、角闪石堆晶产物平衡的熔体遭受了明显陆壳混染，这与岩墙就位于新元古代早期地层的事实吻合；但全岩 $\varepsilon_{Nd}(t)$、$\varepsilon_{Hf}(t)$ 最大值仍指示母岩浆起源于亏损地幔[图 6-15(b)～(c)]。

6.3.2.2 花岗岩成因

1. 花岗岩分类与构造环境判别

根据系统的野外地质、岩相学观察和地球化学研究，将晚石炭世末-早二叠世花岗岩划分为三类：I-型花岗岩、S-型花岗岩和铝质 A-型花岗岩。在(K_2O+Na_2O)-(10000×Ga/Al)及(FeO^T/MgO)-(10000×Ga/Al)分类图解(Whalen et al., 1987)上，虽然干茨呼都格与才里乌苏岩体均落入未分异花岗岩区[图 6-16(a)~(b)]，但前者高 Na(Na_2O 含量大于 3.2%，$K_2O/Na_2O<1$)、Ca(在同等 FeO^T 含量下)，呈轻微过铝质(A/CNK<1.08)(Chappell 和 White，1974，2001)，具有非放射性成因 Sr 同位素组成[$(^{87}Sr/^{86}Sr)_t\approx0.704$]，暗示岩浆源区未经历抬升-剥露-沉积循环，类似 I-型花岗岩。才里乌苏岩体含富镁黑云母、独居石、钛铁矿，高 K_2O/Na_2O（1.2~1.6）、铝饱和指数（A/CNK ≈ 1.10）和锆石 $\delta^{18}O$（9.7‰~10.9‰)，与 S-型花岗岩相似(Jung et al., 1998；Clemens，2003；Stevens et al., 2007；Hoefs，2009)。

哈拉图庙碱长花岗岩与昆都冷正长花岗岩发育晶洞构造、显微文象结构，含有条纹长石、榍石(Bonin，2007；Huang et al., 2008)及富铁黑云母(Jiang et al., 2002)，高锆石饱和温度(791~864℃，Watson 和 Harrison，1983；Miller et al., 2003)，岩相学特征倾向于 A-型花岗岩。在元素地球化学方面，这些岩石高 Na_2O +K_2O 含量(Loiselle 和 Wones，1979)，高 FeO^T/MgO 值(3.8~16.4)（Frost et al., 2001)和 10000×Ga/Al 值(2.98~4.28)(Whalen et al., 1987)，富集 Ga、Zr、Nb、Y 和 REE 等高场强元素(King et al., 1997)，亏损 Ba、Sr、Eu、P 和 Ti（Collins et al., 1982；Breiter，2012)，进一步验证了其 A-型花岗岩特征。在(K_2O+Na_2O)-(10000×Ga/Al)及(FeO^T/MgO)-(10000×Ga/Al)分类图解(Whalen et al., 1987)上，样品均落入 A-型花岗岩区[图 6-16(a)~(b)]。

考虑到花岗岩的地球化学特征由源区组成，岩浆形成时的物理、化学环境以及岩浆演化过程共同决定，以上分类方法可能存在一定缺陷。Frost et al.（2001）提出了一套“非成因”“非构造”的，基于主量元素划分的方案。在该分类体系中，干茨呼都格岩体属于弱过铝质、钙碱质、镁质系列；才里乌苏岩体被划分为过铝质、碱钙质、镁质花岗岩；哈拉图庙碱长花岗岩与昆都冷正长花岗岩属于准铝质-弱过铝质、碱钙质、铁质系列[图 6-12(c)，(e)~(f)]。这些具有过渡地球化学属性的花岗岩与大不列颠加里东期碰撞后花岗岩相似[图 6-12(e)~(f)]，可能形成于不均一源区部分熔融(Clemens et al., 2009)。在 Rb-(Y+Nb)图解(Pearce et al., 1984；Pearce，1996)上，样品落入火山弧花岗岩和碰撞后花岗岩区域内[图 6-16(c)]；而在 Batchelor 和 Bowden（1985)的 R_2-R_1 图解上，“I-S 型”花岗岩投影到同碰撞区内，“A-型”花岗岩投影到同碰撞、造山后亚区[图 6-16(d)]。

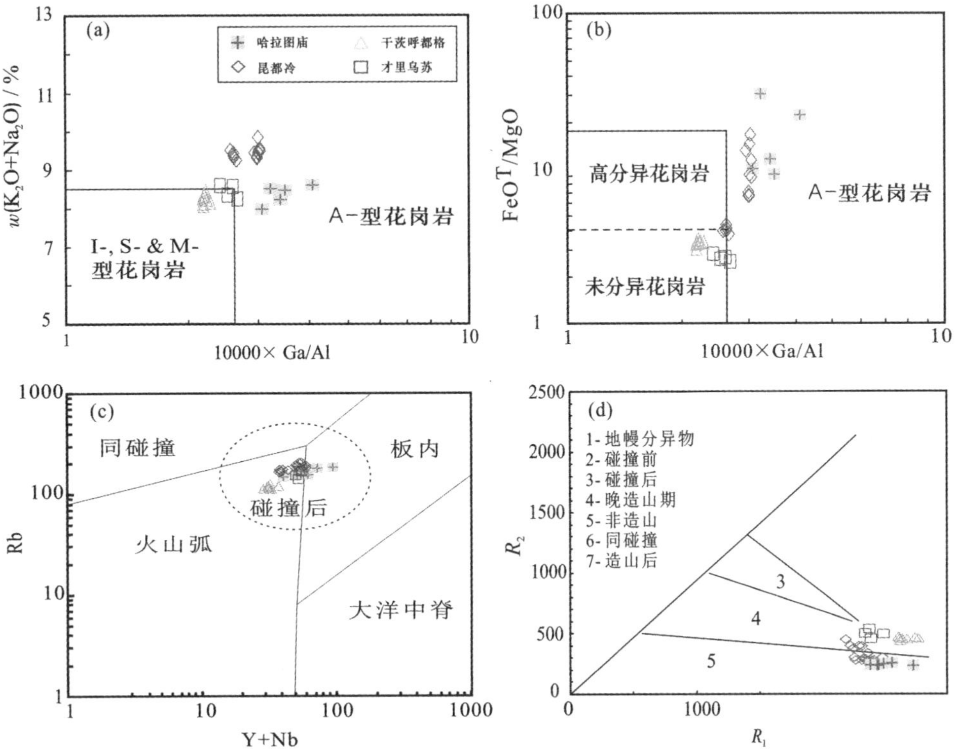

(a) $w(K_2O+Na_2O)$-10000×Ga/Al (Whalen et al., 1987); (b) FeO^T/MgO-10000×Ga/Al (Whalen et al., 1987); (c) Rb-Y+Nb (Pearce et al., 1984; Pearce, 1996); (d) R_2-R_1 (Batchelor 和 Bowden, 1985), 其中 R_1=4Si-11(Na+K)-2(Fe+Ti), R_2=6Ca+2Mg+Al。

图6-16　晚石炭世-早二叠世花岗岩分类与构造环境判别图解

同时代花岗岩在构造判别图解上的跨区域分布，暗示岩浆活动发生于造山作用晚期-造山后伸展阶段(Barbarin, 1999)。

2. I-型、S-型花岗岩成因

不同于S-型花岗岩相对单一的成因模式，I-型花岗岩形成机制往往较复杂，其常见的几类成因模型已在6.2.2小节概括，在此不赘述。首先排除基性岩浆同化-分离结晶或壳-幔岩浆混合模式：一方面研究区无早二叠世基性岩出露，并且两个I-型花岗岩侵入体岩性单一，缺乏岩浆分异模式在岩性与地球化学组成上的连续性(Sisson et al., 2005; Whitaker et al., 2008)；另一方面这些花岗岩具有狭窄的全岩$(^{87}Sr/^{86}Sr)_t$-$\varepsilon_{Nd}(t)$及锆石$\varepsilon_{Hf}(t)$变化范围，与混源花岗质岩浆离散的同位素组成(Kemp et al., 2007)不符。因此，二连浩特早二叠世I-型花岗岩源自陆壳深熔作用，其元素地球化学变化反映源区本身的性质。样品主量元素组成与不同岩石部分熔融实验结果对比表明，干茨呼都格岩体(I-型)可由变玄武质-安山质岩石脱水熔融形成；才里乌苏岩体(S-型)形成于变质杂砂岩或变泥质岩部分熔融(图 6-17)。

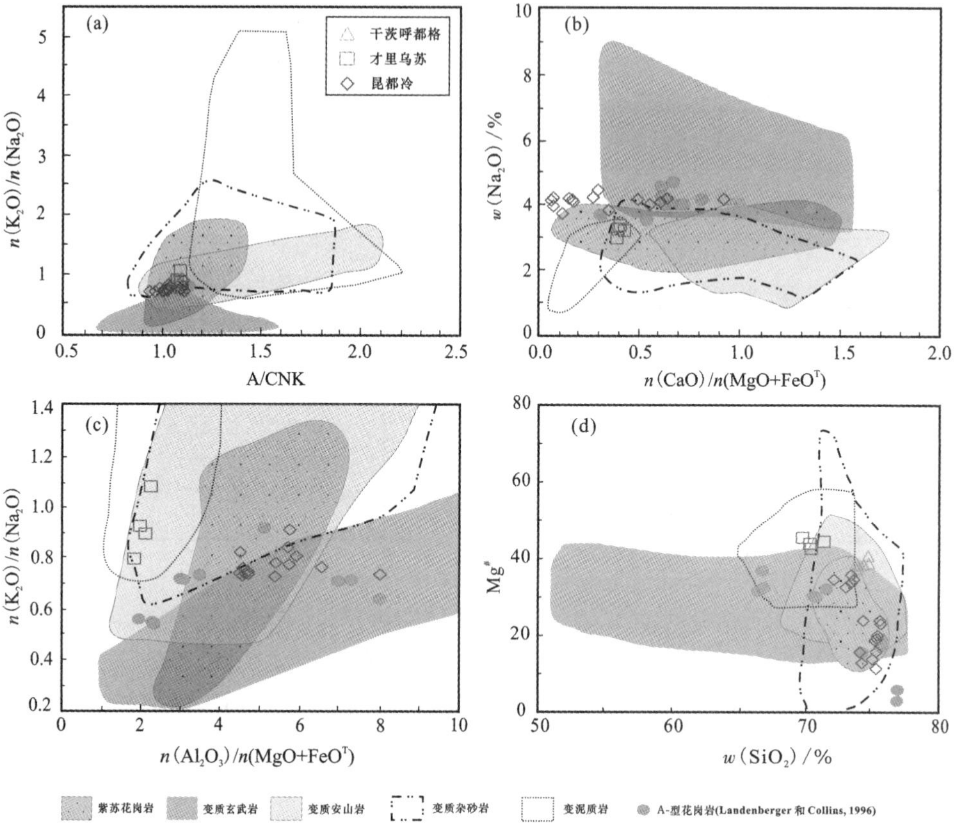

紫苏花岗岩数据引自 Beard et al. (1994)，其他初始物质参考图 6-10。

图 6-17　早二叠世花岗岩成分与各类源岩部分熔融实验结果对比

二连浩特 I-型、S-型花岗岩均含有正的全岩 $\varepsilon_{Nd}(t)$ 和锆石 $\varepsilon_{Hf}(t)$，一致表明岩浆源区只经历了短暂的陆壳停留时间。该放射性同位素组成不仅与内蒙古中部地区古生代弧岩浆(Chen et al., 2000; Jian et al., 2008; Li et al., 2016)相当[图 6-15(b)~(c)]，也与二连浩特-贺根山地区石炭纪-早二叠世弧后盆地碎屑沉积岩(Li et al., 2011; Eizenhöfer et al., 2014, 2015; Zhou et al., 2015)类似，暗示三者具有共同的亏损地幔终极源区。两个岩体最显著的地球化学差异在于 O 同位素组成[图 6-15(d)]。鉴于才里乌苏 S-型花岗岩具有较高的锆石 $\delta^{18}O$，但仍含有低的($^{87}Sr/^{86}Sr)_t$ 值，其源岩可能为弧前或弧后盆地快速沉积的低成熟度火山碎屑岩。干茨呼都格岩体具有中等偏高的锆石 $\delta^{18}O$，指示其可能形成于深部玄武质新生地壳和少量埋藏于中-下地壳的年轻表壳物质组成的双重源区混熔作用。在前人研究中，这类源区往往经部分熔融形成 I-S 型花岗岩组合或兼具二者特征的过渡型花岗岩(Clemens et al.，2011)，如东澳新英格兰造山带泥盆纪-石炭纪 I-型、S-型花岗岩(Kemp et al.，2009)、华南江南造山带新元古代 I-型、S-型花岗岩(吴荣新 等 2005；Zheng et al.，2007)，以及加拿大格林威尔省中元古代(Peck et al.，2004)和美国内华达中生代(Lackey et al.，2005)混源花岗岩。

由于未采集到合适的化学分析样，对才里乌苏花岗岩中包体分析只能从结构上进行简单推测。发育变形结构的包体可能代表了源岩中残留的难熔部分，这类包体一般只出现于相对低 SiO_2 的 S-型花岗岩内(Chappell 和 Wyborn，2012)。考虑到幔源基性岩浆在早二叠世岩浆活动中物质贡献并不明显，“微粒包体”也许并不指示壳-幔岩浆混合，其辉绿结构假象与澳大利亚拉克兰褶皱带 S-型花岗岩中微粒包体类似，可能由源区钙-泥质沉积岩经高级变质作用(存在部分熔融)而形成(Chappell 和 Wyborn，2012)。

3. A-型花岗岩成因

目前，学术界关于 A-型花岗岩成因的认识主要有以下几类：(1)A-型花岗岩是幔源碱性镁铁质岩浆分离结晶的产物(Turner et al.，1992；Mushkin et al.，2003)；(2)A-型花岗岩是壳-幔岩浆混合作用的产物(Kerr 和 Fryer，1993；Mingram et al.，2000；Kemp et al.，2007)；(3)A-型花岗岩是不同类型地壳深熔的产物，包括浅部长英质(英云闪长质-花岗质)岩石(Creaser et al.，1991；Skjerlie 和 Johnston，1993；King et al.，1997；Patiño Douce，1997)、麻粒岩下地壳(Collins et al.，1982；Clemens et al.，1986)、变玄武质-安山质下地壳(Litvinovsky et al.，2011，2015)和紫苏花岗岩(Beard et al.，1994；Landenberger 和 Collins，1996)等。

就晚石炭世哈拉图庙 A-型花岗岩而言，该岩体与同时代基性岩浩尧尔海拉苏岩体呈独立侵位，不存在密切成因关联。均一的 Nd-Hf 同位素组成也说明哈拉图庙花岗岩不可能形成于壳-幔岩浆混合作用。同时，所有岩石样品均具有极低的 Mg、Ni、Cr、Co、V 含量，可排除岩体形成过程中幔源物质的参与。因此，晚石炭世 A-型花岗岩起源于地壳。实验岩石学研究为解决 A-型花岗岩的起源问题提供了较直接的证据。哈拉图庙花岗岩低 Al_2O_3(11.3%~11.9%)和 CaO (0.05%~0.28%)含量，高($Na_2O+K_2O)/Al_2O_3$ 值(0.71~0.72)和 $10^4\times Ga/Al$ 值(3.08~4.11)，富集高场强元素，与钙碱性花岗质岩石在浅部地壳(压力小于 4 kbar)脱水熔融形成的准铝质-铝质 A-型花岗岩(Creaser et al.，1991；Skjerlie et al.，1993；Patiño Douce，1997)相当。岩石极度亏损 Eu、Sr，说明源区残留斜长石；而高 Rb/Sr 值($^{87}Rb/^{86}Sr$=49.6~57.0)说明源区在部分熔融过程中有云母类矿物发生分解。样品一致较高的全岩 $\varepsilon_{Nd}(t)$ 和锆石 $\varepsilon_{Hf}(t)$ 表明该长英质源区为新生地壳;锆石 $\delta^{18}O$ 略高于正常地幔值,且变化范围较窄(5.58‰~6.50‰),说明哈拉图庙花岗岩源区只有极少量表壳物质加入。

早二叠世昆都冷 A-型花岗岩与大量高钾钙碱性 I-型、S-型花岗岩一道产出,并且具有相似的 Nd-Hf-O 同位素组成,暗示二者可能存在密切的成因联系,即同源岩浆分离结晶演化或者相似源区不同岩浆过程。考虑到昆都冷 A-型花岗岩较高的形成温度与富集高场强元素的特征(King et al., 2001),其不可能由同时代 I-型花岗岩结晶分异而来。实验岩石学研究表明,脱水的紫苏花岗质岩石或富钾的变玄武岩/辉长岩在一定的温度和压力条件下部分熔融可形成 A-型花岗岩[图 6-12(f)](Beard et al., 1994; Sisson et al., 2005)。前者在一些前寒武纪和显生宙 I-A 型花岗岩组合的成因研究中得以论证(Landenberger 和 Collins, 1996; Zhao et al., 2008),后者可由蒙古-外贝加尔造山带、阿拉伯-努比亚地盾中的 A-型花岗岩与正长岩组合(Jahn et al., 2009; Litvinovsky et al., 2011, 2015)以及北美新元古代更长环斑花岗岩(Frost 和 Frost, 1997)成因研究支持。事实上,变辉长质岩石往往可通过岩浆分异或部分熔融转化成紫苏花岗质岩石(Rajesh 和 Santosh, 2004; Frost 和 Frost, 2008),据此可将二者整合到活动陆缘俯冲环境下底侵形成的新生下地壳。鉴于昆都冷岩体的锆石 $\delta^{18}O$ 比干茨呼都格岩体约低 1.5‰,混合源区中变质沉积岩所占的比例应相应减少。除了同位素所反映的亏损特征外,A-型花岗岩的源区性质还可通过元素地球化学进一步确定。昆都冷花岗岩低 Rb/Ba (0.41~0.78)但高 K/Rb (238~282),反映大量钾长石参与了部分熔融过程(Landenberger 和 Collins, 1996);高重稀土含量[$(La/Yb)_N$=1.1~7.6]则指示源区富集辉石而缺乏石榴石。

4. 早二叠世 I-S-A 花岗岩组合综合成因模式

全岩锆饱和(Watson 和 Harrison, 1983)与 Al_2O_3/TiO_2(Jung 和 Pfänder, 2007)温度计算结果表明,早二叠世干茨呼都格 I-型花岗岩浆产生于 783~819℃($T_{Al/Ti}$),固结于 765~781℃($T_{Zr\ sat.}$);才里乌苏 S-型花岗岩浆产生于 921~931℃,固结于 798~825℃;昆都冷 A-型花岗岩浆产生于 965~992℃,固结于 801~864℃[图 6-18(a)]。形成压力可用 Qz-Ab-Or(-H_2O)体系估计,干茨呼都格岩体形成于水饱和条件下 2 kbar,才里乌苏和昆都冷岩体分别形成于水不饱和条件下(约 1.0% H_2O)2 kbar 和 5 kbar[图 6-18(b)]。结合三个岩体的时-空分布特征,它们可能形成于垂向叠置的混合源区连续部分熔融。在玄武质岩浆底侵加热下,该熔融过程始于 800~850℃下变质岩浆岩中角闪石分解(Wolf 和 Wyllie, 1994; Patiño Douce 和 Beard, 1995),干茨呼都格 I-型花岗质岩浆首先从源区抽离出来。随着源区温度进一步升高,更高程度的部分熔融将形成相对低 SiO_2 的才里乌苏花岗

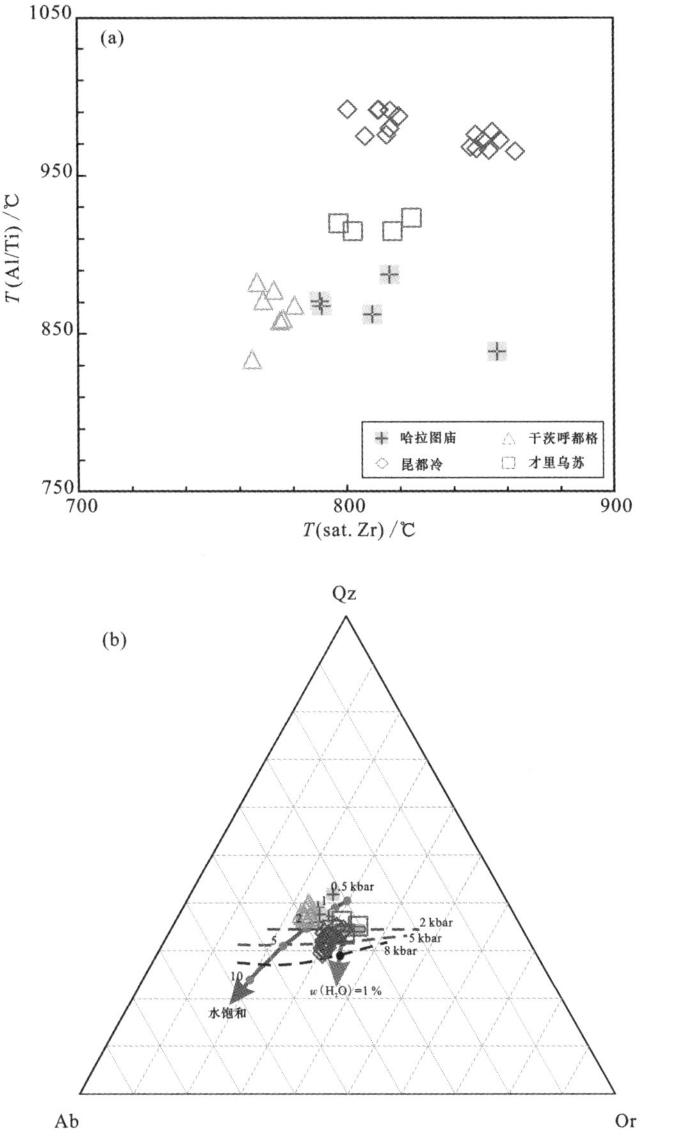

实心圆点：不同温度与水活度下最低熔体成分(Tuttle 和 Bowen，1958；Luth et al.，1964；Becker et al.，1998；Holtz et al.，2001)。实线：在压力 2 kbar，H_2O 含量为 1%的条件下最低点熔体组成(Holtz et al.，2001)。虚线：共结线。

图 6-18　(a)晚石炭世-早二叠世花岗岩全岩锆饱和温度(Watson 和 Harrison，1983)与 Al-Ti 温度(Jung 和 Pfänder，2007)计算结果；(b)晚石炭世-早二叠世花岗岩标准矿物 Qz-Ab-Or 组成与实验确定的 Qz-Ab-Or-H_2O 体系最低熔体成分对比

岩。最后，经脱水而富含碱性长石的变质基性岩(或紫苏花岗质岩石)在900℃以上高温条件下发生部分熔融(Beard et al. , 1994; Landenberger 和 Collins, 1996)，产生昆都冷 A-型花岗质岩浆。在该连续部分熔融模型中，S-型花岗岩的形成温度较高，可能与变沉积岩源区在熔融之前发生了脱水有关。

6.4 中三叠世侵入岩地球化学特征与成因

二连浩特地区早中生代岩浆活动以发育大规模花岗岩为特征，代表性岩体为中三叠世包饶勒敖包复合岩基。详细的野外勘查表明该岩体包含钠长石花岗岩(少量)、二长花岗岩、黑云母正长花岗岩和碱性长石花岗岩，其中在黑云母正长花岗岩中发现了岩浆微粒包体；此外，该岩体被大量略晚的中-基性岩脉侵入。

6.4.1 中三叠世侵入岩地球化学特征

6.4.1.1 全岩主、微量元素

包饶勒敖包主体岩性及酸性岩脉(图 6-19)具有 $w(SiO_2)$= 70. 83%~77. 71%特征，呈钙-碱质到碱-钙质[图 6-19(b)]特征。岩石样品铝饱和指数 A/CNK 变化于 1. 02~1. 15，呈弱过铝质[图 6-19(c)]；MgO 和 FeO^T 含量分别为 0. 04%~0. 74% 和 0. 40%~1. 99%，即从镁质变化到铁质[图 6-19(d)]。石英二长岩包体具有$w(SiO_2)$= 61. 51%~64. 01%，w(MgO)= 1. 79%~2. 56%和 $w(FeO^T)$= 3. 92%~5. 08%，具有碱-钙质到碱质、弱过铝质和镁质地球化学属性(图 6-19)。在 SiO_2 与氧化物的协变图解上，岩石样品总体呈粗略的线性变化趋势，但各岩性单元单独成组(图 6-20)。在球粒陨石标准化稀土配分图解[图 6-21(a)~(c)]上，这些花岗岩样品发生了轻度到中等程度的轻-重稀土分异，具有 $(La/Yb)_N$ 值 1. 72~31. 38，其中二长花岗岩和细晶岩发生了最显著的分馏。此外，钠长石花岗岩具有中等负 Eu 异常(δ_{Eu}=0. 45~0. 74)。碱性长石花岗岩发育中稀土亏损的“上凹型”配分模式，$(La/Sm)_N$ 和 $(Dy/Yb)_N$ 分别为 5. 56~13. 74 和 0. 50~0. 70。与寄主岩相比，石英二长岩包体具有较高的稀土元素丰度($\sum$REE=217. 0×10^{-6}~287. 8×10^{-6})和显著的负 Eu 异常(δ_{Eu}=0. 27~0. 29)。花岗斑岩脉显示平坦型稀土配分模式，发育强烈负 Eu 异常[图 6-21(c)]。除花岗斑岩外，几乎所有岩石样品均富集 Rb、Th、U、Pb 和轻稀土元素，亏损 Nb、Ta、P、Ti 等高场强元素[图 6-21(d)~(f)]。花岗斑岩富集 Rb、Th、U、K、Pb、Nb、Ta 和稀土元素，强烈亏损 Ba、Sr、P、Eu 和 Ti[图 6-21(f)]。

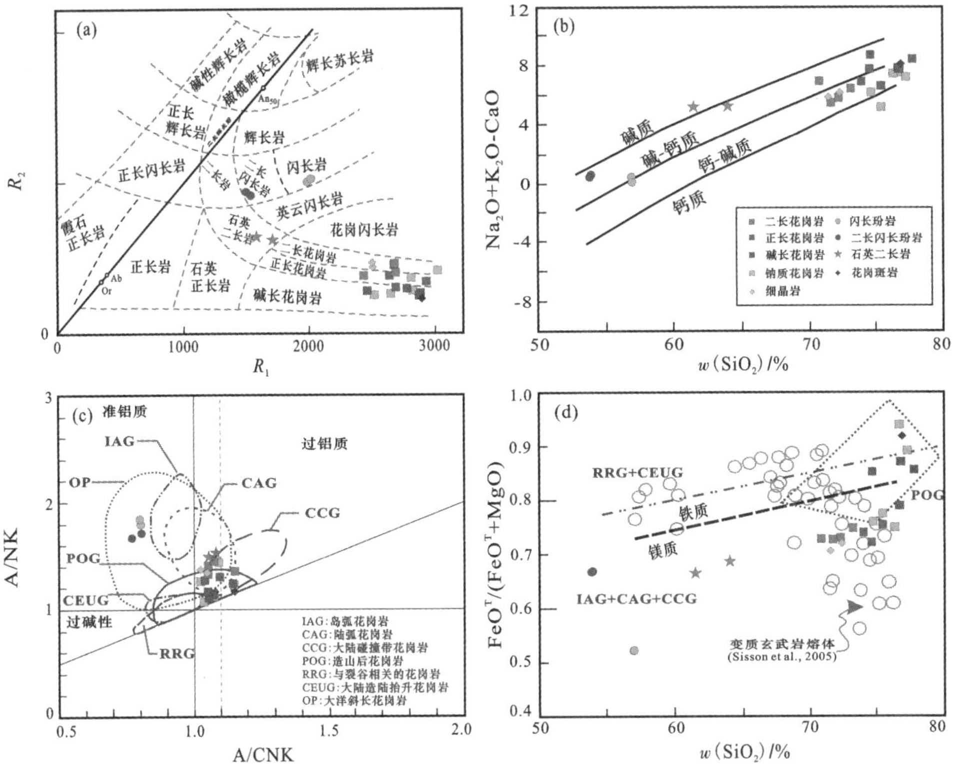

(a) R_2-R_1(De La Roche et al., 1980), (b) (Na_2O+K_2O-CaO)-$w(SiO_2)$ (Frost et al., 2001);
(c) A/NK-A/CNK (Maniar 和 Piccoli, 1989); (d) FeO^T/(FeO^T+MgO)-$w(SiO_2)$ (Frost et al., 2001)。

图 6-19　中三叠世侵入杂岩主量元素分类图解

扫一扫，看彩图

石英脉中 SiO_2 含量为 87.40%～89.35%，表明脉体中存在其他矿物相。此外，$w(Fe_2O_3^T)$ = 1.27%～1.39%，$w(Al_2O_3)$ = 4.87%～5.71%，$w(Na_2O)$ = 1.19%～1.53%，$w(K_2O)$ = 0.90%～0.92%，CaO 和 MgO 含量低于 1.0%。在微量元素组成方面，它们也显示一定程度的 LILE-HFSE 和 LREE-HREE 分异，但具有明显较低的绝对含量[图 6-21(c)、(f)]。

次火山岩脉包括二长闪长玢岩和闪长玢岩。二长闪长玢岩脉(EL14-14) SiO_2 和 Al_2O_3 含量分别为 53.83%～53.93%和 14.89%～15.03%；其 $Fe_2O_3^T$ 和 Na_2O+K_2O 较富集，丰度分别为 8.40%～8.52%和 6.07%～6.19%。闪长玢岩脉(EL14-20)具有 $w(SiO_2)$ = 56.93%～56.98%，$w(Al_2O_3)$ = 14.49%～14.73%和 $w(Na_2O+K_2O)$ = 5.87%～5.95%特征。同时，它们相对于前者具有更高的 MgO(5.84%～6.00%)、

扫一扫，看彩图

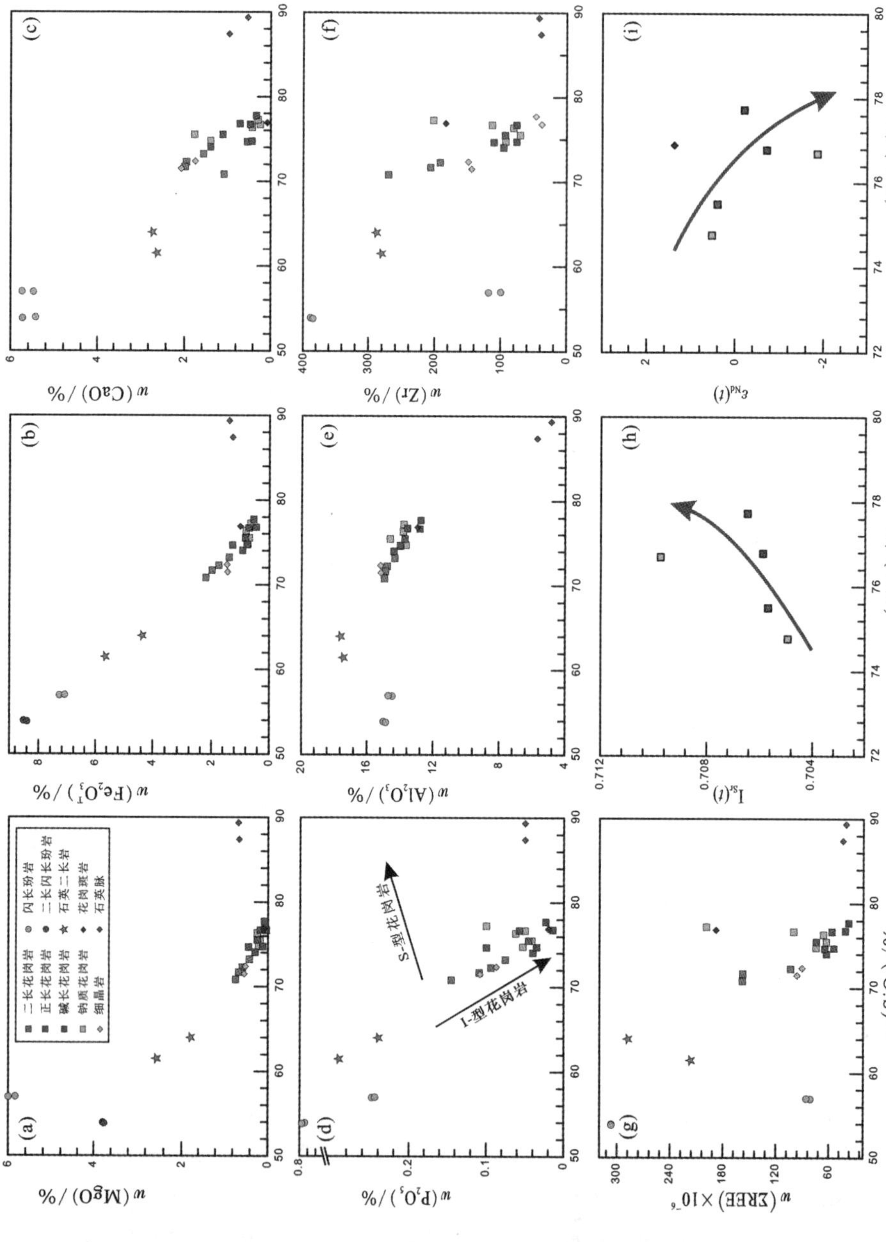

图6-20 中三叠世复合岩基元素或同位素比值变化图解

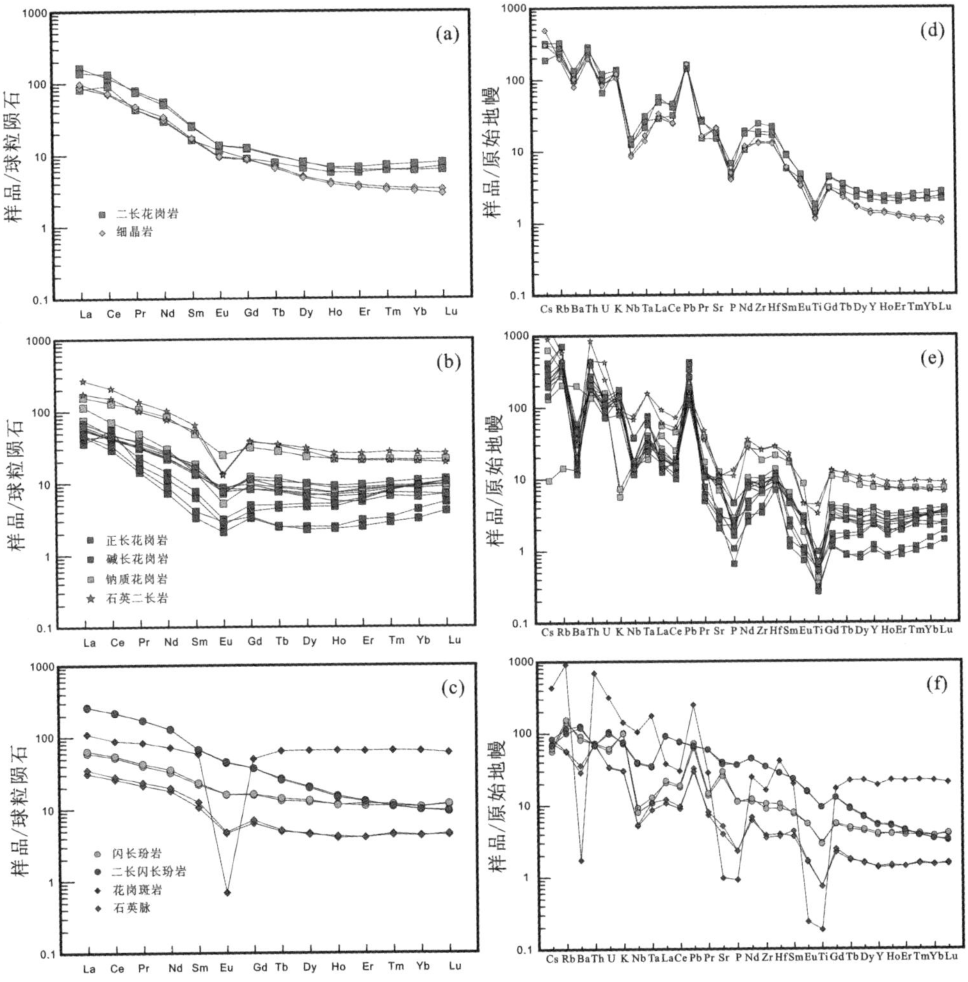

标准化参考物质引自 Sun 和 McDonough(1989)。

图 6-21　中三叠世复合岩基微量元素蛛网图和稀土配分图。

扫一扫，看彩图

Ni(65.8×10^{-6}～68.6×10^{-6})、Cr(248×10^{-6}～249×10^{-6})丰度，但轻稀土元素富集程度略低[图 6-21(c)]。

6.4.1.2　全岩 Sr-Nd 同位素特征

根据锆石 U-Pb 年龄回算出岩基主体岩性(235 Ma)具有 Sr 同位素初始比值($^{87}Sr/^{86}Sr$)$_t$=0.704691～0.709756，$\varepsilon_{Nd}(t)$=-1.9～+0.5[图 6-22(a)～(b)]，Nd 同位素单阶段模式年龄 T_{DM1}^{Nd}=0.85～1.0 Ga，两阶段模式年龄 T_{DM2}^{Nd}=0.97～1.2 Ga。

石英二长岩包体含有$(^{87}Sr/^{86}Sr)_t = 0.704850$，$\varepsilon_{Nd}(t) = -0.1$[图 6-22(a)~(b)]，Nd 同位素单阶段模式年龄 $T_{DM1}^{Nd} = 1.1$ Ga，两阶段模式年龄 $T_{DM2}^{Nd} = 1.0$ Ga。花岗斑岩脉因$^{87}Rb/^{86}Sr$ 太高(~101.1)，未能获得有效的$(^{87}Sr/^{86}Sr)_t$，其 $\varepsilon_{Nd}(t)$ 和 T_{DM2}^{Nd} ($f_{Sm/Nd} = 0.02$，说明该岩石样品相对其陆壳源区发生了显著分异，T_{DM1}^{Nd} 无效)分别为+1.4[图 6-22(b)]和 0.88 Ga。

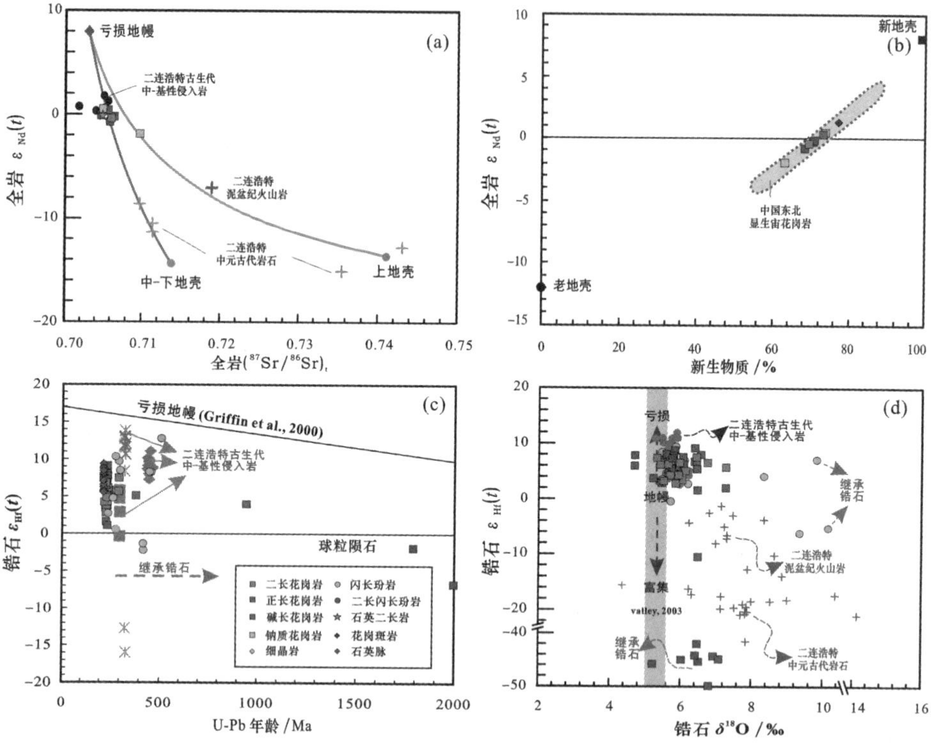

(a)全岩 $\varepsilon_{Nd}(t)$-全岩$(^{87}Sr/^{86}Sr)_t$，(b)全岩 $\varepsilon_{Nd}(t)$-新生物质(%)，(c)锆石 $\varepsilon_{Hf}(t)$-U-Pb 年龄和(d)锆石 $\varepsilon_{Hf}(t)$-锆石 $\delta^{18}O$ 图解。在图 b 中，x_m 代表新生物质或幔源物质，$x_m = (Nd_c/Nd_m)/[(Nd_c/Nd_m) + (\varepsilon_m - \varepsilon_s)/(\varepsilon_s - \varepsilon_c)]$ (Depaolo et al.，1991)。Nd_c 和 Nd_m 分别代表地壳和地幔中 Nd 含量。ε_m、ε_s 和 ε_c 分别表示地幔(或新生地壳)、样品和陆壳 Nd 同位素组成。相关参数：$\varepsilon_m = +8$，$\varepsilon_c = -12$，$Nd_c = 25\times10^{-6}$，$Nd_m = 15\times10^{-6}$。图中东北显生宙花岗岩数据引自 Wu et al. (2003)。继承锆石 $\varepsilon_{Hf}(t)$ 值校正到 235 Ma。

图 6-22　中三叠世复合岩基 Sr-Nd-Hf-O 同位素组成

扫一扫，看彩图

6.4.1.3　锆石 Hf-O 同位素特征

具有谐和年龄 235±1 Ma 的二长花岗岩(EL14-13-1)锆石 Hf 同位素初始比值$(^{176}Hf/^{177}Hf)_t$ 变化范围为 0.282707~0.282836，$\varepsilon_{Hf}(t)$ 变化于+2.8~+7.4，单

阶段模式年龄 T_{DM1}^{Hf} 为 588~782 Ma，$\delta^{18}O$ 为 5.32‰~6.74‰［图 6-22(c)~(d)］。具有谐和年龄 233±3Ma 的正长花岗岩(EL13-9-4)锆石 Hf 同位素初始比值 $(^{176}Hf/^{177}Hf)_t$ 变化范围为 0.282673~0.282854，$\varepsilon_{Hf}(t)$ 变化于+1.6~+8.0，单阶段模式年龄 T_{DM1}^{Hf} 为 754~1161 Ma，$\delta^{18}O$ 为 4.69‰~6.55‰［图 6-22(c)~(d)］。来自碱性长石花岗岩(EL14-11-2 和 EL13-10-3)的 11 颗锆石具有 $^{206}Pb/^{238}U$ 加权平均年龄 239±4 Ma，其 Hf 同位素初始比值 $(^{176}Hf/^{177}Hf)_t$ 变化范围为 0.282730~0.282883，$\varepsilon_{Hf}(t)$ 变化于+3.8~+9.2，单阶段模式年龄 T_{DM1}^{Hf} 为 535~813 Ma，$\delta^{18}O$ 为 4.69‰~6.44‰［图 6-22(c)~(d)］。来自石英脉(EL12-5-9)的 18 颗锆石具有谐和年龄 219±2 Ma，其 Hf 同位素初始比值 $(^{176}Hf/^{177}Hf)_t$ 变化范围为 0.282796~0.282903，$\varepsilon_{Hf}(t)$ 变化于+5.6~+9.4［图 6-22(c)］，单阶段模式年龄 T_{DM1}^{Hf} 为 488~640 Ma。

6.4.2　中三叠世侵入岩成因

6.4.2.1　花岗岩分类与构造环境判别

在将近 20 种花岗岩分类方案中，基于岩性和源区差异的字母分类方案(I-型、S-型、M-型与 A-型)一直显示明显优越性(Chappell 和 White 1974; Pitcher 1997a)；然而对于一些高分异花岗岩，利用该方案却难以作出直接判断。考虑到包饶勒敖包岩石样品缺乏典型的白云母、石榴石、独居石等原生矿物组合，及其贫 P_2O_5 的地球化学特征(图 6-20d)，这些中三叠世花岗岩不适合被划分为 S-型花岗岩(Chappell 和 White，1992)。在$(FeO^T/MgO)-(10^4\times Ga/Al)$图解上，样品跨越了 I-型与 A-型花岗岩的边界［图 6-23(a)］；在$(K_2O+Na_2O)/CaO-(Zr+Nb+Ce+Y)$图解上，前一个图所定义的“A-型”花岗岩转移到了高分异花岗岩区内［图 6-23(b)］。鉴于岩石样品显示低至中等铝饱和度，中等至较高碱度，镁质到铁质等过渡型地球化学属性［图 6-19(b)~(d)］，包饶勒敖包花岗岩与 Barbarin (1999)定义的“高钾钙碱性”花岗岩，以及 Maniar 和 Piccoli (1989)和 Bonin (1998)划分的造山后(碱-钙质)花岗岩相似。此推断符合它们在 Rb-(Y+Nb)(Pearce et al.，1984; Pearce，1996)和 R_2-R_1(Batchelor 和 Bowden，1985)图解上的投影结果［图 6-23(c)~(d)］。如欧洲加里东、海西造山带(Pitcher，1997a; Bonin，2004; Clemens et al.，2009)和中国北部(Zhang et al.，2010a)造山后花岗岩建造的记录，岩石地球化学性质的连续转变一般反映复杂的岩浆混合过程或不均一源区部分熔融作用。

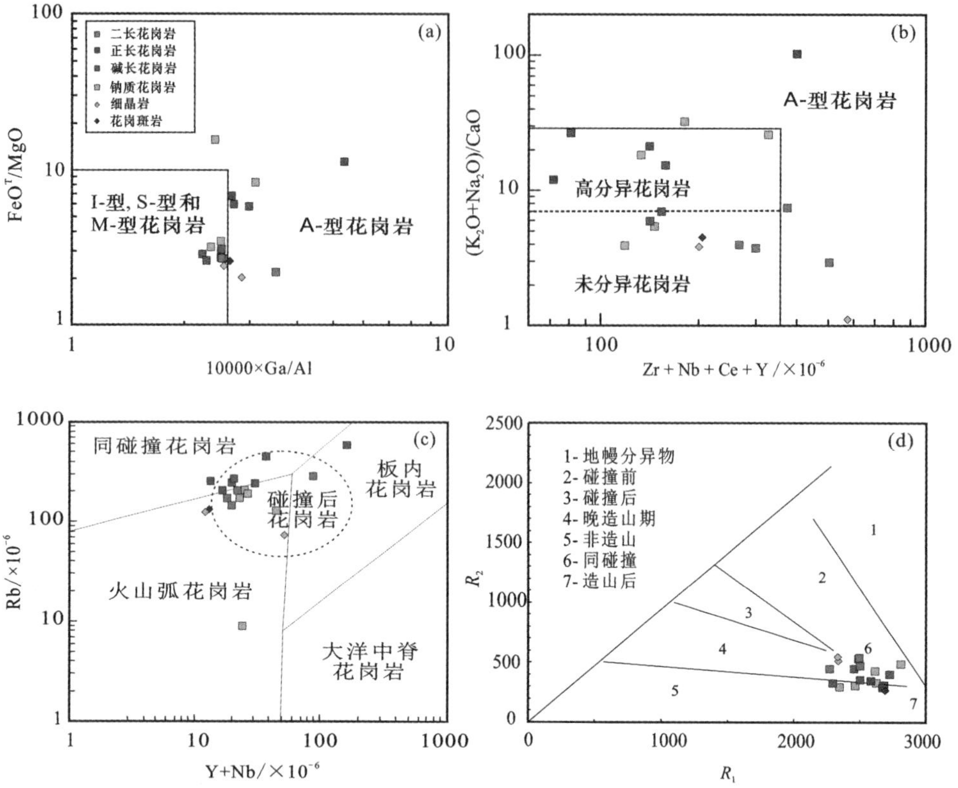

(a) $FeO^T/MgO-10000\times Ga/Al$ (Whalen et al., 1987); (b) $(K_2O+Na_2O)/CaO-(Zr+Nb+Ce+Y)$ (Whalen et al., 1987); (c) Rb-(Y+Nb) (Pearce et al., 1984; Pearce, 1996); (d) R_2-R_1(Batchelor 和 Bowden, 1985)。

图 6-23 中三叠世花岗岩分类与构造环境判别图解

6.4.2.2 岩浆源区

具有钾质和钠质双向演化序列的大规模包饶勒敖包花岗岩浆作用及其所伴随的少量高镁-富钾基性岩浆活动，与世界上许多造山后镁铁质-长英质岩石组合类似(Bonin 2004; Clemens et al., 2009)。系统的野外考察、岩相学、地球化学和实验岩石学研究显示，这类岩石组合形成于多阶段复合岩浆过程，主要包括基性、酸性源区近同步熔融和间歇性岩浆混合作用。因此，揭示该岩体成因的首要任务是逐一剖析地球化学性质迥异的岩浆端元。

1. 基性端元

伴随包饶勒敖包岩基侵位的中-基性岩脉和石英-二长质包体指示幔源基性岩浆参与了花岗岩的形成。一方面，偏基性[$w(SiO_2)=53.8\%\sim53.9\%$]的二长闪长玢岩具有中等至较低的镁指数 Mg#(51)和过渡金属含量[$w(Cr)=64\times10^{-6}\sim$

66×10^{-6}，$w(Ni)=43\times10^{-6}$]，表明其经历了一定程度分离结晶。另一方面，偏中性[$w(SiO_2)=56.93\%\sim56.98\%$]的闪长玢岩高 MgO（5.84%~6.00%）、Ni（$65.8\times10^{-6}\sim68.6\times10^{-6}$）、Cr（$248\times10^{-6}\sim249\times10^{-6}$）含量，可排除岩浆上升过程中显著的同化-分离结晶作用。两类岩石均富集 LILE、U、Pb 和 LREE，亏损 HFSE（如 Nb、Ta 和 Ti），从而导致岩石具有高 Sr/Y（31~34）、Ba/Nb（96~99）、Zr/Nb（17~18）和低 Ce/Pb（2.48~2.72）值。以上主、微量元素地球化学特征显示它们可与世界上典型的高镁安山岩-玄武岩组合（Tatsumi，2006；Kamei et al.，2004；Heilimo et al.，2010）类比。更重要的是，它们与古亚洲洋构造域索伦-西拉木伦-长春缝合带近同时期高镁安山岩-玄武岩组合（Liu et al.，2012；Yuan et al.，2016b）类似。

鉴于上述元素地球化学相容性，我们也将这些中-基性岩脉的母岩浆归结于俯冲作用改造的交代地幔楔部分熔融。同时，分异程度较低的闪长玢岩含有离散的放射性成因锆石 $\varepsilon_{Hf}(t)$（-0.4~+9.5），指示新生地幔源区具有高度不均一性，这与艾勒格庙-二连浩特地区[图 6-22(c)]及邻区几期古生代幔源岩浆活动的记录一致（Chen et al.，2009；Zhang et al.，2011b；Zhang ZC et al.，2015）。鉴于不同来源的交代介质持有各自独特的元素地球化学印记（Plank 和 Langmuir，1998；Kessel et al.，2005；Portnyagin et al.，2007），利用一些特殊的微量元素比值图解可以进一步约束地幔源区的微观属性及其成因。如在 $(Hf/Sm)_N-(Ta/La)_N$（La Flèche et al.，1998）和 U/Th-Th/Nb（Kohut et al.，2006）图解中，这些三叠纪中-基性岩脉反映交代地幔楔主要受再循环沉积物释放的熔体和流体控制（图 6-24）。

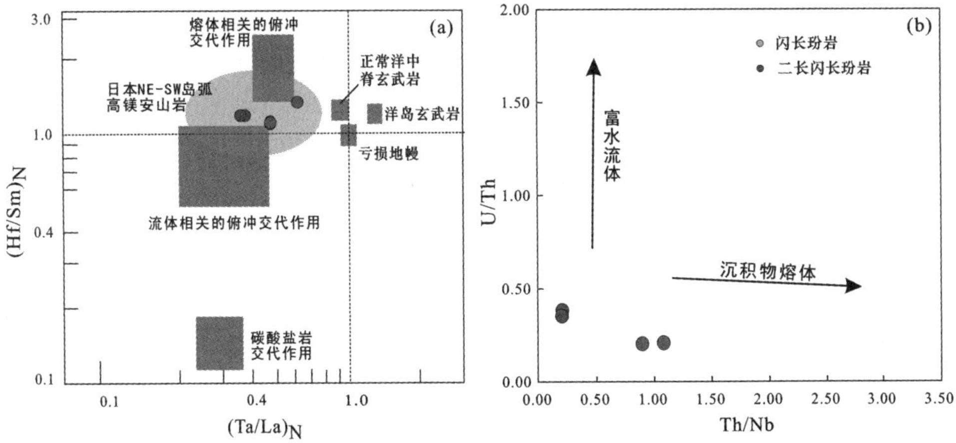

在图(a)中，日本东北（NE）和西南（SW）地区高镁安山岩数据引自 Shinjo（1999），Tsuchiya et al.（2005），Tatsumi et al.（2006）和 Sato et al.（2014）。

图 6-24　(a) $(Ta/La)_N-(Hf/Sm)_N$（La Flèche et al.，1998）与 (b) U/Th-Th/Nb（Kohut et al.，2006）图解

石英-二长岩包体富含黑云母，显示岩浆结构，具有中等 SiO_2 含量和较高的 Al_2O_3 丰度，与许多花岗岩体系中典型的中-基性微粒包体(MME)(Bonin，2004)相似，后者主要代表幔源基性岩浆和壳源酸性岩浆混合作用的产物(Poli 和 Tommasini，1991；Barbarin，2005；Zhang et al.，2011a)。对于包饶勒敖包岩基中的二长质包体，本次研究也观察到大量证据支持岩浆混合模式：(1)包体具有圆形至卵形外观；(2)石英二长岩具有比寄主花岗岩更细粒的岩浆结构；(3)包体缺乏冷凝边；(4)包体内黑云母呈叶片状，而磷灰石呈棒状或针状，指示基性岩浆与酸性熔体混合时它们所经历的不平衡热状态(Hibbard，1991；Janoušek et al.，2004)；(5)在大部分主、微量元素哈克图解中(图 6-20)，石英二长岩与基性岩脉、二长花岗岩呈粗略线性分布(Słaby 和 Martin，2008；Zhang et al.，2011a)；(6)二长质包体与花岗岩样品具有近平行的稀土和微量元素配分模式[图 6-21(b)，(e)](Ferré 和 Leake，2001)；(7)包体与寄主花岗岩具有相似的全岩 Sr-Nd 同位素组成[图 6-22(a)]。

2. 酸性端元

就岩浆分异程度而言，包饶勒敖包岩基大致可以划分为未分异和高分异两个系列。多数二长花岗岩和细晶岩样品具有与典型 I-型花岗岩(Landenberger 和 Collins，1996；Jung et al.，1998)母岩浆相当的 Ca/Sr (20~45)、Rb/Sr (0.28~0.54)、Rb/Ba (0.19~0.25)和 K/Ba (35~54)值，并且不发育 Eu 异常，暗示二者代表岩基中未分异系列。大量高温高压熔融实验(Skjerlie 和 Johnston，1993；Singh 和 Johannes，1996；Sisson et al.，2005)和案例研究(Altherr et al.，2000；Roberts et al.，2000；Ferré 和 Leake，2001；Topuz et al.，2010；Zhang et al.，2010a)证实，富钾的变玄武质-安山质岩石可以为高钾钙碱性 I-型花岗岩提供理想源区。一方面，在 $FeO^T/(FeO^T+MgO)-w(SiO_2)$ 图解上，二长花岗岩及细晶岩样品表现出与变玄武岩熔体之间较好的相容性[图 6-19(d)]；另一方面，两个系列具有类似岛弧岩石的富集 LREE-LILE、亏损 Nb-Ta 的微量元素配分模式，也与富钾的变玄武质源区形成环境吻合。样品平坦的 HREE 分布形式[图 6-21(a)]指示源区富集辉石或角闪石，但缺乏石榴石。

从同位素组成来看，包饶勒敖包岩石样品含有低全岩$(^{87}Sr/^{86}Sr)_t$(0.704691~0.709756)和正锆石 $\varepsilon_{Hf}(t)$ (+1.6~+9.4)，并具有球粒陨石质全岩 $\varepsilon_{Nd}(t)$ (-1.9~+1.4)，反映岩浆源区由大量新生物质和少量老地壳组成。该双重源区属性也契合其新元古代至古生代全岩 Nd(877~1000 Ma)和锆石 Hf(488~834 Ma)同位素模式年龄。由新生底侵基性地壳和古老下地壳构成的两端元源区模型被广泛用于中国东北(Wu et al.，2003)及内蒙古中部显生宙花岗岩成因研究(Zhang et al.，2011a；Yuan et al.，2016a)。混合模拟计算表明，形成包饶勒敖包花岗岩需要 63%~77%的新生物质[图 6-22(b)]。除了支持老地壳参与的大量前寒武纪捕虏锆石外，样品内也存在许多晚寒武世-早二叠世继承锆石[$\varepsilon_{Hf}(t=235\ Ma)=+2.0\sim+6.0$, $\delta^{18}O=6.43\sim+7.26$]，它们与三叠纪岩浆期锆石具有相近的 Hf-O 同位素组成，表明源区新生物质即为古生代形成的中-下地壳。进一步的证据来自三叠纪花岗岩与研究区晚奥陶世-晚石炭世基性弧岩浆(时间校正到 235 Ma)在全岩($^{87}Sr/^{86}Sr)_t$ - $\varepsilon_{Nd}(t)$ 和锆石 $\varepsilon_{Hf}(t)$ - $\delta^{18}O$ 组成上的重叠(图 6-22)。

6.4.2.3　包饶勒敖包花岗岩基的成因

正长花岗岩与碱长花岗岩在稀土配分图解上发育明显的负 Eu 异常，并亏损中稀土元素，在微量元素蛛网图解上强烈富集 Th、U、Pb，亏损 Ba、Sr、P、Ti[图 6-21(b)，(e)]；而在哈克图解上，Al、Fe、Mg、Ca、P、Ba、Sr、Zr、REE 与 SiO_2 呈负相关[图 6-20(a)~(g)]，K、Rb、Pb、Th 与 SiO_2 呈正相关。以上系统的元素变化关系指示正长花岗岩与碱长花岗岩经历了斜长石、碱性长石、角闪石、黑云母、锆石、钛铁矿(或榍石)和磷灰石分离结晶。全岩锆与磷饱和温度计算结果分别为 672~759℃ 和 771~869℃（Watson 和 Harrison，1983；Harrison 和 Watson，1984；Bea et al.，1992)，显著低于二长花岗岩的形成温度($T_{ap.Sat}=838\sim884$℃)[图 6-25(a)]；同样支持正长花岗岩与碱长花岗岩代表分异系列。在放射性同位素组成方面，($^{87}Sr/^{86}Sr)_t$、 $\varepsilon_{Nd}(t)$ 与 SiO_2 分别呈正相关和负相关[图 6-20(h)~(i)]，暗示岩浆在分离结晶过程中经历了陆壳混染。

与碱长花岗岩密切伴生的钠长花岗岩(Nabelek et al.，1992；Costi et al.，2009；Barboni 和 Bussy，2013；Lan et al.，2015；Li et al.，2017a)通常可归结为以下三种成因：(1)岩浆期后交代作用(Cerny，1991)；(2)花岗岩分异产生的斜长石堆晶体重熔(Lan et al.，2015)；(3)深部岩浆房钠质岩浆和钾质岩浆不混溶作用(Barboni 和 Bussy，2013；Li et al.，2017a)。首先排除交代成因。包饶勒敖包岩基钠长花岗岩中高度自形的钠长石[图 4-14(i)~(j)]形成于岩浆冷凝结晶，与交代作用产生的它形、填隙状颗粒不同。同时，本次研究所涉及钠长花岗岩缺乏交代作用标志矿物，即黄玉、锂云母等富 F-Li-Cl 矿物(Antipin et al.，2016；Dostal 和 Chatterjee，2010)。在元素地球化学方面，钠长石化作用通常引起主量元素 CaO、 Al_2O_3、FeO 和微量元素 Eu、Sr、Ba、LREE 等异常亏损(MacKenzie et al.，1988；Hövelmann et al.，2010)，但促进 Nb、Rb、Ga、U 富集(Wedepohl，1978)。显然，包饶勒敖包钠长花岗岩缺乏这些特征[图 6-21(b)，(e)]。

富斜长石的堆晶体重熔似乎同样不合适。假设岩基中最富 Na_2O 的系列代表初始钠长花岗质岩浆，全岩磷饱和温度计算表明其产生于 879~923℃。上文已经揭示碱长花岗岩经历了角闪石、黑云母分离，因此必然有大量富水矿物与富斜长石堆晶物共生；同时，促使堆晶体重熔的高镁安山质-玄武质岩浆(三叠纪岩浆活动热源)本身也是含水的。Barboni 和 Bussy（2013）利用 Johannes（1978）的

Ab-An-Qz 体系估算了 $P_{H_2O}=5$ kbar 条件下斜长石(An=40)堆晶体的熔融过程:如果熔融作用发生在 700~740℃,熔体组成变化于 An_3~An_{15}。除了不可调和的温度壁垒,斜长石堆晶体重熔也无法解释包饶勒敖包钠长花岗岩宽泛的 K_2O 变化范围(0.2%~3.1%)。

与前人研究中厘定的一些特殊碱长花岗岩-钠长花岗岩组合(Katzir et al., 2007; Costi et al., 2009; Barboni 和 Bussy, 2013; Li et al., 2017a)类似,深部岩浆房富钠和富钾系列不混溶作用可能是形成包饶勒敖包钠长花岗岩的机制。虽然在中-深成酸性岩浆体系中富钠熔体可以从弱固结的晶粥内有效迁出(Van der Molen 和 Peterson, 1979; Vigneresse et al., 1996; Katzir et al., 2007),但这些半刚性的晶粥体往往通过变形作用形成(网状)贯通裂隙(降低渗流阈值)以促进钠质残留岩浆抽离(Brown 和 Solar, 1999; Leitch 和 Weinberg, 2002; Bons et al., 2004)。最早期分离出的高温钠质熔体冷却过程可能仅在钠长石首晶区即结束,次早期分离的富钠熔体可能止步于钠长石和石英的共结线,而晚期分离的富钠熔体可到达钠长石、石英、钾长石的共结点[图 6-25(b)]。该过程可以较好地解释包饶勒敖包花岗岩 K_2O 含量(0.2%~3.1%)与固结温度(721~808℃)的变化。岩基发育混合成因的二长质包体,部分钠长花岗岩、二长花岗岩经历了透入性变形,以及富钠花岗岩中钠长石高度自形均支持上述不混溶体系分离于深部岩浆房(Barboni 和 Bussy, 2013)。

其他有关同岩浆期变形作用的证据来自包饶勒敖包花岗岩基中发育的大量石英脉和伟晶岩脉。它们形成于花岗质岩浆演化最晚期(Hulsbosch et al., 2014),高流体压力促使花岗质熔体向石英端元演化(Pati et al., 2007),同时不断扩展的水压裂隙可促进石英脉侵位(Bons, 2001)。该同源演化关系可由石英脉与寄主花岗岩锆石 Hf 同位素组成的一致性佐证[图 6-22(c)]。强烈的流体活动也可由高度分异的花岗斑岩脉证实。除了产生典型的稀土四分组效应(Jahn et al., 2001; Wu et al., 2004; Zhang et al., 2008b)之外,残留岩浆与富水流体反应也是形成平坦型稀土配分模式(发育强烈负 Eu 异常)和 Nb、U、Ga、Y 正异常[图 6-21(e),(f)]的重要机制(Chen B et al., 2014)。

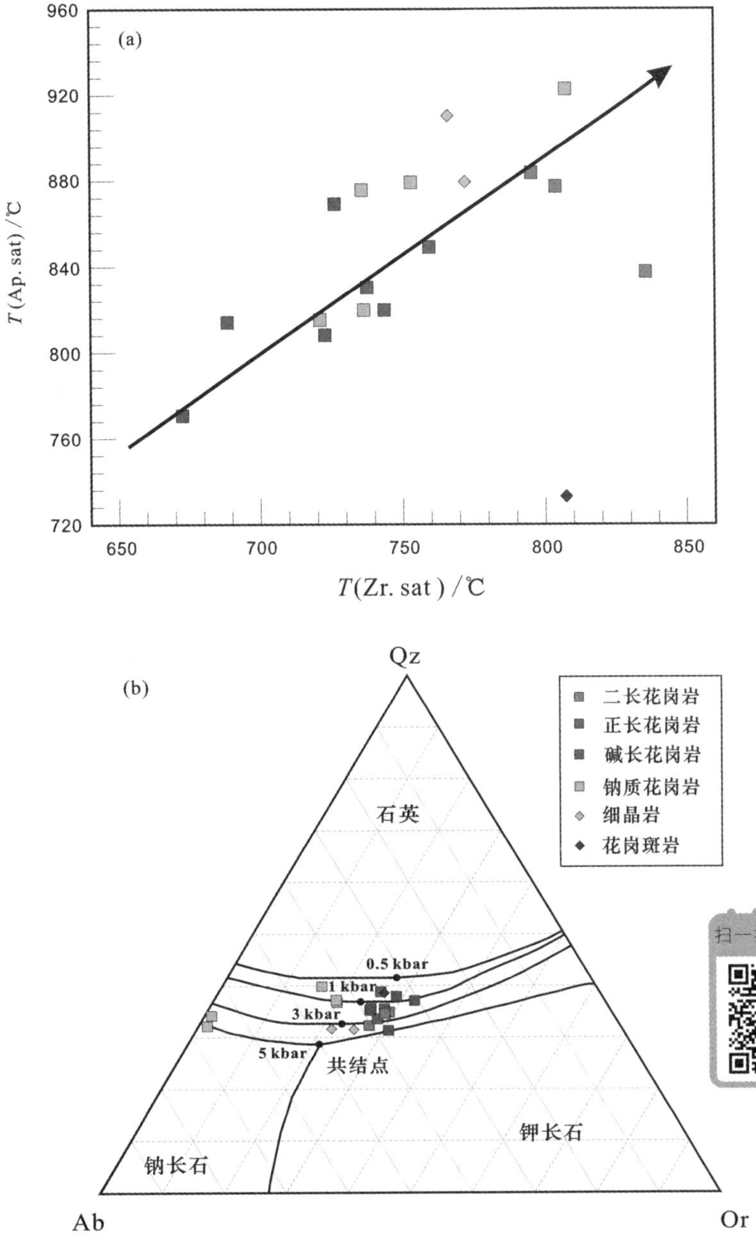

图 6-25　(a)中三叠世花岗岩全岩磷与锆饱和温度(Watson 和 Harrison，1983；Harrison 和 Watson，1984；Bea et al.，1992)计算结果；(b)中三叠世花岗岩标准矿物 Qz-Ab-Or 组成与实验确定的 Qz-Ab-Or-H_2O 体系最低熔体成分对比，不同压力条件下相关系底图(水饱和)引自 Johannes 和 Holtz (1996)

第 7 章　二连浩特-锡林浩特活动大陆边缘岩浆-构造演化

7.1　内蒙古中部古生代-早中生代岩浆作用时空格架及区域岩浆事件对比

近年来大量高精度锆石 U-Pb 定年分析显示，内蒙古中部地区(包括华北克拉通最北缘)古生代-早中生代岩浆活动呈阶段式演化。与二连浩特岩浆阶段划分一致，该构造域主要包括晚寒武世-志留纪、晚泥盆世-早石炭世、晚石炭世-早二叠世和晚二叠世-三叠纪四期重要岩浆事件。虽然不同阶段的岩浆序列之间存在空间分布差异，但总体与西邻的南蒙地块和东延的兴安、松辽陆块具有相似的时空演变规律。

7.1.1　晚寒武世-志留纪岩浆活动

在内蒙古中部及邻区寒武纪-早泥盆世岩浆活动可以进一步划分为晚寒武世-早奥陶世、中奥陶世-早志留世和中志留世-早泥盆世三个阶段。在索伦缝合带以北，晚寒武世-早奥陶世岩浆活动由南蒙芒莱-库伦(Zhu et al.，2014)、内蒙古艾勒格庙(本次研究)和苏尼特左旗(Chen et al.，2000；Jian et al.，2008)等地区的 SSZ-型蛇绿岩(509~482 Ma)和低钾拉斑质中-基性火山岩、侵入岩(498~471 Ma)组成。中奥陶世-早志留世岩浆活动相对更发育，在南蒙呼塔格乌拉地区发育 477~431 Ma 辉长岩-英云闪长岩-花岗闪长岩-花岗岩(Yarmolyuk et al.，2005；Jian et al.，2010)；在内蒙古中部沿艾勒格庙-苏左旗-西乌旗一带发育 481~436 Ma 的介于埃达克岩和正常弧岩浆之间的中-酸性侵入岩和火山熔岩(张炯飞 等，2004；石玉若 等，2005a；Jian et al.，2008；李承东 等，2012；Chen et al.，2016a；Li et al.，2016；徐备 等，2016)，沿阿巴嘎旗-东乌旗-多宝山分布有 461~446 Ma

低钾拉斑质-钙碱性辉长岩-闪长岩-花岗岩株和相对应的喷发岩(崔根 等, 2008; 赵利刚 等, 2012; 郭志华 等, 2013; Wu et al., 2015; 李红英 等, 2016; Li et al., 2016)。志留纪-早泥盆世岩浆活动包括苏左旗-锡林浩特地区的417 Ma角闪辉长岩(Zhang et al., 2009a)和434~414 Ma高钾钙碱性花岗岩(石玉若 等, 2005b; Jian et al., 2008; Li et al., 2014b)。

位于索伦缝合带以南的早古生代火成岩研究程度较高。其中寒武纪-早志留世侵入系列包括温都尔庙图林凯497~477 Ma辉长岩-英云闪长岩(蛇绿岩)、473~470 Ma玻安质奥长花岗岩、461~450 Ma埃达克岩(Jian et al., 2008), 以及乌拉特后旗图古日格(453~421 Ma, Xu et al., 2013)、白云鄂博-达茂旗北部(474~433 Ma, 尚恒胜 等, 2003; Jian et al., 2008; 张维与简平, 2008, 李建峰 等, 2010; Zhang et al., 2014)、白乃庙(483~421 Ma, 陈衍景 等, 2009; 柳长峰 等, 2014; Li et al., 2015; Wu et al., 2016)、太古生庙(442~434 Ma, 白新会 等, 2015)、正镶白旗(457~423 Ma, 秦亚 等, 2013)、吉林中南部(493~438 Ma, 裴福萍 等, 2014; Zhang et al., 2014; Pei et al., 2016)低钾拉斑质-钙碱性(石英)闪长岩-英云闪长岩-花岗岩(含埃达克质岩石)。寒武纪-早志留世喷发系列包括白云鄂博北部包尔汗图群(518~445 Ma, 尚恒胜 等, 2003; Zhang et al., 2014)、苏右旗白乃庙群(499~436 Ma, 谷丛楠, 2012; 张超, 2013; Zhang et al., 2013; Zhang et al., 2014)和温都尔庙群(472~468 Ma, 李承东 等, 2012)、吉林中南部放牛沟火山-沉积岩系(贾大成与卢焱, 1999)中钙碱性玄武岩-安山岩-流纹岩及火山碎屑岩。晚志留世-早泥盆世岩浆活动包括温都尔庙图林凯428~423 Ma玻安质钠长岩(Jian et al., 2008), 乌拉特后旗420~416 Ma埃达克质花岗岩(Wang et al., 2015), 白云鄂博北部(419~415 Ma, Jian et al., 2008)、吉林中南部(425~396 Ma, Pei et al., 2016)钙碱性-高钾钙碱性-钾玄质花岗闪长岩-花岗岩与(粗面)安山岩-流纹岩, 以及华北克拉通北缘察哈尔右翼后旗(412~410 Ma, 王挽琼, 2014)、集宁(409~408 Ma, Zhang et al., 2010b)、冀西北水泉沟(390 Ma, Miao et al., 2002)碱性杂岩。

7.1.2 晚泥盆世-早石炭世岩浆活动

晚泥盆世-早石炭世岩浆作用主要分布于索伦缝合带北侧。其中晚泥盆世岩浆活动的规模较小, 在南蒙有古尔万赛罕殴玉陶勒盖矿区的拉斑质-钙碱性石英二长闪长岩-花岗闪长岩(373~365 Ma, Wainwright et al., 2011a)和玄武质火山岩-次火山岩(Wainwright et al., 2011b)。艾勒格庙牧场一队钙碱性花岗闪长岩株(373±3 Ma)是内蒙古中北部地区唯一的晚泥盆世岩浆记录。在中国东北兴安陆块有牙克石钙碱性玄武岩-英安岩和凝灰岩(373±5 Ma, 赵芝 等, 2010a), 以及扎兰屯365~359 Ma碱性玄武岩、钙碱性安山岩-英安岩(张渝金 等, 2016)和花岗岩(Shi et al., 2015)。

早石炭世岩浆作用强烈，蒙古南部发育额德伦格山 348~329 Ma 钙碱性石英闪长岩-花岗闪长岩(Yarmolyuk et al., 2008)，曼达勒敖包 334~326 Ma 二长岩-花岗闪长岩(Bight et al., 2010b)和 323±7 Ma 陆缘弧安山岩-流纹岩(Bight et al., 2010a)，塔万哈尔-乌尔滚 331~228 Ma 弧岩浆岩(Heumann et al., 2012; Taylor et al., 2013)，殴玉陶勒盖矿区 354~321 Ma 钙碱性安山质-流纹质火山岩、次火山岩和火山碎屑岩(Wainwright et al., 2011b)。在内蒙古中北部及中国东北地区包括来自二连浩特-贺根山(西乌旗)-黑河蛇绿混杂岩带的早石炭世早期枕状玄武岩、辉绿岩、辉长岩、斜长花岗岩(356~330 Ma, Jian et al., 2012; Song et al., 2015; Zhang et al., 2015)和莫尔根河组火山岩(353 Ma, 赵芝 等, 2010b)，以及混杂岩带北侧(331~312 Ma)莫若格钦(云飞 等, 2011)、东乌旗(Fu et al., 2016)、索呐嘎敖包(S-型花岗岩, 梁玉伟 等, 2013)、牙克石(赵芝 等, 2010a)、海拉尔(蒙启安 等, 2013)和混杂岩带南侧(335~313 Ma)艾勒格庙(本次研究)、苏左旗(Chen et al., 2009)、锡林浩特(刘翼飞 等, 2010; Zhou et al., 2016; Li et al., 2014a, 2014b, 2017b)、西乌旗(鲍庆中 等, 2007a; 刘建峰 等, 2009; Liu et al., 2013)等地区的早石炭世晚期钙碱性辉长岩-闪长岩-花岗岩、玄武岩-安山岩-流纹岩和少量埃达克质岩石。

7.1.3 晚石炭世-早二叠世岩浆活动

晚石炭世至早二叠世是蒙古南部-中国内蒙古中部-中国东北地区岩浆活动的高峰期，在索伦缝合带北侧发育自西向东的高钾钙碱性-碱性花岗岩带，并伴随大量双峰式火山岩建造。蒙古南部晚石炭世岩浆活动目前报道较少，早二叠世岩浆建造包括古尔万赛罕-汗博格多 290~283 Ma 碱性杂岩构成的复合岩基(Kovalenko et al., 2006)、曼达勒敖包 292±1 Ma 碱长花岗岩-正长岩岩株(Blight et al., 2010b)。在内蒙古中北部及中国东北地区，晚石炭世-早二叠世岩浆活动主要沿二连浩特-贺根山-黑河蛇绿岩带两侧分布。其中位于贺根山缝合带北侧乌梁亚斯太-兴安陆块的高钾钙碱性系列有白音乌拉宝力格组(宝力高庙组?)310~308 Ma 中-酸性火山岩(李可 等, 2014)和大石寨组 289~287 Ma 双峰式火山岩(Zhang et al., 2011)，艾勒格庙北部浩尧尔海拉苏 305~303 Ma 富闪深成岩(本次研究)，阿仁绍布 317~308 Ma 闪长岩-花岗岩(许立权 等, 2012)、东乌旗阿木古楞 314±2 Ma 二长花岗岩(何付兵 等, 2013)、东乌旗-小兴安岭西北部宝力高庙组(德勒乌拉组)310~302 Ma 陆相火山岩(辛后田 等, 2011, 赵芝 等, 2010b; 付东 等, 2014; Fu et al., 2016)，扎兰屯哈多河 320~304 Ma 花岗质糜棱片麻岩(高峰 等, 2013)；碱性-过碱性系列有白音乌拉 294~288 Ma 钠铁闪石/霓(辉)石花岗岩(Zhang et al., 2015; Shi et al., 2016)，二连浩特北部哈拉图庙 304±2 Ma 碱长花岗岩，东乌旗 280~276 Ma 双峰式侵入岩(Cheng et al.，2014)，小兴安岭西北部 292~260 Ma 钠闪石/霓石花岗岩(孙德有 等，2000)。位于贺根山缝合带南侧的高钾钙碱性-碱性系列有二连浩特-苏左旗-锡林浩特-西乌旗 285~276 Ma 碱长花岗岩、正长花岗岩、黑云母二长花岗岩(Shi et al.，2004；鲍庆中 等，2007b；Tong et al.，2015)，苏左旗-锡林浩特-西乌旗-大石寨 281~279 Ma 双峰式火山岩(Zhang et al.，2008a；曾维顺 等，2011；陈彦 等，2014；张晓飞 等，2016；Zhang et al.，2017)。从整体空间分布规律来看，索伦缝合带北侧二叠纪碱性岩浆活动存在自北往南迁移的趋势。

在索伦-林西缝合带内部或紧邻缝合带两侧发育少量早二叠世末期(283~273 Ma)钙碱性花岗闪长岩-花岗岩(Wu et al.，2011；江思宏 等，2012；Li et al.，2016b)。Liu et al. (2011)于索伦-林西缝合带北侧好老鹿场(巴雅尔图胡硕)超基性-基性混杂岩(刘建雄 等，2006)中识别出具有 MORB 属性的 274~275 Ma 低钾拉斑质辉长岩。Jian et al. (2007，2010)于索伦山、柯单山 SSZ-型蛇绿混杂岩中厘定出 294~271 Ma 的辉长岩/辉绿岩-斜长花岗岩。Song et al. (2015)获得林西东南部杏树洼 SSZ-型蛇绿岩中异剥钙榴岩锆石 U-Pb 年龄为 280±3 Ma。刘建峰等(2016)测得巴林左旗南部九井子蛇绿岩中辉长岩侵位年龄为 275±2Ma。

索伦缝合带与华北克拉通之间晚石炭世-早二叠世早期钙碱性-高钾钙碱性弧岩浆也基本呈带状分布，包括苏右旗温都尔庙-察哈尔右翼后旗地区 333~275 Ma 中酸性侵入岩和喷发岩(王挽琼，2014)，四子王旗 320~317 Ma 闪长岩(Zhang et al.，2012a)，河北滦平-隆化-辽西建平 324~274 Ma 辉长岩-闪长岩-花岗岩(Zhang et al.，2007，2009a，2009b)。华北克拉通北缘早二叠世晚期-中二叠世岩浆建造包括乌拉特后旗 278~273 Ma 高钾钙碱性花岗岩和 275~271 Ma 碱性辉长岩-闪长岩(Wang et al.，2015)，乌拉特中旗乌梁斯太 280~274Ma A-型花岗岩基(罗红玲 等，2009)，白云鄂博矿区附近 273~262 Ma A-型花岗岩(Ling et al.，2014)，河北康宝地区 281~252 Ma S-型花岗岩(王鑫琳 等，2007)，以及乌拉特中旗-白云鄂博-达茂旗 287~272 Ma 超镁铁质-镁铁质杂岩带(赵磊，2008)。

7.1.4 晚二叠世-三叠纪岩浆活动

晚二叠世碰撞后岩浆建造主要沿索伦-林西缝合带两侧呈线状分布，如来自索伦-达茂旗-林西-林东-开原-色洛河地区的 254~243 Ma 高镁安山岩(闪长岩)和玄武岩(李承东 等，2007；张连昌 等，2008；赵磊，2008；Liu et al.，2012；Yuan et al.，2016b)，以及满洲里-额尔古纳(Gou et al.，2013)、锡林浩特-林西-辽源(Cao et al.，2013；Hao et al.，2015；Li et al.，2016a，2017)、四子王旗-张家口-阜新(Zhang et al.，2012b；刘长友，2014)等地区的 258~245 Ma 埃达克质花岗岩与基性-超基性侵入岩(含富闪深成岩)。

三叠纪岩浆活动在内蒙古中部及中国东北地区发育广泛(Li et al., 2013)。其中早-中三叠世岩浆作用以高钾钙碱性-碱性花岗岩为主, 包括查干敖包243~231 Ma石英闪长岩(碱性花岗岩, 张万益 等, 2008, 2012)、艾勒格庙包饶勒敖包242~226 Ma花岗岩基、苏左旗哈拉图235~231 Ma花岗岩(Chen et al., 2009; Hu et al., 2015)、锡林浩特-林西248~230 Ma花岗闪长岩-二长花岗岩(含S-型花岗岩, Liu et al., 2005; 叶栩松 等, 2011)、双井子240~225 Ma花岗岩(李锦轶 等, 2007)、乌兰浩特235~229 Ma角闪碱长花岗岩(葛文春 等, 2005)、达茂旗245~239 Ma闪长岩-花岗闪长岩(张维 等, 2010)、四子王旗239~224 Ma白云母花岗岩(高分异花岗岩, 柳长峰 等, 2010)、河北张家口238~222 Ma A-型花岗岩(刘长友, 2014)、辽北法库241 Ma辉长岩(Zhang et al., 2009b)、辽西建平254~237 Ma二长花岗岩-正长花岗岩(Zhang et al., 2009a)和阜新238~220 Ma铁质花岗岩(Zhang et al., 2012c)。晚三叠世岩浆活动以钾玄岩、碱性玄武岩(辉长岩)、双峰式火山岩和(过)碱性A-型花岗岩为主, 如东乌旗沙麦228~224 Ma黑云母花岗岩(聂凤军 等, 2010)、乌兰浩特226 Ma正长花岗岩、苏左旗224 Ma二长花岗岩(Shi et al., 2016)、小兴安岭东部伊春地区227~217 Ma钠闪石/霓石/星叶石花岗岩(孙德有 等, 2004)、达茂旗西别河226~222 Ma钾玄岩(张维 等, 2010)、敖汉旗金厂沟梁228~226Ma钾玄质脉岩(Fu et al., 2012)、吉林中部红旗岭-漂河川217~216 Ma超基性-基性侵入岩(Wu et al., 2004)。

此外, 中蒙边界亚干水泉沟地区发育228±7 Ma石英二长岩-二长花岗岩(钾玄质, Wang et al., 2004), 南蒙塔万哈尔(Tavan Har)地区发育220±6 Ma长英质片麻岩(Taylor et al., 2013)。

7.2 二连浩特-锡林浩特活动大陆边缘构造演化与内蒙古中部地区古生代-早中生代地质历史重建

7.2.1 晚寒武世-志留纪陆缘弧(大陆岛弧)演化与洋脊俯冲

库伦-艾勒格庙-苏左旗低钾拉斑质堆晶辉长岩-石英闪长岩及火山熔岩形成于498~471 Ma, 表明古亚洲洋板片在晚寒武世已经启动向蒙古陆块南缘的俯冲[图7-1(a)]。艾勒格庙乌兰敖包石英闪长岩含有大量负的锆石$\varepsilon_{Hf}(t)$值, 指示俯冲体系建立于古老大陆边缘。芒莱-苏左旗地区的蛇绿岩主要以构造岩片的形式出现在增生杂岩内, 与弧前沉积共生, 包含不同变形程度与变质级别、地球化学特征迥异的岩石组合(Xu et al., 2013), 虽然个别岩片经岩石地球化学研究确定为俯冲启动时上覆板片伸展形成的SSZ-型蛇绿岩(Zhang et al., 2009; Zhu et al.，2014)，但其成因类型可能并不止一种。随着俯冲作用渐趋稳定，交代地幔楔逐渐成熟，二连浩特-苏左旗-西乌旗活动大陆边缘于中-晚奥陶世(481~436 Ma)形成钙碱性弧岩浆带，并且迅速演化出埃达克质、富铌玄武岩(453~448 Ma)属性，而距离俯冲带较远的晚奥陶世(461~446 Ma)阿巴嘎旗-东乌旗弧后岩浆带仍显示低钾拉斑质或钙碱性特征。上述弧岩浆地球化学性质演变说明板片熔体在地幔楔交代介质中所占比例升高，同时板片流体的影响范围扩大，弧岩浆作用达到顶峰。二道井早古生代温都尔庙群碎屑锆石年龄揭示其沉积源区主要为480~445 Ma的岩浆物质，峰值为463±3 Ma(李承东 等，2012)。与俯冲板片熔融相伴随的还有锡林浩特杂岩所经历的457~434 Ma混合岩化及深熔作用(Shi et al.，2003；葛文春 等，2011；Li et al.，2011)。综合埃达克质岩浆与高温变质事件，中-晚奥陶世弧岩浆活动峰期被解释为洋脊俯冲作用的产物[图 7-1(b)]。志留纪-早泥盆世(434~414 Ma)高钾钙碱性花岗岩和角闪辉长岩具有亏损地幔和陆壳物质双重源区属性(Jian et al.，2008；Zhang et al.，2009a)，代表脊-沟交互后大洋板片撕裂-拆离过程中软流圈上涌及幔源岩浆底侵诱发形成的系列岩石[图 7-1(c)]。虽然二连浩特-艾勒格庙地区缺乏该阶段岩浆记录，但中-晚元古代艾勒格庙群绿泥石英片岩及钾长片麻岩记录了430~407 Ma变质热事件，并且笔者在研究区早石炭世花岗岩中发现了415 Ma捕虏锆石。从洋脊俯冲至板片沿扩张中心拆离，陆缘弧由挤压环境转变至伸展环境呈连续过渡，因而两个动力学过程并没有明显的时间分界。

从7.1节对内蒙古中部地区岩浆序列的总结发现，早古生代岩石在索伦缝合带两侧呈对称分布，暗示华北克拉通北缘在古亚洲板片南向俯冲作用下经历了相似的岩浆-构造演化，即晚寒武世弧前扩张、晚奥陶世-早志留世洋脊俯冲、晚志留世-早泥盆世俯冲板片拆离三个阶段[图 7-1(a)~(c)]。鉴于白云鄂博-达茂旗北部最早的弧岩浆喷发于518 Ma (Zhang et al.，2014)，古亚洲洋板片在内蒙古南部的俯冲可能早于北部。温都尔庙图林凯奥陶纪侵入岩记录了439~438 Ma高温变质作用(Jian et al.，2008)；苏右旗白乃庙群经历了462~430 Ma、419~411 Ma两期高温低压变质作用(Zhang et al.，2013；Li et al.，2015)，分别对应活动陆缘洋脊俯冲及俯冲后伸展作用。寒武纪-早志留世包尔汗图群、温都尔庙群、白乃庙群、放牛沟火山-沉积岩系分别被晚志留世-早泥盆世西别河组、那清组、张家屯组磨拉石沉积不整合覆盖(贾大成与卢焱，1999；许立权与陶继雄，2003；裴福萍 等，2014；张允平 等，2010；张超，2013；Li et al.，2015；Zhang et al.，2014)，指示华北克拉通北缘早古生代弧岩浆活动的终结。

Ⓢ Ⓝ

(a)寒武纪-早奥陶世古亚洲双向俯冲

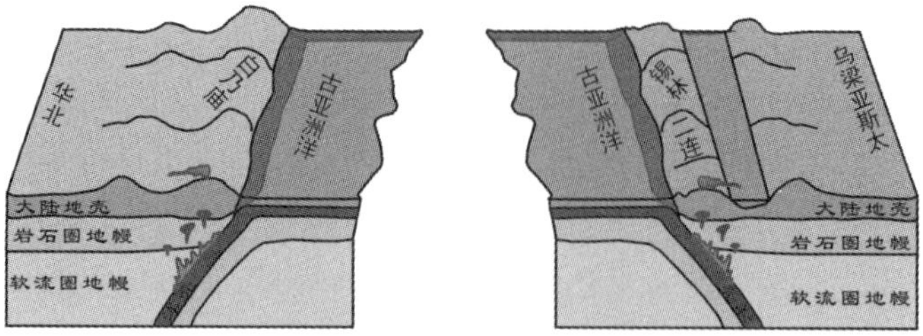

(b)晚奥陶世-早志留世洋脊俯冲

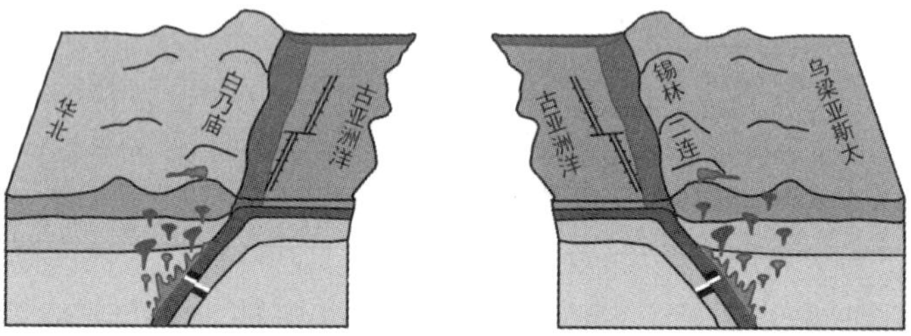

(c)晚志留世-早泥盆世大洋板片撕裂-拆离

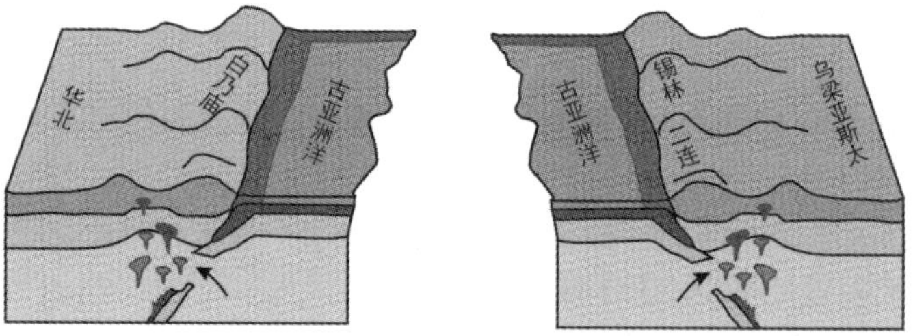

(d)晚泥盆世古亚洲洋重新启动北向俯冲

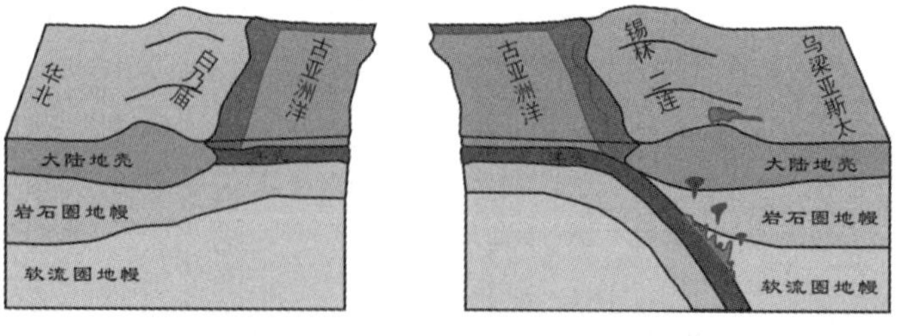

扫一扫，看彩图

Ⓢ　　　　Ⓝ

(e)晚泥盆世末期-早石炭世早期贺根山弧后扩张

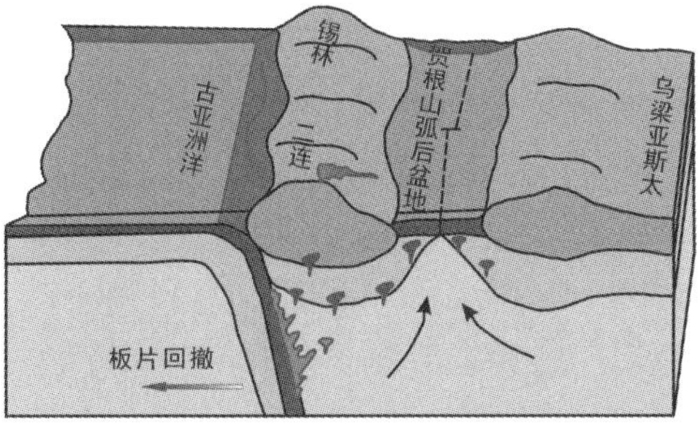

(f)早石炭世晚期-晚石炭世贺根山弧后盆地洋壳消减

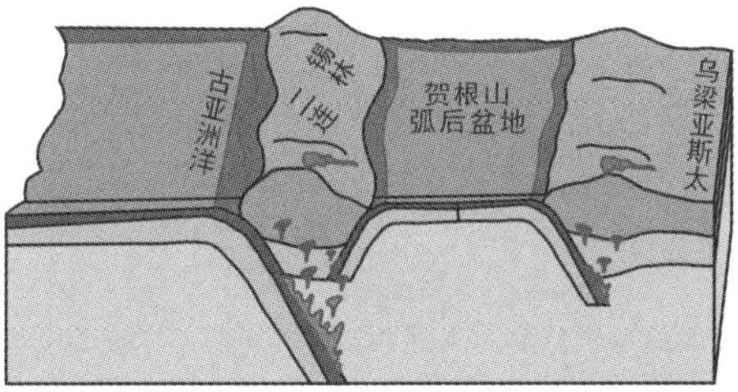

(g)晚石炭世贺根山弧后盆地闭合与古亚洲洋南向俯冲启动

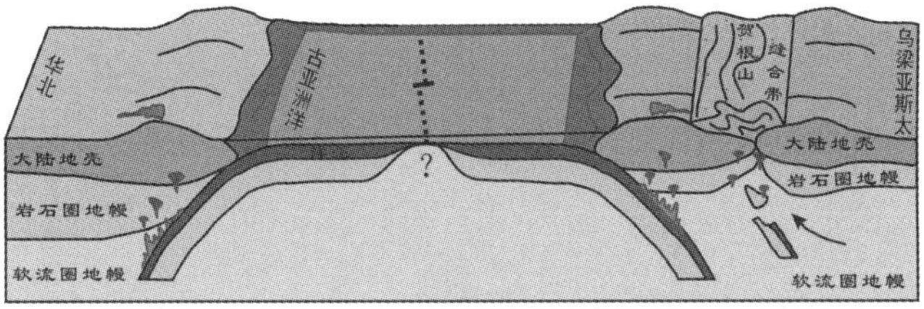

(h)二叠纪古亚洲洋双边俯冲与反片回撤

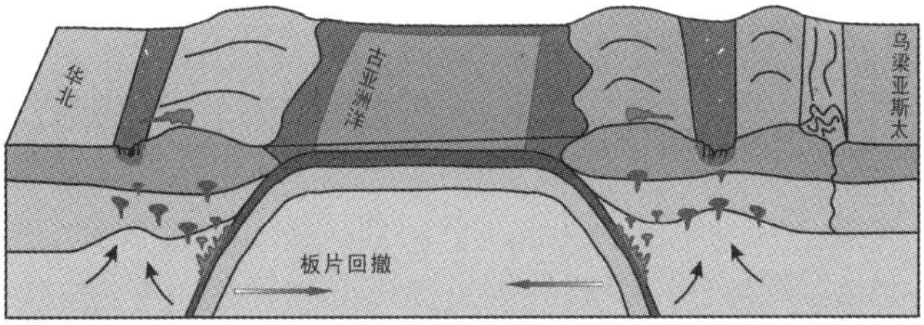

扫一扫，看彩图

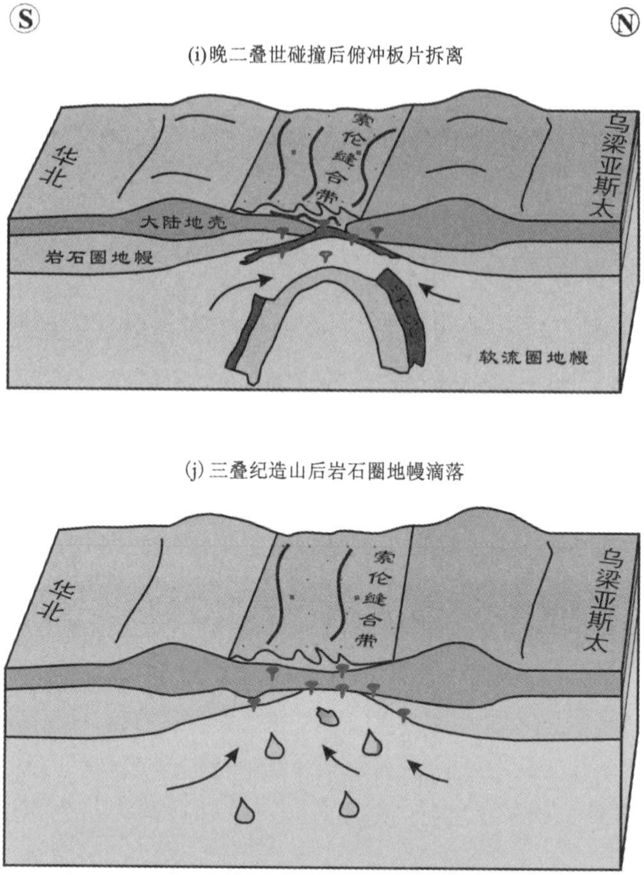

图 7-1　内蒙古中部古生代-早中生代构造演化示意图

扫一扫，看彩图

7.2.2　晚泥盆世-石炭纪沟-弧-盆体系

对查干敖包-东乌旗一带奥陶纪至泥盆纪沉积地层研究(Li et al.，2011；Zhao et al.，2014)揭示，晚志留世-早泥盆世(430～360 Ma)该地区存在短暂的岩浆静寂期。晚泥盆世(373～359 Ma)拉斑质-钙碱性岩浆作用标志古亚洲洋板片对蒙古陆块的俯冲再次启动[图 7-1(d)]。与艾勒格庙-苏左旗-锡林浩特岩浆带平行的芒和特-瑙木珲尼-红格尔蓝片岩带(徐备 等，2001；Xu et al.，2013；李瑞彪 等，2014)记录了 383±13 Ma 俯冲作用引起的低温高压变质作用。扎兰屯地区在晚泥盆世末期(365～359 Ma)同时发育碱性玄武岩和钙碱性安山岩-英安岩，与二连浩特-贺根山-西乌旗早石炭世早期(356～330 Ma)蛇绿岩所记录的弧后盆地伸展契合，二者可能均响应于俯冲板片回撤[图 7-1(e)]。早石炭世晚期(335～312 Ma)

钙碱性弧岩浆活动沿蛇绿岩带两侧呈对称分布，指示弧后小洋盆可能以双边俯冲方式闭合或至少存在向北的俯冲[图 7-1(f)]。两侧弧岩浆均含有前寒武纪继承锆石，Nd-Hf 同位素组成也明显指示有古老陆壳物质参与(Chen et al., 2009; Fu et al., 2016; Li et al., 2017b)，说明弧后盆地由陆缘弧裂解而来。西乌旗(乌斯尼黑)-小兴安岭西北部晚石炭世(307~306 Ma，赵芝 等，2010b)陆相沉积宝力高庙组仅含有呈单峰分布的晚泥盆世-石炭纪碎屑锆石，指示晚石炭世弧后盆地闭合及区域隆升阻隔了北方古老碎屑物质搬运(Li et al., 2011)。对不整合覆盖于贺根山蛇绿岩之上的小坝梁中二叠统哲斯组磨拉石沉积的碎屑锆石年代学分析表明，蛇绿岩就位于 335~300 Ma(Zhou et al., 2015)。锡林浩特角闪岩相变质杂岩记录了 312~296 Ma 区域伸展作用(Li et al., 2014a, 2017b)。如 7.1.3 小节所述，区域上最早的碰撞后岩浆建造，富闪深成岩及高钾钙碱性系列形成于 320~303 Ma，晚石炭世末期-早二叠世早期钙碱性岩浆活动完全被碱性花岗岩、双峰式火山岩取代，这些碰撞后岩浆系列可能是对弧后盆地板片拆离、幔源岩浆底侵的响应。结合以上沉积-变质-岩浆记录，推测二连浩特-贺根山弧后盆地闭合于晚石炭世。

7.2.3　晚石炭世-二叠纪双边俯冲体系与古亚洲洋最终闭合

华北克拉通北缘晚泥盆世-早石炭世岩浆活动微弱(张晓晖与翟明国，2010)，表征被动大陆边缘时期。晚石炭世-早二叠纪时期华北克拉通北缘钙碱性岩浆作用活跃，指示该时期古亚洲洋板片启动了南向俯冲。考虑到时间上的一致性，蒙古陆块南缘晚石炭世弧-陆碰撞(弧后盆地闭合)可能是华北北缘南向俯冲启动的触发因子[图 7-1(g)]。由于晚古生代末期古亚洲洋域洋盆作用范围有限，尤其是洋脊俯冲开始后，双边俯冲体系将明显缺乏洋脊推力，在活动大陆边缘形成局部伸展环境(Richards et al., 1990)[图 7-1(h)]。如在早二叠世古亚洲洋南北两侧因弧前扩张分别形成了满都拉-林西和好老鹿场 SSZ-型蛇绿岩(刘建雄 等，2006; Jian et al., 2010; Liu et al., 2011; Song et al., 2015; 刘建峰 等，2016)，前者伴随林西双井片岩混合岩化作用(李益龙 等，2008)。在双侧弧后区则因板片回退诱发软流圈上涌与幔源岩浆底侵，形成大量高钾钙碱性-碱性岩石系列、双峰式火山岩建造和超镁铁质-镁铁质杂岩，分别为二连浩特-苏左旗-锡林浩特-西乌旗-大石寨和乌拉特后旗-白云鄂博-达茂旗早二叠世末期伸展型岩浆建造所代表。指示挤压环境的石炭纪-早二叠世钙碱性弧岩浆也分别从南北两侧活动大陆边缘向索伦缝合带“收缩”，并于早二叠世末期熄灭(Li et al., 2016b)。从沉积记录的角度，一方面索伦-林西-长春缝合带两侧晚石炭世-二叠纪地层碎屑锆石年龄分布支持二叠纪古亚洲洋海盆的存在(Sun et al., 2013; Li et al., 2015)，另一方面沉积地球化学分析表明这些晚石炭世-二叠纪地层形成于南北双侧活动陆缘环境(Eizenhöfer et al., 2015)。同时，沉积古地理学研究表明索伦-林西缝合带二叠纪-早三叠世地层具有海退沉积序列特征(Li, 2006; Eizenhöfer et al., 2014; Han et al., 2015)，而三叠纪地层主要为陆相沉积(Li et al., 2014)，进而说明古亚洲洋构造域在中-晚二叠世进入"陆-陆"对接阶段。

7.2.4 晚二叠世碰撞后板片拆离与三叠纪造山后伸展垮塌

作为对俯冲后大洋板片拆离[图 7-1(i)]的岩浆响应，沿索伦-林西缝合带及其两侧发育呈线状排列的高镁安山岩(闪长岩)、富闪深成岩-埃达克质花岗岩等典型的碰撞后岩浆岩建造。三叠纪岩浆活动具有面状分布特征，暗示内蒙古中部地区进入造山后伸展垮塌阶段。以艾勒格庙包饶勒敖包复合岩基为代表的早-中三叠世造山后岩浆建造形成于多阶段壳-幔相互作用，并以强烈流体活动作为结束标志；岩石组合包括俯冲印记逐渐削弱的高钾钙碱性、碱性花岗岩和少量超基性-基性侵入岩。晚三叠世岩浆活动开始显露板内亲缘性，出现钾玄岩、碱性玄武岩(辉长岩)和过碱性花岗岩。内蒙古中部地区造山后岩浆活动一共持续了近 30 Myr (250~220 Ma)，并且岩浆作用时代在空间分布上表现出整体一致性，表明中亚造山带东南缘经历了持久而统一的区域伸展作用。

在构造活动方面，内蒙古锡林浩特(Li et al., 2014a, 2014b)、西拉木伦(Zhao et al., 2015)，华北克拉通北缘丰宁-隆化(Wang 和 wan, 2014)、辽北法库(Zhang et al., 2005)，以及南蒙东戈壁(Webb et al., 2010)断裂带晚古生代-早中生代构造岩系先后记录了 260~231 Ma、255~241 Ma、227~209 Ma 的转换挤压或转换拉张运动。来自苏左旗交其尔拆离断层的变质核杂岩(Davis et al., 2004)与嫩江-黑河断裂的新开岭-科洛杂岩(Miao et al., 2004)记录了 224~208 Ma 的伸展构造作用。

鉴于以上穿时性构造记录与岩浆活动指示的统一区域伸展格局相矛盾，我们采用岩石圈地幔滴落[图 7-1(j)]与重力垮塌耦合作用来解释内蒙古中部地区三叠纪所经历的地球动力学过程。如对西欧华力西造山带(Guttierez-Alonso et al., 2011)和北美中生代科迪勒拉造山带(Mantley et al., 2000; Ducea, 2011)的解析，岩石圈地幔滴落亦被称为小规模拆沉，在时间尺度上可持续数十个百万年，以大规模酸性岩浆活动伴随少量基性、超钾质岩浆作用，以及强烈构造隆升伴随山间断陷盆地沉积为特征(Ducea, 2011; Guttierez-Alonso et al., 2011)。作为绝大多数造山带演化的必经过程，诱发于重力势能异常、边缘机械松弛和山根熔融的加厚地壳垮塌(Dewey et al., 1988; Rey et al., 2001, Vanderhaeghe 和 Teyssier, 2001)通常以发育酸性岩浆幕、变质核杂岩、快速挠曲沉降与逃逸构造为特征(Dilek 和 Moores, 1999; Vanderhaeghe 和 Teyssier, 2001)。

除了岩浆分布特征吻合外，中亚造山带东南缘早-中三叠世快速隆升与夷平作用被一系列中-晚三叠世山间盆地河湖相沉积所记录（Li et al.，2014；Meng et al.，2014）；西拉木伦、南蒙东戈壁、辽北法库走滑断裂记录了晚三叠世大规模东向构造挤出事件（Zhang et al.，2002，2005；Li et al.，2014a，2014b；Wang 和 Wan，2014；Zhao et al.，2015）。

此外，在变质作用方面，作为古海洋演化晚期微型板块双边俯冲驱动形成的“软碰撞带”，索伦缝合带变质岩系虽具有顺时针 P-T-t 轨迹，但只经历了中-低压相系绿片岩相至绿帘-角闪岩相变质作用（259～235 Ma，Wu et al.，2007；Chen C et al.，2014；Zhang et al.，2015，2016），进一步显示内蒙古中部地区晚古生代末期-早中生代“冗长乏力”的缝合造山过程。

第8章 二连浩特地区古生代-早中生代陆壳生长与演化

如前言所总结，汇聚大陆边缘是显生宙大陆地壳生长的最重要场所。艾勒格庙-二连浩特地区古生代-早中生代侵入岩具有正的全岩 $\varepsilon_{Nd}(t)$ 和锆石 $\varepsilon_{Hf}(t)$ 值，表明该地区作为活动大陆边缘经历了显著地壳增生。虽然幔源玄武质岩浆垂向底侵、同化-分离结晶(或重熔再造)及榴辉岩相堆晶体(或残留体)拆沉作为造陆范式概括了绝大多数陆壳生长与分异过程，但在活动大陆边缘复杂而漫长的演化历史中，洋脊俯冲、板片回撤、微陆块拼贴等任何局部或区域的构造触发因子都将引起陆壳增生过程多样化(Collins, 2002; Kemp et al., 2009)。我们利用 De Paolo et al. (1991)的公式来估算岩浆作用过程中新生物质和古老陆壳的比例。计算结果表明研究区中-酸性侵入杂岩中新生地壳的比例为 63.2%~93.9%(图 8-1)，如此显著的变化印证了上述猜想，艾勒格庙-二连浩特地区古生代-早中生代陆壳生长与演化需要更细致的解剖。

作为南蒙呼塔格乌拉-锡林浩特活动大陆边缘的一部分，艾勒格庙-二连浩特地区陆壳生长与分异主要为早古生代、晚古生代、晚二叠世-三叠纪三个造山旋回所主导。晚寒武世低钾拉斑系列指示早古生代陆缘弧体系建立在沉积盖层单薄的过渡型大陆地壳之上，这与由 S-型花岗岩类标记的被动陆缘向活动陆缘转化的实例有所不同(Ducea et al., 2015)。随着新生幔源岩浆持续底侵-置换弧下古老陆壳，奥陶纪-志留纪弧岩浆不再出现负 $\varepsilon_{Nd}(t)$-$\varepsilon_{Hf}(t)$ 值，但其平均值或最大值与年龄呈正相关，而 $\delta^{18}O$ 与年龄呈负相关(图 8-2)，表明俯冲洋壳与再循环沉积物大量参与交代地幔楔玄武质岩浆同化-分离结晶主导(Chen et al., 2000; Jian et al., 2008)的弧岩浆作用，这与洋脊俯冲模式下的陆壳生长吻合。

在晚古生代陆缘弧造陆过程中，晚泥盆世-早二叠世岩浆建造相对早古生代弧岩浆更富集大离子亲石元素，具有相似或略高的全岩 $\varepsilon_{Nd}(t)$ 和锆石 $\varepsilon_{Hf}(t)$ 值，但含有更高的锆石 $\delta^{18}O$ 值。微量元素与放射性同位素地球化学演化解耦说明早期底侵增生地壳发生了重熔再造，重氧同位素升高则表明大量年轻表壳物质经过快

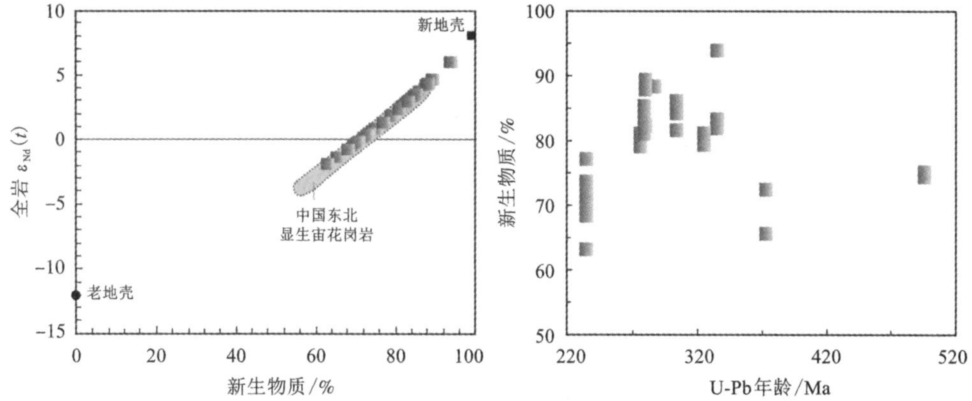

图 8-1　艾勒格庙-二连浩特地区中-酸性侵入杂岩中新生物质含量估计

速沉积-俯冲或构造底垫参与晚古生代弧岩浆作用(Whalen et al., 1999)。如晚石炭世末期浩尧尔海拉苏中-基性岩墙同位素研究指示，在晚古生代俯冲过程中大量再循环沉积物参与交代地幔楔形成；二连浩特早二叠世 I-S-A 型花岗岩组合成因研究则揭示南蒙-锡林浩特弧下新生地壳在长期俯冲作用改造下明显富集大离子亲石元素，并形成了以氧同位素分异为标志的成层性地壳(Yuan et al., 2016a)。新生岩浆弧发生短周期剥蚀、沉降、重循环是沟-弧-盆体系作用于活动大陆边缘的重要特征(Cawood et al., 2012)。与澳大利亚新英格兰、拉克兰热造山带模式相似(Collins, 2002; Collins 和 Richards, 2008; Kemp et al., 2009)，艾勒格庙-二连浩特地区晚古生代弧岩浆杂岩的 $\varepsilon_{Nd}(t)$-$\varepsilon_{Hf}(t)$-$\delta^{18}O$ 随时间呈旋回式变化(图 8-2)，契合南蒙-锡林浩特活动大陆边缘不定期板片回撤及弧后扩张。处于弧后伸展阶段的活动陆缘局部地壳减薄可促进难熔镁铁质岩浆上侵，此时幔源物质垂向添加明显，同时新生陆壳重熔可形成 A-型花岗岩；在弧后盆地闭合早期(俯冲重启初期)，大量表壳物质发生重熔可形成 S-型(或 I-S 型过渡)花岗岩(如 335 Ma 的本巴图岩体同化了大量表壳物质)；恢复挤压环境的活动陆缘重新受控于玄武质岩浆同化-分离结晶(如 325 Ma 的巴彦高勒东岩体)，产生正常的钙碱性 I-型岩浆。

在晚二叠世-三叠纪碰撞后-造山后阶段，一方面大洋板片拆离与加厚岩石圈拆沉都将引发软流圈上涌与玄武质岩浆底侵，从而促进大陆地壳垂向增生；另一方面新生基性下地壳在幔源岩浆加热下发生大规模重熔，演化出更成熟的长英质陆壳。艾勒格庙地区中三叠世包饶勒敖包花岗岩基提供了造山后陆壳重熔再造的典型案例。

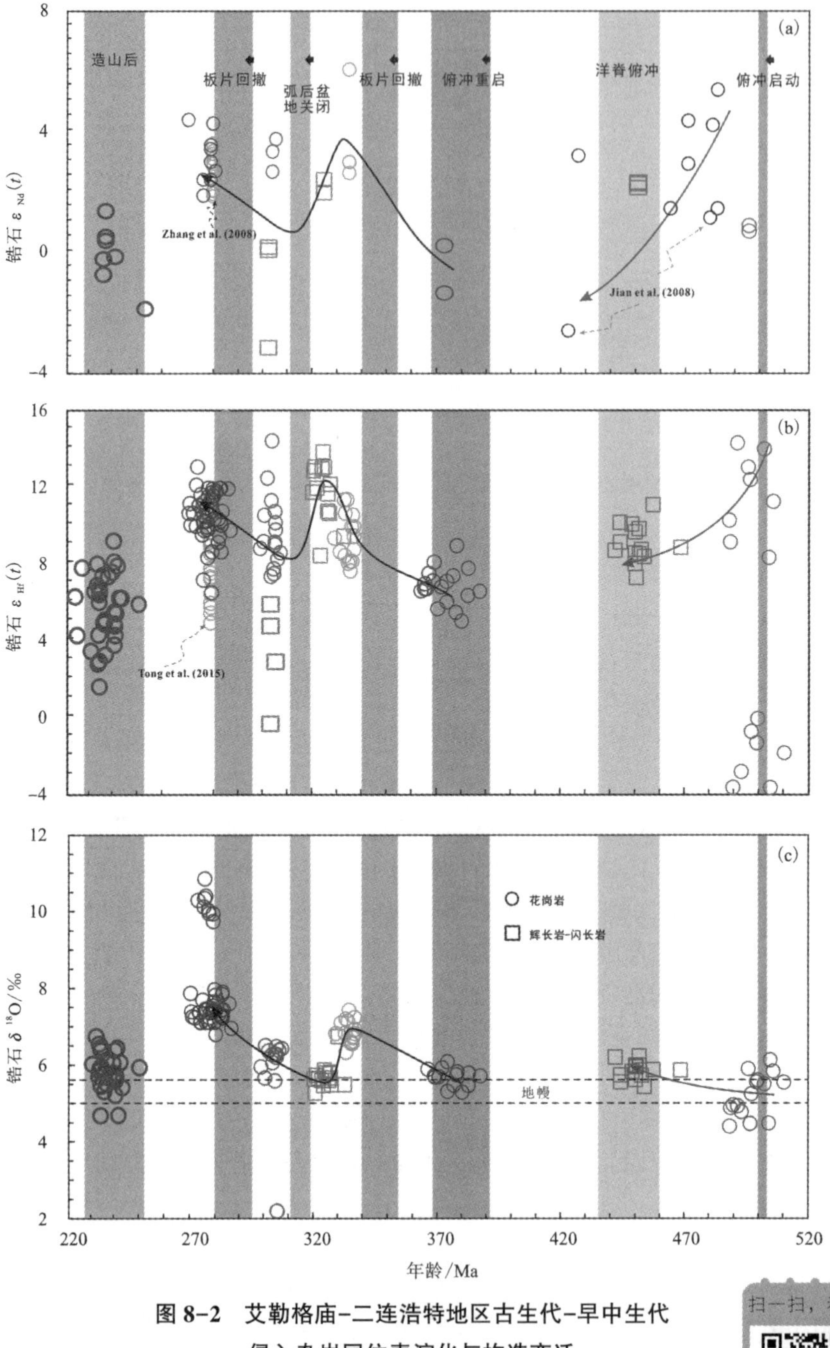

图 8-2　艾勒格庙-二连浩特地区古生代-早中生代侵入杂岩同位素演化与构造变迁

扫一扫，看彩图

第 9 章　主要结论

本书以艾勒格庙-二连浩特地区显生宙侵入杂岩为研究对象，对研究区古生代-早中生代岩浆作用年代学格架、岩浆起源及演化进行探讨，为恢复南蒙活动大陆边缘多旋回、多阶段增生造山过程提供了新的火成岩岩石学依据。

(1)详细的锆石 SIMS U-Pb 年代学研究表明，艾勒格庙-二连浩特地区古生代至早中生代岩浆作用可划分为四个阶段，即晚寒武世-晚奥陶世石英闪长岩(495.9±3.3 Ma)和角闪闪长岩(451.1±2.8 Ma)、晚泥盆世-早石炭世花岗岩类(373~325 Ma)、晚石炭世-早二叠世角闪石岩(305~303 Ma)和花岗岩(304~263 Ma)、中三叠世花岗岩基(242~226 Ma)。

(3)晚寒武世石英闪长岩起源于新晋形成的交代地幔楔部分熔融及之后的同化分离结晶作用，标志南蒙(呼塔格乌拉-锡林浩特)活动大陆边缘早古生代俯冲体系初步建立。晚奥陶世角闪闪长岩具有富铌玄武岩特征，形成于俯冲板片流体和熔体共同交代的地幔楔部分熔融，并经历了橄榄石、单斜辉石等镁铁质矿物分离结晶和轻微角闪石堆晶作用，代表洋脊俯冲环境下的岩浆作用。

(4)晚泥盆世-早石炭世钙碱性花岗岩源自于新生变玄武质下地壳部分熔融，早石炭世闪长岩起源于交代岩石圈地幔部分熔融，二者分别经历了不同程度分离结晶与陆壳混染作用。晚泥盆世钙碱性岩浆指示南蒙活动大陆边缘晚古生代俯冲体系启动，早石炭世岩浆活动因伴随陆缘裂解与弧后盆地闭合而携带明显的表壳物质印记。

(5)晚石炭世末期角闪石岩-角闪闪长岩形成于玄武质-高镁安山质岩浆单斜辉石和角闪石堆晶作用，母岩浆起源于经再循环沉积物熔体交代的地幔楔部分熔融。同时期 A-型花岗岩起源于浅部地壳(压力小于 4 kbar)富含云母类矿物的长英质岩石部分熔融。二者均与贺根山弧后盆地闭合后板片拆离所引起的热扰动有关。

(6)早二叠世岩浆作用主要为 I-S-A 型花岗岩三元组合，形成于不同比例的玄武质-安山质新生下地壳与表壳物质混熔作用，其中 A-型花岗岩源区主要为脱水的中-基性下地壳。它们是对早二叠世晚期俯冲板片回撤与弧后伸展的响应。

(7)中三叠世花岗岩基形成于造山后岩石圈地幔滴落与玄武质岩浆底侵诱发的大规模新生地壳和少量古老陆壳重熔。

(8)作为南蒙活动大陆边缘重要组成部分的艾勒格庙-二连浩特地区主要经历了三阶段重要的陆壳生长-演化过程，即早古生代交代地幔楔熔体垂向添加，晚古生代弧下新生地壳再造与年轻表壳物质快速重循环，以及三叠纪造山后幔源物质垂向增生与大规模新生陆壳重熔再造。

参考文献

[1] 白新会，徐仲元，刘正宏，等．中亚造山带东段南缘早志留世岩体锆石 U-Pb 定年、地球化学特征及其地质意义[J]．岩石学报，2015，31(1)：67-79.

[2] 鲍庆中，张长捷，吴之理，等．内蒙古白音高勒地区石炭纪石英闪长岩 SHRIMP 锆石 U-Pb 年代学及其意义[J]．吉林大学学报(地球科学版)，2007，37(1)：15-23.

[3] 鲍庆中，张长捷，吴之理，等．内蒙古东南部晚古生代裂谷区花岗质岩石锆石 SHRIMP U-Pb 定年及其地质意义[J]．中国地质，2007b，34(5)：790-798.

[4] 曾维顺，周建波，张兴洲，等．内蒙古科右前旗大石寨组火山岩锆石 LA-ICP-MS U-Pb 年龄及其形成背景[J]．地质通报，2011，30(2)：270-277.

[5] 陈斌，马星华，刘安坤，等．锡林浩特杂岩和蓝片岩的锆石 U-Pb 年代学及其对索仑缝合带演化的意义[J]．岩石学报，2009，25(12)：3123-3129.

[6] 陈道公，李彬贤，夏群科，等．变质岩中锆石 U-Pb 计时问题评述——兼论大别造山带锆石定年[J]．岩石学报，2001，17(1)：129-138.

[7] 陈衍景，翟明国，蒋少涌．华北大陆边缘造山过程与成矿研究的重要进展和问题[J]．岩石学报，2009，25(11)：3-34.

[8] 陈彦，张志诚，李可，等．内蒙古西乌旗地区二叠纪双峰式火山岩的年代学、地球化学特征和地质意义[J]．北京大学学报自然科学版，2014，50(5)：843-858.

[9] 崔根，王金益，张景仙，等．黑龙江多宝山花岗闪长岩的锆石 SHRIMP U-Pb 年龄及其地质意义[J]．世界地质，2008，27(4)：387-394.

[10] 付冬，葛梦春，黄波，等．内蒙古东乌旗德勒乌拉组的建立及其构造环境初探[J]．地质科技情报，2014，(5)：75-85.

[11] 高峰，郑常青，姚文贵，等．大兴安岭北段扎兰屯哈多河“花岗质糜棱片麻岩”年代学及地球化学特征研究[J]．地质学报，2013，87(9)：1277-1292.

[12] 葛梦春，周文孝，于洋，等．内蒙古锡林郭勒杂岩解体及表壳岩系年代确定[J]．地学前缘，2011，18(5)：182-195.

[13] 葛文春，吴福元，周长勇，等．大兴安岭中部乌兰浩特地区中生代花岗岩的锆石 U-Pb 年龄及地质意义[J]．岩石学报，2005，21(3)：749-762.

[14] 谷丛楠．内蒙古白乃庙地区锆石年龄和 Hf 同位素特征及其构造意义[D/OL]．中国地质

大学(北京), 2012.
[15] 郭志华, 张宝林, 沈晓丽, 等. 蒙古国东南部巨斑状二长花岗岩地球化学特征与岩石成因机制探讨[J]. 吉林大学学报(地球科学版), 2014, 43(3): 776-787.
[16] 何付兵, 徐吉祥, 谷晓丹, 等. 内蒙古东乌珠穆沁旗阿木古楞复式花岗岩体时代、成因及地质意义[J]. 地质论评, 2013, 59(6): 1150-1164.
[17] 贺振宇, 孙立新, 毛玲娟, 等. 北山造山带南部片麻岩和花岗闪长岩的锆石 U-Pb 定年和 Hf 同位素:中元古代的岩浆作用与地壳生长[J]. 科学通报, 2015, (4): 389-399.
[18] 胡霭琴, 韦刚健, 邓文峰, 等. 天山东段 1.4 Ga 花岗闪长质片麻岩 SHRIMP 锆石 U-Pb 年龄及其地质意义[J]. 地球化学, 2006, 35(4): 333-345.
[19] 黄金香, 赵志丹, 张宏飞, 等. 内蒙古温都尔庙和牧场一队-交其尔蛇绿岩的元素与同位素地球化学:对古亚洲洋东部地幔域特征的限制[J]. 岩石学报, 2006, 22(12): 2889-2900.
[20] 贾大成, 卢焱. 吉林中部早古生代弧后盆地地质特征[J]. 吉林地质, 1999, (1): 19-25.
[21] 贾和义, 宝音乌力吉, 张玉清. 内蒙古达茂旗乌德缝合带特征及大地构造意义[J]. 成都理工大学学报(自然科学版), 2003, 30(1): 30-34.
[22] 江思宏, 梁清玲, 刘翼飞, 等. 内蒙古大井矿区及外围岩浆岩锆石 U-Pb 年龄及其对成矿时间的约束[J]. 岩石学报, 2012, 28(2): 495-513.
[23] 李承东, 张福勤, 苗来成, 等. 吉林色洛河晚二叠世高镁安山岩 SHRIMP 锆石年代学及其地球化学特征[J]. 岩石学报, 2007, 23(4): 767-776.
[24] 李承东, 冉皞, 赵利刚, 等. 温都尔庙群锆石的 LA-MC-ICP-MS U-Pb 年龄及构造意义[J]. 岩石学报, 2012, 28(11): 3705-3714.
[25] 李红英, 周志广, 李鹏举, 等. 内蒙古东乌珠穆沁旗晚奥陶世辉长岩地球化学特征及其地质意义[J]. 地质论评, 2016, 62(2): 300-316.
[26] 李继亮. 增生型造山带的基本特征[J]. 地质通报, 2004, 23(9): 947-951.
[27] 李建锋, 张志诚, 韩宝福. 内蒙古达茂旗北部闪长岩锆石 SHRIMP U-Pb、角闪石 $^{40}Ar/^{39}Ar$ 年代学及其地质意义[J]. 岩石矿物学杂志, 2010, 29(6): 732-740.
[28] 李锦轶. 中国北方及邻区地壳构造格架及其形成过程的初步探讨, 中国地质学会 2006 振兴东北老工业区东北亚矿产资源响应学术研讨会[C], 2006.
[29] 李锦轶, 高立明, 孙桂华, 等. 内蒙古东部双井子中三叠世同碰撞壳源花岗岩的确定及其对西伯利亚与中朝古板块碰撞时限的约束[J]. 岩石学报, 2007, 23(3): 565-582.
[30] 李可, 张志诚, 冯志硕, 等. 内蒙古中部巴彦乌拉地区晚石炭世-早二叠世火山岩锆石 SHRIMPU-Pb 定年及其地质意义[J]. 岩石学报, 2014, 30(7): 2041-2054.
[31] 李瑞彪, 徐备, 赵盼, 等. 二连浩特艾力格庙地区蓝片岩相岩石的发现及其构造意义[J]. 科学通报, 2014, (1): 66-71.
[32] 李文仁, 朱相魁, 牟生春, 等. 二连乃达布斯恩塔拉白幅 1:200000 区域地质图及调查报告[R/OL]. 内蒙古自治区地质局, 1965.
[33] 李益龙, 周汉文, 葛梦春, 等. 内蒙古林西县双井片岩北缘混合岩 LA-ICPMS 锆石 U-Pb

年龄[J]. 矿物岩石, 2008, 28(2): 10-16.

[34] 梁玉伟, 余存林, 沈国珍, 等. 内蒙古东乌旗索纳嘎铅锌银矿区花岗岩地球化学特征及其构造与成矿意义[J]. 中国地质, 2013, 40(3): 767-779.

[35] 刘敦一, 简平, 张旗, 等. 内蒙古图林凯蛇绿岩中埃达克岩SHRIMP测年:早古生代洋壳消减的证据[J]. 地质学报, 2003, 77(3): 317-327.

[36] 刘建峰, 迟效国, 张兴洲, 等. 内蒙古西乌旗南部石炭纪石英闪长岩地球化学特征及其构造意义[J]. 地质学报, 2009, 83(3): 365-376.

[37] 刘建峰, 李锦轶, 孙立新, 等. 内蒙古巴林左旗九井子蛇绿岩锆石U-Pb定年:对西拉木伦河缝合带形成演化的约束[J]. 中国地质, 2016, 43(6): 1947-1962.

[38] 刘建雄, 张彤, 许立权. 内蒙古好老鹿场地区晚古生代超基性-基性岩的发现及意义[J]. 地质调查与研究, 2006, 29(1): 21-29.

[39] 刘翼飞, 江思宏, 张义. 内蒙古锡林浩特地区拜仁达坝矿区闪长岩体锆石SHRIMP U-Pb定年及其地质意义[J]. 地质通报, 2010, 29(5): 688-696.

[40] 刘长友. 华北北缘张家口地区三叠纪花岗岩类年代学及地球化学研究[D/OL]. 中国地质大学(北京), 2014.

[41] 柳长峰, 杨帅师, 武将伟, 等. 内蒙古中部四子王旗地区晚二叠-早三叠世过铝花岗岩定年及成因[J]. 地质学报, 2010, 84(7): 1002-1016.

[42] 柳长峰, 刘文灿, 王慧平, 等. 华北克拉通北缘白乃庙组变质火山岩锆石定年与岩石地球化学特征[J]. 地质学报, 2014, 88(7): 1273-1287.

[43] 罗红玲, 吴泰然, 赵磊. 华北板块北缘乌梁斯太A型花岗岩体锆石SHRIMP U-Pb定年及构造意义[J]. 岩石学报, 2009, 25(3): 515-526.

[44] 蒙启安, 万传彪, 朱德丰, 等. 海拉尔盆地"布达特群"的时代归属及其地质意义[J]. 中国科学:地球科学, 2013, 43(5): 779-788.

[45] 聂凤军, 胡朋, 江思宏, 等. 中蒙边境沙麦-玉古兹尔地区钨和钨(钼)矿床地质特征, 形成时代和成因机理[J]. 地球学报, 2010, 31(3): 383-394.

[46] 逄永库, 沈鸿章, 牛乃勋, 等. 二连浩特幅1:200000区域地质矿产图及调查报告[R/OL]. 内蒙古自治区地质局, 1978.

[47] 逄永库, 沈鸿章, 吴荣康, 等. 脑木根幅1:200000区域地质图及调查报告[R/OL]. 内蒙古自治区地质局, 1980.

[48] 裴福萍, 许文良, 杨德彬, 等. 松辽盆地基底变质岩中锆石U-Pb年代学及其地质意义[J]. 科学通报, 2006, 51(24): 2881-2887.

[49] 裴福萍, 王志伟, 曹花花, 等. 吉林省中部地区早古生代英云闪长岩的成因:锆石U-Pb年代学和地球化学证据[J]. 岩石学报, 2014, 30(7): 2009-2019.

[50] 秦亚, 梁一鸿, 邢济麟, 等. 内蒙古正镶白旗地区早古生代O型埃达克岩的厘定及其意义[J]. 地学前缘, 2013, 20(5): 106-114.

[51] 尚恒胜, 陶继雄, 宝音乌力吉, 等. 内蒙古白云鄂博地区早古生代弧-盆体系及其构造意义[J]. 地质调查与研究, 2003, 26(3): 160-168.

[52] 施文翔, 廖群安, 胡远清, 等. 东天山地区中天山地块内中元古代花岗岩的特征及地质

意义[J]. 地质科技情报, 2010, 29(1): 29-37.
[53] 石玉若, 刘敦一, 简平, 等. 内蒙古中部苏尼特左旗富钾花岗岩锆石 SHRIMPU-Pb 年龄[J]. 地质通报, 2005, 24(5): 424-428.
[54] 石玉若, 刘敦一, 张旗, 等. 内蒙古苏左旗白音宝力道 Adakite 质岩类成因探讨及其 SHRIMP 年代学研究[J]. 岩石学报, 2005a, 21(1): 143-150.
[55] 史兴俊, 张磊, 王涛, 等. 阿拉善北部宗乃山地区片麻岩锆石 U-Pb 年龄、Hf 同位素特征及其构造归属探讨[J]. 岩石学报, 2016, 32(11): 3518-3536.
[56] 孙德有, 吴福元, 李惠民, 等. 小兴安岭西北部造山后 A 型花岗岩的时代及与索伦山-贺根山-扎赉特碰撞拼合带东延的关系[J]. 科学通报, 2000, 45(20): 2217-2222.
[57] 孙德有, 吴福元, 高山. 小兴安岭东部清水岩体的锆石激光探针 U-Pb 年龄测定[J]. 地球学报, 2004, 25(2): 213-218.
[58] 孙立新, 任邦方, 赵凤清, 等. 内蒙古锡林浩特地块中元古代花岗片麻岩的锆石 U-Pb 年龄和 Hf 同位素特征[J]. 地质通报, 2013, 32(2-3): 327-340.
[59] 王惠, 王玉净, 陈志勇, 等. 内蒙古牧场一队二叠纪放射虫化石的发现[J]. 地层学杂志, 2005, 29(4): 368-371.
[60] 王挽琼. 华北板块北缘中段晚古生代构造演化:温都尔庙—集宁火成岩年代学、地球化学的制约[D/OL]. 吉林大学, 2014.
[61] 王鑫琳, 张臣, 刘树文, 等. 河北康保地区花岗岩独居石电子探针定年[J]. 岩石学报, 2007, 23(4): 817-822.
[62] 王友, 樊志勇, 方曙, 等. 西拉木伦河北岸新发现地质资料及其构造意义[J]. 内蒙古地质, 1999, 90(1): 6-27.
[63] 吴荣新, 郑永飞, 吴元保. 皖南新元古代花岗闪长岩体锆石 U-Pb 定年以及元素和氧同位素地球化学研究[J]. 岩石学报, 2005, 21(3): 587-606.
[64] 辛后田, 滕学建, 程银行. 内蒙古东乌旗宝力高庙组地层划分及其同位素年代学研究[J]. 地质调查与研究, 2011, 34(1): 1-9.
[65] 徐备, CHARVET J. 张福勤. 内蒙古北部苏尼特左旗蓝片岩岩石学和年代学研究[J]. 地质科学, 2001, 36(4): 424-434.
[66] 徐备, 徐严, 栗进, 等. 内蒙古西部温都尔庙群的时代及其在中亚造山带中的位置[J]. 地学前缘, 2016, 23(6): 120-127.
[67] 许立权, 陶继雄. 内蒙古达茂旗北部奥陶纪花岗岩类特征及其构造意义[J]. 华南地质与矿产, 2003, (1): 17-22.
[68] 许立权, 鞠文信, 刘翠, 等. 内蒙古二连浩特北部阿仁绍布地区晚石炭世花岗岩 Sr-Yb 分类及其成因[J]. 地质通报, 2012, 31(9): 1410-1419.
[69] 薛怀民, 郭利军, 侯增谦, 等. 中亚-蒙古造山带东段的锡林郭勒杂岩: 早华力西期造山作用的产物而非古老陆块? ——锆石 SHRIMP U-Pb 年代学证据[J]. 岩石学报, 2009, 25(8): 640-650.
[70] 叶栩松, 廖群安, 葛梦春. 内蒙古锡林浩特、林西地区三叠纪过铝质花岗岩的成因及构造意义[J]. 地质科技情报, 2011, 30(3): 57-64.

[71] 云飞，聂凤军，江思宏，等．内蒙古莫若格钦地区二长闪长岩锆石 SHRIMP U-Pb 年龄及其地质意义[J]．矿床地质，2011，30(3)：504-510.
[72] 张超．内蒙古苏尼特右旗地区白乃庙群的岩石组合、锆石 U-Pb 年代学特征及地质意义[D/OL]．吉林大学，2013.
[73] 张臣，吴泰然．内蒙古苏左旗南部早古生代蛇绿混杂岩特征及其构造意义[J]．地质科学，1999，(3)：381-389.
[74] 张炯飞，庞庆邦，朱群，等．内蒙古白音宝力道花岗斑岩锆石 U-Pb 定年——白音宝力道金矿成矿主岩的形成时代[J]．地质通报，2004，23(2)：189-192.
[75] 张连昌，英基丰，陈志广，等．大兴安岭南段三叠纪基性火山岩时代与构造环境[J]．岩石学报，2008，24(4)：911-920.
[76] 张万益，聂凤军，江思宏，等．内蒙古查干敖包石英闪长岩锆石 SHRIMP U-Pb 年龄及其地质意义[J]．岩石矿物学杂志，2008，27(3)：177-184.
[77] 张万益，聂凤军，高延光，等．内蒙古查干敖包三叠纪碱性石英闪长岩的地球化学特征及成因[J]．岩石学报，2012，28(2)：525-534.
[78] 张维，简平．内蒙古达茂旗北部早古生代花岗岩类 SHRIMP U-Pb 年代学[J]．地质学报，2008，82(6)：778-787.
[79] 张维，简平，刘敦一，等．内蒙古中部达茂旗地区三叠纪花岗岩和钾玄岩的地球化学、年代学和 Hf 同位素特征[J]．地质通报，2010，29(6)：821-832.
[80] 张晓飞，刘俊来，冯俊岭，等．内蒙古锡林浩特乌拉苏太大石寨组火山岩年代学、地球化学特征及其地质意义[J]．地质通报，2016，35(5)：766-775.
[81] 张晓晖，翟明国．华北北部古生代大陆地壳增生过程中的岩浆作用与成矿效应[J]．岩石学报，2010，(5)：1329-1341.
[82] 张永清，王国明，许雅雯，等．锆石微区原位 U-Pb 定年的测定位置选择方法[J]．地质调查与研究，2015，38(3)：233-238.
[83] 张渝金，张超，吴新伟，等．大兴安岭北段扎兰屯地区晚古生代海相火山岩年代学和地球化学特征及其构造意义[J]．地质学报，2016，90(10)：2706-2720.
[84] 张玉清，苏宏伟．内蒙古宝音图岩群变质基性火山岩锆石 U-Pb 年龄及意义[J]．地质调查与研究，2002，25(4)：199-204.
[85] 张允平，苏养正，李景春．内蒙古中部地区晚志留世西别河组的区域构造学意义[J]．地质通报，2010，29(11)：1599-1605.
[86] 赵磊．华北板块北缘中段晚古生代镁铁-超镁铁岩的岩石地球化学特征及其构造意义[D/OL]．北京大学，2008.
[87] 赵利刚，冉皞，张庆红，等．内蒙古阿巴嘎旗奥陶纪岩体的发现及地质意义[J]．世界地质，2012，31(3)：451-461.
[88] 赵芝，迟效国，刘建峰，等．内蒙古牙克石地区晚古生代弧岩浆岩：年代学及地球化学证据[J]．岩石学报，2010a，26(11)：3245-3258.
[89] 赵芝，迟效国，潘世语，等．小兴安岭西北部石炭纪地层火山岩的锆石 LA-ICP-MS U-Pb 年代学及其地质意义[J]．岩石学报，2010b，26(8)：2452-2464.

[90] 周文孝，葛梦春．内蒙古锡林浩特地区中元古代锡林浩特岩群的厘定及其意义[J]．地球科学-中国地质大学学报，2013，38(4)：715-724.

[91] 朱永峰，孙世华，毛骞，等．内蒙古锡林格勒杂岩的地球化学研究：从 Rodinia 聚合到古亚洲洋闭合后碰撞造山的历史记录[J]．高校地质学报，2004，10(3)：343-355.

[92] ABDEL-RAHMAN A M. Nature of Biotite from Alkaline, Calc-alkaline, and Peraluminous Magmas[J]. Journal of Petrology, 1994, 35(2): 525-541.

[93] AGUILLÓN-ROBLES A, CALMUS T, BENOIT M, Bellon, et al. Late Miocene adakites and Nb-enriched basalts from Vizcaino Peninsula, Mexico: indicators of East Pacific rise subduction below southern Baja California[J]? Geology, 2001, 29(6): 531-534.

[94] ALTHERR R, HOLL A, HEGNER E, et al. High-potassium, calc-alkaline I-type plutonism in the European Variscides: northern Vosges (France) and northern Schwarzwald (Germany)[J]. Lithos, 2000, 50(1): 51-73.

[95] ANTIPIN V, GEREL O, PEREPELOV A, et al. Late Paleozoic and Early Mesozoic rare-metal granites in Central Mongolia and Baikal region: review of geochemistry, possible magma sources and related mineralization[J]. Journal of Geosciences, 2016, 61(1): 105-125.

[96] ARNDT N T. The formation and evolution of the continental crust [J]. Geochemical Perspectives, 2013, 2(3): 405-405.

[97] ATHERTON M P, GHANI A A. Slab breakoff: a model for Caledonian, Late Granite syn-collisional magmatism in the orthotectonic (metamorphic) zone of Scotland and Donegal, Ireland[J]. Lithos, 2002, 62(3): 65-85.

[98] BADARCH G, DICKSON C W, WINDLEY B F. A new terrane subdivision for Mongolia: implications for the Phanerozoic crustal growth of Central Asia[J]. Journal of Asian Earth Sciences, 2002, 21(1): 87-110.

[99] BARBARIN B. A review of the relationships between granitoid types, their origins and their geodynamic environments[J]. Lithos, 1999, 46(3): 605-626.

[100] BARBARIN B. Mafic magmatic enclaves and mafic rocks associated with some granitoids of the central Sierra Nevada batholith, California: nature, origin, and relations with the hosts[J]. Lithos, 2005, 80(1): 155-177.

[101] BARBONI M, BUSSY F. Petrogenesis of magmatic albite granites associated to cogenetic A-type granites: Na-rich residual melt extraction from a partially crystallized A-type granite mush [J]. Lithos, 2013, 177(3): 328-351.

[102] BATCHELOR R A, BOWDEN P. Petrogenetic interpretation of granitoid rock series using multicationic parameters[J]. Chemical Geology, 1985, 48(1): 43-55.

[103] BE'ERI-SHLEVIN Y, KATZIR Y, VALLEY J W. Crustal evolution and recycling in a juvenile continent: Oxygen isotope ratio of zircon in the northern Arabian Nubian Shield[J]. Lithos, 2009, 107(3): 169-184.

[104] BEA F, FERSHTATER G, CORRETGÉ L G. The geochemistry of phosphorus in granite rocks and the effect of aluminium[J]. Lithos, 1992, 29(1): 43-56.

[105] BEARD J S, LOFGREN G E. Dehydration melting and water-saturated melting of basaltic and andesitic greenstones and amphibolites at 1, 3, and 6. 9 kbar[J]. Journal of Petrology, 1991, 32(2): 365-401.

[106] BEARD J S, LOFGREN G E, SINHA A K, et al. Partial melting of apatite-bearing charnockite, granulite, and diorite: Melt compositions, restite mineralogy, and petrologic implications[J]. Journal of Geophysical Research, 1994, 99(B11): 21591-21603.

[107] BECKER A, HOLTZ F, JOHANNES W. Liquidus temperatures and phase compositions in the system Qz-Ab-Or at 5 kbar and very low water activities[J]. Contributions to Mineralogy and Petrology, 1998, 130(3-4): 213-224.

[108] BHATIA M R, CROOK K A W. Trace element characteristics of graywackes and tectonic setting discrimination of sedimentary basins[J]. Contributions to Mineralogy and Petrology, 1986, 92(2): 181-193.

[109] BHATTACHARYA S K, M A, GS-K, et al. Oxygen isotope evidence for crustal contamination in Deccan Basalts[J]. Chemie der Erde-Geochemistry, 2013, 73(1): 105-112.

[110] BIZIMIS M, SEN G, SALTERS V J M. Hf-Nd isotope decoupling in the oceanic lithosphere: constraints from spinel peridotites from Oahu, Hawaii[J]. Earth and Planetary Science Letters, 2004, 217: 43-58.

[111] BLICHERT-TOFT J, ALBARÈDE F. The Lu-Hf isotope geochemistry of chondrites and the evolution of the mantle-crust system[J]. Earth and Planetary Science Letters, 1997, 148: 243-258.

[112] BLIGHT J H S, PETTERSON M G, CROWLEY Q G, et al. The Oyut Ulaan Volcanic Group: stratigraphy, magmatic evolution and timing of Carboniferous arc development in SE Mongolia [J]. Journal of the Geological Society, 2010a, 167(3): 491-509.

[113] BLIGHT J H S, CROWLEY Q G, PETTERSON M G, et al. Granites of the Southern Mongolia Carboniferous Arc: New geochronological and geochemical constraints[J]. Lithos, 2010b, 116 (1): 35-52.

[114] BOILY M, LECLAIR A, MAURICE C, et al. Paleo-to Mesoarchean basement recycling and terrane definition in the Northeastern Superior Province, Québec, Canada[J]. Precambrian Research, 2009, 168(1-2): 23-44.

[115] BOJANOWSKI M J, BARCZUK A, WETZEL A. Deep-burial alteration of early-diagenetic carbonate concretions formed in Palaeozoic deep-marine greywackes and mudstones (Bardo Unit, Sudetes Mountains, Poland)[J]. Sedimentology, 2014, 61(5): 1211-1239.

[116] BONIN B, AZZOUNI-SEKKAL A, BUSSY F, et al. Alkali-calcic and alkaline post-orogenic (PO) granite magmatism: petrologic constraints and geodynamic settings[J]. Lithos, 1998, 45 (1): 45-70.

[117] BONIN B. Do coeval mafic and felsic magmas in post-collisional to within-plate regimes necessarily imply two contrasting, mantle and crustal, sources? A review[J]. Lithos, 2004, 78 (1): 1-24.

[118] BONIN B. A-type granites and related rocks: evolution of a concept, problems and prospects [J]. Lithos, 2007, 97(1): 1-29.

[119] BONS P D. The formation of large quartz veins by rapid ascent of fluids in mobile hydrofractures [J]. Tectonophysics, 2001, 336(1): 1-17.

[120] BONS P D, ARNOLD J, ELBURG M A, et al. Melt extraction and accumulation from partially molten rocks[J]. Lithos, 2004, 78(1-2): 25-42.

[121] BOURDON E, EISSEN J P, GUTSCHER M A, et al. Magmatic response to early aseismic ridge subduction: the Ecuadorian margin case (South America)[J]. Earth and Planetary Science Letters, 2003, 205(3): 123-138.

[122] BREITER K. Nearly contemporaneous evolution of the A-and S-type fractionated granites in the Krušné hory/Erzgebirge Mts., Central Europe[J]. Lithos, 2012, 151: 105-121.

[123] BROWN M, SOLAR G S. The mechanism of ascent and emplacement of granite magma during transpression: a syntectonic granite paradigm[J]. Tectonophysics, 1999, 312(1): 1-33.

[124] BROWN M, RUSHMER T. Evolution and differentiation of the continental crust [M]. Cambridge University Press, 2006.

[125] BUDA G, DOBOSI G. Lamprophyre-derived high-K mafic enclaves in Variscan granitoids from the Mecsek Mts. (South Hungary)[J]. Neues Jahrbuch für Mineralogie-Abhandlungen, 2004, 180(2): 115-147.

[126] CAO H H, XU W L, PEI F P, et al. Zircon U-Pb geochronology and petrogenesis of the Late Paleozoic-Early Mesozoic intrusive rocks in the eastern segment of the northern margin of the North China Block[J]. Lithos, 2013, 170(6): 191-207.

[127] CASTRO A. The source of granites: Inferences from the Lewisian complex[J]. Scottish Journal of Geology, 2004, 40(1): 49-65.

[128] CAWOOD P A, KRONER A, COLLINS W J, et al. Accretionary orogens through Earth history [J]. Geological Society of London Special Publications, 2009, 318(1): 1-36.

[129] CAWOOD P A, HAWKESWORTH C J, DHUIME B. Detrital zircon record and tectonic setting [J]. Geology, 2012, 40(10): 875-878.

[130] CECIL M, ROTBERG G, DUCEA M, et al. Magmatic growth and batholithic root development in the northern Sierra Nevada, California[J]. Geosphere, 2012, 8(3): 592-606.

[131] CERNY P. Rare-element granitic pegmatites. Part I: anatomy and internal evolution of pegmatite deposits[J]. Geoscience Canada, 1991, 18(2): 49-67.

[132] CHAPPELL B, WHITE A J R. Two contrasting granite types[J]. Pacific Geology, 1974, 8: 173-174.

[133] CHAPPELL B, WHITE A J R. I- and S-type granites in the Lachlan Fold Belt [J]. Transactions of the Royal Society of Edinburgh: Earth Sciences, 1992, 83: 1-26.

[134] CHAPPELL B, WHITE A J R. Two contrasting granite types: 25 years later[J]. Australian Journal of Earth Sciences, 2001, 48(4): 489-499.

[135] CHAPPELL B W, WYBORN D. Origin of enclaves in S-type granites of the Lachlan Fold Belt

[J]. Lithos, 2012, 154: 235-247.

[136] CHAUVEL C, LEWIN E, CARPENTIER M, et al. Role of recycled oceanic basalt and sediment in generating the Hf-Nd mantle array[J]. Nature Geoscience, 2008, 1(1): 64-67.

[137] CHEN B, JAHN B M, WILDE S, et al. Two contrasting Paleozoic magmatic belts in northern Inner Mongolia, China: petrogenesis and tectonic implications[J]. Tectonophysics, 2000, 328 (1): 157-182.

[138] CHEN B, ARAKAWA Y. Elemental and Nd-Sr isotopic geochemistry of granitoids from the West Junggar foldbelt (NW China), with implications for Phanerozoic continental growth[J]. Geochimica et Cosmochimica Acta, 2005, 69(5): 1307-1320.

[139] CHEN B, JAHN B M, TIAN W. Evolution of the Solonker suture zone: constraints from zircon U-Pb ages, Hf isotopic ratios and whole-rock Nd-Sr isotope compositions of subduction- and collision-related magmas and forearc sediments[J]. Journal of Asian Earth Sciences, 2009, 34 (3): 245-257.

[140] CHEN B, MA X, WANG Z. Origin of the fluorine-rich highly differentiated granites from the Qianlishan composite plutons (South China) and implications for polymetallic mineralization [J]. Journal of Asian Earth Sciences, 2014, 93(1): 301-314.

[141] CHEN C, ZHANG Z C, GUO Z J, et al. Geochronology, geochemistry, and its geological significance of the Permian Mandula mafic rocks in Damaoqi, Inner Mongolia[J]. Science China Earth Sciences, 2012, 55(1): 39-52.

[142] CHEN C, REN Y S, ZHAO H L, et al. Permian age of the Wudaogou Group in eastern Yanbian: detrital zircon U-Pb constraints on the closure of the Palaeo-Asian Ocean in Northeast China[J]. International Geology Review, 2014, 56(14): 1754-1768.

[143] CHEN Y, ZHANG Z, LI K, et al. Geochemistry and zircon U-Pb-Hf isotopes of Early Paleozoic arc-related volcanic rocks in Sonid Zuoqi, Inner Mongolia: Implications for the tectonic evolution of the southeastern Central Asian Orogenic Belt[J]. Lithos, 2016a, 264: 392-404.

[144] CHENG Y H, TENG X J, LI Y F, et al. Early Permian East-Ujimqin mafic-ultramafic and granitic rocks from the Xing'an-Mongolian Orogenic Belt, North China: Origin, chronology, and tectonic implications[J]. Journal of Asian Earth Sciences, 2014, 96: 361-373.

[145] CLEMENS J D, HOLLOWAY J R, WHITE A J R. Origin of an A-type granite: experimental constraints[J]. American Mineralogist, 1986, 71: 317-324.

[146] CLEMENS J D. S-type granitic magmas-petrogenetic issues, models and evidence[J]. Earth-Science Reviews, 2003, 61(1): 1-18.

[147] CLEMENS J D, DARBYSHIRE D P F, FLINDERS J. Sources of post-orogenic calcalkaline magmas: The Arrochar and Garabal Hill-Glen Fyne complexes, Scotland[J]. Lithos, 2009, 112(3-4): 524-542.

[148] CLEMENS J D, STEVENS G, FARINA F. The enigmatic sources of I-type granites: the peritectic connexion[J]. Lithos, 2011, 126(3): 174-181.

[149] CLIFT P D, SCHOUTEN H, DRAUT A E. A general model of arc-continent collision and subduction polarity reversal from Taiwan and the Irish Caledonides[J]. Geological Society London Special Publications, 2003, 219(1): 81-98.

[150] COCKS L R M, TORSVIK T H. The dynamic evolution of the Palaeozoic geography of eastern Asia[J]. Earth-Science Reviews, 2013, 117: 40-79.

[151] COLE R B, STEWART B W. Continental margin volcanism at sites of spreading ridge subduction: examples from southern Alaska and western California[J]. Tectonophysics, 2009, 464(1): 118-136.

[152] COLLINS W, RICHARDS S. Geodynamic significance of S-type granites in circum-Pacific orogens[J]. Geology, 2008, 36(7): 559-562.

[153] COLLINS W J, BEAMS S D, WHITE A J R, et al. Nature and origin of A-type granites with particular reference to southeastern Australia[J]. Contributions to Mineralogy and Petrology, 1982, 80(2): 189-200.

[154] COLLINS W J. Hot orogens, tectonic switching and creation of continental crust[J]. Geology, 2002, 30(6): 535-538.

[155] CONDIE K C. Incompatible element ratios in oceanic basalts and komatiites: Tracking deep mantle sources and continental growth rates with time[J]. Geochemistry Geophysics Geosystems, 2003, 4(1): 1-28.

[156] CONDIE K C. Accretionary orogens in space and time[J]. Memoir of the Geological Society of America, 2007, 200: 145-158.

[157] CONDIE K C, KRÖNER A. The building blocks of continental crust: evidence for a major change in the tectonic setting of continental growth at the end of the Archean[J]. Gondwana Research, 2013, 23(2): 394-402.

[158] COSTI H T, DALL'AGNOL R, PICHAVANT M, et al. The peralkaline tin-mineralized madeira cryolite albite-rich granite of Pitinga, Amazonian craton, brazil: petrography, mineralogy and crystallization processes[J]. The Canadian Mineralogist, 2009, 47(6): 1301-1327.

[159] COULON C, FOURCADE S, MAURY R C, et al. Post-collisional transition from calc-alkaline to alkaline volcanism during the Neogene in Oranie (Algeria): magmatic expression of a slab breakoff[J]. Lithos, 2002, 62(3): 87-110.

[160] CREASER R A, PRICE R C, WORMALD R J. A-type granites revisited: assessment of a residual-source model[J]. Geology, 1991, 19(2): 163-166.

[161] DAVIDSON J P, ARCULUS R. The significance of Phanerozoic arc magmatism in generating continental crust, In: Brown, M., Rushmer, T. (Eds.)[J]. Cambridge: Cambridge University Press, 2006: 135-172.

[162] DAVIES J H, VON BLANCKENBURG F V. Slab breakoff: A model of lithosphere detachment and its test in the magmatism and deformation of collisional orogens[J]. Earth and Planetary Science Letters, 1995, 129(1-4): 85-102.

[163] DAVIS G A, XU B, ZHENG Y D, et al. Indosinian extension in the Solonker suture zone: The

Sonid Zuoqi metamorphiccore complex, Inner Mongolia, China[J]. Earth Science Frontiers, 2004, 11(3): 135-144.

[164] DE JONG K, XIAO W, WINDLEY B F, et al. Ordovician $^{40}Ar/^{39}Ar$ phengite ages from the blueschist-facies Ondor Sum subduction-accretion complex (Inner Mongolia) and implications for the early Paleozoic history of continental blocks in China and adjacent areas[J]. American Journal of Science, 2006, 106(10): 799-845.

[165] DE LA ROCHE H, LETERRIER J, GRANDCLAUDE P, et al. A classification of volcanic and plutonic rocks using R_1R_2-diagram and major-element analyses-its relationships with current nomenclature[J]. Chemical Geology, 1980, 29(1): 183-210.

[166] DECELLES P G, DUCEA M N, KAPP P, et al. Cyclicity in Cordilleran orogenic systems[J]. Nature Geoscience, 2009, 2(4): 251-257.

[167] DEPAOLO D J, LINN A M, SCHUBERT G. The continental crustal age distribution: methods of determining mantle separation ages from Sm-Nd isotopic data and application to the Southwestern United States[J]. Journal of Geophysical Research Atmospheres, 1991, 96(B2): 2071-2088.

[168] DEWEY J F. Extensional collapse of orogens[J]. Tectonics, 1988, 7(6): 1123-1139.

[169] DILEK Y, MOORES E M. A Tibetan model for the Early Tertiary western United States[J]. Journal of the Geological Society, 1999, 156(5): 929-941.

[170] DING X, SUN W, HUANG F, et al. Different mobility of Nb and Ta along a thermal gradient[J]. Geochimica et Cosmochimica Acta, 2007, 71: A226.

[171] DOSTAL J, CHATTERJEE A K. Lead isotope and trace element composition of K-feldspars from peraluminous granitoids of the Late Devonian South Mountain Batholith (Nova Scotia, Canada): implications for petrogenesis and tectonic reconstruction[J]. Contributions to Mineralogy and Petrology, 2010, 159(4): 563-578.

[172] DOWNES H, BEARD A, HINTON R. Natural experimental charges: an ion-microprobe study of trace element distribution coefficients in glass-rich hornblendite and clinopyroxenite xenoliths[J]. Lithos, 2004, 75(1): 1-17.

[173] DRUMMOND M S, DEFANT M J. A model for trondhjemite-tonalite-dacite genesis and crustal growth via slab melting: Archean to modern comparisons[J]. Journal of Geophysical Research: Solid Earth, 1990, 95(B13): 21503-21521.

[174] DUCEA M. The California arc: thick granitic batholiths, eclogitic residues, lithospheric-scale thrusting, and magmatic flare-ups[J]. GSA Today, 2001, 11(11): 4-10.

[175] DUCEA M N, BARTON M D. Igniting flare-up events in Cordilleran arcs[J]. Geology, 2007, 35(11): 1047-1050.

[176] DUCEA M N, KIDDER S, CHESLEY J T, et al. Tectonic underplating of trench sediments beneath magmatic arcs: The central California example[J]. International Geology Review, 2009, 51(1): 1-26.

[177] DUCEA M N. Fingerprinting orogenic delamination[J]. Geology, 2011, 39(2): 191-192.

[178] DUCEA M N, SALEEBY J B, BERGANTZ G. The architecture, chemistry, and evolution of continental magmatic arcs[J]. Annual Review of Earth and Planetary Sciences, 2015, 43: 299–331.

[179] DUGGEN S, HOERNLE K, BOGAARD P V D, et al. Post-Collisional Transition from Subduction- to Intraplate-type Magmatism in the Westernmost Mediterranean: Evidence for Continental-Edge Delamination of Subcontinental Lithosphere[J]. Journal of Petrology, 2005, 46(6): 1155–1201.

[180] EIZENHÖFER P R, ZHAO G C, ZHANG J, et al. Final closure of the Paleo-Asian Ocean along the Solonker Suture Zone: Constraints from geochronological and geochemical data of Permian volcanic and sedimentary rocks[J]. Tectonics, 2014, 33(4): 441–463.

[181] EIZENHÖFER P R, ZHAO G C, ZHANG J. Geochemical characteristics of the Permian basins and their provenances across the Solonker Suture Zone: Assessment of net crustal growth during the closure of the Palaeo-Asian Ocean[J]. Lithos, 2015, 224: 240–255.

[182] EYAL M, LITVINOVSKY B, JAHN B, et al. Origin and evolution of post-collisional magmatism: coeval Neoproterozoic calc-alkaline and alkaline suites of the Sinai Peninsula[J]. Chemical Geology, 2010, 269(3): 153–179.

[183] FERRE, E C, LEAKE B E. Geodynamic significance of early orogenic high-K crustal and mantle melts: example of the Corsica Batholith[J]. Lithos, 2001, 59(1): 47–67.

[184] FOWLER M B, HENNEY P J. Mixed Caledonian appinite magmas: implications for lamprophyre fractionation and high Ba-Sr granite genesis[J]. Contributions to Mineralogy and Petrology, 1996, 126(1–2): 199–215.

[185] FROST B R, BARNES C G, COLLINS W J, et al. A geochemical classification for granitic rocks[J]. Journal of Petrology, 2001, 42(11): 2033–2048.

[186] FROST B R, FROST C D. On charnockites[J]. Gondwana Research, 2008, 13(1): 30–44.

[187] FROST C D, FROST B R. Reduced rapakivi-type granites: the tholeiite connection[J]. Geology, 1997, 25(7): 647–650.

[188] FU D, HUANG B, PENG S, et al. Geochronology and geochemistry of late Carboniferous volcanic rocks from northern Inner Mongolia, North China: Petrogenesis and tectonic implications[J]. Gondwana Research, 2016, 36: 545–560.

[189] FU L, WEI J, KUSKY T M, et al. Triassic shoshonitic dykes from the northern North China craton: petrogenesis and geodynamic significance[J]. Geological Magazine, 2012, 149(1): 39–55.

[190] GANINO C, HARRIS C, ARNDT N T, et al. Assimilation of carbonate country rock by the parent magma of the Panzhihua Fe-Ti-V deposit (SW China): evidence from stable isotopes[J]. Geoscience Frontiers, 2013, 4(5): 547–554.

[191] GAO J, JOHN T, KLEMD R, et al. Mobilization of Ti-Nb-Ta during subduction: evidence from rutile-bearing dehydration segregations and veins hosted in eclogite, Tianshan, NW China[J]. Geochimica et Cosmochimica Acta, 2007, 71(20): 4974–4996.

[192] GARDIEN V, THOMPSON A B, GRUJIC D, et al. Experimental melting of biotite+plagioclase + quartz muscovite assemblages and implications for crustal melting[J]. Journal of Geophysical Research, 1995, 100(B8): 15,581-15,591.

[193] GEHRELS G, RUSMORE M, WOODSWORTH G, et al. U-Th-Pb geochronology of the Coast Mountains batholith in north-coastal British Columbia: Constraints on age and tectonic evolution [J]. Geological Society of America Bulletin, 2009, 121(9-10): 1341-1361.

[194] GEORGE R, TURNER S, HAWKESWORTH C, et al. Chemical versus Temporal Controls on the Evolution of Tholeiitic and Calc-alkaline Magmas at Two Volcanoes in the Alaska-Aleutian Arc[J]. Journal of Petrology, 2004, 45(1): 203-219.

[195] GERDES A, WORNER G, FINGER F. Hybrids, magma mixing and enriched mantle melts in post-collisional Variscan granitoids: the Rastenberg Pluton, Austria[J]. Geological Society of London Special Publications, 2000, 179: 415-431.

[196] GERYA T V. Intra-oceanic Subduction Zones[J]. Frontiers in Earth Sciences, 2010: 23-51.

[197] GIRARDI J D, PATCHETT P J, DUCEA M N, et al. Elemental and Isotopic Evidence for Granitoid Genesis From Deep-Seated Sources in the Coast Mountains Batholith, British Columbia[J]. Journal of Petrology, 2012, 53(7): 1505-1536.

[198] GOLDSTEIN S L, O'NIONS R K, HAMILTON P J. A Sm-Nd isotopic study of atmospheric dusts and particulates from major river systems[J]. Earth and Planetary Science Letters, 1984, 70(2): 221-236.

[199] GOU J, SUN D Y, REN Y S, et al. Petrogenesis and geodynamic setting of Neoproterozoic and Late Paleozoic magmatism in the Manzhouli-Erguna area of Inner Mongolia, China: Geochronological, geochemical and Hf isotopic evidence[J]. Journal of Asian Earth Sciences, 2013, 67: 114-137.

[200] GRIFFIN W, BELOUSOVA E, WALTERS S, et al. Archaean and Proterozoic crustal evolution in the Eastern Succession of the Mt Isa district, Australia: U-Pb and Hf-isotope studies of detrital zircons[J]. Australian Journal of Earth Sciences, 2006, 53(1): 125-149.

[201] GRIFFIN W L, PEARSON N J, BELOUSOVA E, et al. The Hf isotope composition of cratonic mantle: LA-MC-ICP-MS analysis of zircon megacrysts in kimberlites [J]. Geochimica et Cosmochimica Acta, 2000, 64(1): 133-147.

[202] GRIFFIN W L, WANG X, JACKSON S E, et al. Zircon chemistry and magma mixing, SE China: in-situ analysis of Hf isotopes, Tonglu and Pingtan igneous complexes[J]. Lithos, 2002, 61(3): 237-269.

[203] GROVE T L, TILL C B, KRAWCZYNSKI M J. The Role of H_2O in Subduction Zone Magmatism[J]. Annual Review of Earth and Planetary Sciences, 2012, 40(1): 413-439.

[204] GUIVEL C, LAGABRIELLE Y, BOURGOIS J, et al. New geochemical constraints for the origin of ridge-subduction-related plutonic and volcanic suites from the Chile Triple Junction (Taitao Peninsula and Site 862, LEG ODP141 on the Taitao Ridge) [J]. Tectonophysics, 1999, 311(1-4): 83-111.

[205] GUIVEL C, LAGABRIELLE Y, BOURGOIS J, et al. Very shallow melting of oceanic crust during spreading ridge subduction: Origin of near-trench Quaternary volcanism at the Chile Triple Junction[J]. Journal of Geophysical Research Solid Earth, 2003, 108(B7): 457-470.
[206] GUTIERREZ-ALONSO G, MURPHY J B, FERNANDEZSUAREZ J, et al. Lithospheric delamination in the core of Pangea: Sm-Nd insights from the Iberian mantle[J]. Geology, 2011, 39(2): 155-158.
[207] HÖVELMANN J, PUTNIS A, GEISLER T, et al. The replacement of plagioclase feldspars by albite: observations from hydrothermal experiments [J]. Contributions to Mineralogy and Petrology, 2010, 159(1): 43-59.
[208] HAN J, ZHOU J B, WANG B, et al. The final collision of the CAOB: Constraint from the zircon U-Pb dating of the Linxi Formation, Inner Mongolia[J]. Geoscience Frontiers, 2015, 6(2): 211-225.
[209] HAO L, WEI Q, ZHAO Y, et al. Newly identified Middle-Late Permian mafic-ultramafic intrusions in the southeastern margin of the Central Asian Orogenic Belt: Petrogenesis and its implications[J]. Geochemical Journal, 2015, 49(2): 157-173.
[210] HARRISON T M, WATSON E B. The behaviour of apatite during crustal anatexis: equilibrium and kinetic considerations[J]. Geochim Cosmochim Acta. Geochimica et Cosmochimica Acta, 1984, 48(7): 1467-1477.
[211] HAWKINS J W, BLOOMER S H, EVANS C A, et alT. Evolution of intra-oceanic arc-trench systems[J]. Tectonophysics, 1984, 102(1-4): 175-205.
[212] HE Z Y, KLEMD R, ZHANG Z M, et al. Mesoproterozoic continental arc magmatism and crustal growth in the eastern Central Tianshan Arc Terrane of the southern Central Asian Orogenic Belt: Geochronological and geochemical evidence[J]. Lithos, 2015, 236: 74-89.
[213] HEILIMO E, HALLA J, HÖLTTÄ P. Discrimination and origin of the sanukitoid series: geochemical constraints from the Neoarchean western Karelian Province (Finland)[J]. Lithos, 2010, 115(1): 27-39.
[214] HELO C, HEGNER E, KRÖNER A, et al. Geochemical signature of Paleozoic accretionary complexes of the Central Asian Orogenic Belt in South Mongolia: constraints on arc environments and crustal growth[J]. Chemical Geology, 2006, 227(3): 236-257.
[215] HEUMANN M J, JOHNSON C L, WEBB L E, et al. Paleogeographic reconstruction of a late Paleozoic arc collision zone, southern Mongolia[J]. Geological Society of America Bulletin, 2012, 124(9-10): 1514-1534.
[216] HIBBARD M. Textural anatomy of twelve magma-mixed granitoid systems[M]. Enclaves and granite petrology. Elsevier, Amsterdam, 1991, 431: 444.
[217] HOCHSTAEDTER A, GILL J, PETERS R, et al. Across-arc geochemical trends in the Izu-Bonin arc: Contributions from the subducting slab [J]. Geochemistry, Geophysics, Geosystems, 2001, 2(7).
[218] HOEFS J. Stable isotope geochemistry, 6 ed. [M]. Berlin Heidelberg: Springer-Verlag, 2009.

[219] HOLTZ F, BECKER A, FREISE M, et al. The water-undersaturated and dry Qz-Ab-Or system revisited. Experimental results at very low water activities and geological implications [J]. Contributions to Mineralogy and Petrology, 2001, 141(3): 347-357.

[220] HOSKIN P W O, BLACK L P. Metamorphic zircon formation by solid-state recrystallization of protolith igneous zircon[J]. Journal of Metamorphic Geology, 2000, 18(4): 423-439.

[221] HU C, LI W, XU C, et al. Geochemistry and zircon U-Pb-Hf isotopes of the granitoids of Baolidao and Halatu plutons in Sonidzuoqi area, Inner Mongolia: Implications for petrogenesis and geodynamic setting[J]. Journal of Asian Earth Sciences, 2015, 97: 294-306.

[222] HUANG X L, XU Y G, LI X H, et al. Petrogenesis and tectonic implications of Neoproterozoic, highly fractionated A-type granites from Mianning, South China [J]. Precambrian Research, 2008, 165(3): 190-204.

[223] HULSBOSCH N, HERTOGEN J, DEWAELE S, et al. Alkali metal and rare earth element evolution of rock-forming minerals from the Gatumba area pegmatites (Rwanda): Quantitative assessment of crystal-melt fractionation in the regional zonation of pegmatite groups [J]. Geochimica et Cosmochimica Acta, 2014, 132(3): 349-374.

[224] IIZUKA T, HIRATA T. Improvements of precision and accuracy in in situ Hf isotope microanalysis of zircon using the laser ablation-MC-ICP-MS technique[J]. Chemical Geology, 2005, 220(1-2): 121-137.

[225] ISHIZUKA O, TANI K, REAGAN M K, et al. The timescales of subduction initiation and subsequent evolution of an oceanic island arc[J]. Earth and Planetary Science Letters, 2011, 306(3-4): 229-240.

[226] JAHN B M. The Central Asian Orogenic Belt and growth of the continental crust in the Phanerozoic[J]. Geological Society, London, Special Publications, 2004, 226(1): 73-100.

[227] JAHN B M, WU F Y, CHEN B. Granitoids of the Central Asian Orogenic Belt and continental growth in the Phanerozoic [J]. Earth and Environmental Science Transactions of the Royal Society of Edinburgh, 2000, 91(91): 181-193.

[228] JAHN B M, WU F Y, CAPDEVILA R, et al. Highly evolved juvenile granites with tetrad REE patterns: the Woduhe and Baerzhe granites from the Great Xing'an Mountains in NE China[J]. Lithos, 2001, 59(4): 171-198.

[229] JAHN B M, LITVINOVSKY B A, ZANVILEVICH A N, et al. Peralkaline granitoid magmatism in the Mongolian-Transbaikalian Belt: evolution, petrogenesis and tectonic significance[J]. Lithos, 2009, 113(3): 521-539.

[230] JANOUŠEK V, BRAITHWAITE C J R, BOWES D R, et al. Magma-mixing in the genesis of Hercynian calc-alkaline granitoids: an integrated petrographic and geochemical study of the Sázava intrusion, Central Bohemian Pluton, Czech Republic[J]. Lithos, 2004, 78(1-2): 67-99.

[231] JARRAR G, STERN R, SAFFARINI G, et al. Late-and post-orogenic Neoproterozoic intrusions of Jordan: implications for crustal growth in the northernmost segment of the East

African Orogen[J]. Precambrian Research, 2003, 123(2): 295-319.

[232] JENSEN L. A new cation plot for classifying subalkalic volcanic rocks[J]. Ministry of Natural Resources, 1976.

[233] JIAN P, SHI Y R, ZHANG F Q, et al. Geological excursion to Inner Mongolia, China, to study the accretionary evolution of the southern margin of the Central Asian Orogenic Belt[R]. 2007.

[234] JIAN P, LIU D Y, KRÖNER A, et al. Time scale of an early to mid-Paleozoic orogenic cycle of the long-lived Central Asian Orogenic Belt, Inner Mongolia of China: implications for continental growth[J]. Lithos, 2008, 101(3): 233-259.

[235] JIAN P, LIU D Y, KRÖNER A, et al. Evolution of a Permian intraoceanic arc-trench system in the Solonker suture zone, Central Asian Orogenic Belt, China and Mongolia[J]. Lithos, 2010, 118(1): 169-190.

[236] JIAN P, KRÖNER A, WINDLEY B F, et al. Carboniferous and Cretaceous mafic-ultramafic massifs in Inner Mongolia (China): A SHRIMP zircon and geochemical study of the previously presumed integral "Hegenshan ophiolite"[J]. Lithos, 2012, 142: 48-66.

[237] JIANG Y H, JIANG S Y, LING H F, et al. Petrology and geochemistry of shoshonitic plutons from the western Kunlun orogenic belt, Xinjiang, northwestern China: implications for granitoid geneses [J]. Lithos, 2002, 63(3): 165-187.

[238] JICHA B R, JAGOUTZ O. Magma Production Rates for Intraoceanic Arcs[J]. Elements, 2015, 11(2): 105-111.

[239] JOHANNES W, HOLTZ F. Petrogenesis and Experimental Petrology of Granitic Rocks: Springer Berlin Heidelberg, 1996[M].

[240] JOLLY W T, LIDIAK E G, DICKIN A P, et al. Secular geochemistry of central Puerto Rican island arc lavas: Constraints on Mesozoic tectonism in the eastern Greater Antilles[J]. Journal of Petrology, 2001, 42(12): 2197-2214.

[241] JUNG S, MEZGER K, HOERNES S. Petrology and geochemistry of syn-to post-collisional metaluminous A-type granites—a major and trace element and Nd-Sr-Pb-O isotope study from the Proterozoic Damara Belt, Namibia[J]. Lithos, 1998, 45(1): 147-175.

[242] JUNG S, HOERNES S, MEZGER K. Synorogenic melting of mafic lower crust: constraints from geochronology, petrology and Sr, Nd, Pb and O isotope geochemistry of quartz diorites (Damara orogen, Namibia)[J]. Contributions to Mineralogy and Petrology, 2002, 143(5): 551-566.

[243] JUNG S, PFÄNDER JA. Source composition and melting temperatures of orogenic granitoids: constraints from CaO/Na_2O, Al_2O_3/TiO_2 and accessory mineral saturation thermometry[J]. European Journal of Mineralogy, 2007, 19(6): 859-870.

[244] JUNG S, MASBERG P, MIHM D, et al. Partial melting of diverse crustal sources—constraints from Sr-Nd-O isotope compositions of quartz diorite-granodiorite-leucogranite associations (Kaoko Belt, Namibia)[J]. Lithos, 2009, 111(3): 236-251.

[245] JUNG S, KRÖNER A, HAUFF F, et al. Petrogenesis of synorogenic diorite-granodiorite-granite complexes in the Damara Belt, Namibia: Constraints from U-Pb zircon ages and Sr-Nd-Pb isotopes[J]. Journal of African Earth Sciences, 2015, 101: 253-265.

[246] KÜSTER D, HARMS U. Post-collisional potassic granitoids from the southern and northwestern parts of the Late Neoproterozoic East African Orogen: a review[J]. Lithos, 1998, 45(1): 177-195.

[247] KÜSTER D, LIÉGEOIS J-P, MATUKOV D, et al. Zircon geochronology and Sr, Nd, Pb isotope geochemistry of granitoids from Bayuda Desert and Sabaloka (Sudan): evidence for a Bayudian event (920-900 Ma) preceding the Pan-African orogenic cycle (860-590 Ma) at the eastern boundary of the Saharan Metacraton[J]. Precambrian Research, 2008, 164(1): 16-39.

[248] KAMEI A, OWADA M, NAGAO T, et al. High-Mg diorites derived from sanukitic HMA magmas, Kyushu Island, southwest Japan arc: evidence from clinopyroxene and whole rock compositions[J]. Lithos, 2004, 75(3): 359-371.

[249] KARSLI O, CHEN B, AYDIN F, et al. Geochemical and Sr-Nd-Pb isotopic compositions of the Eocene Dölek and Sariçiçek Plutons, Eastern Turkey: Implications for magma interaction in the genesis of high-K calc-alkaline granitoids in a post-collision extensional setting[J]. Lithos, 2007, 98(1-4): 67-96.

[250] KARSLI O, DOKUZ A, UYSAL I, et al. Relative contributions of crust and mantle to generation of Campanian high-K calc-alkaline I-type granitoids in a subduction setting, with special reference to the Harşit Pluton, Eastern Turkey[J]. Contributions to Mineralogy and Petrology, 2010, 160(4): 467-487.

[251] KARSLI O, CARAN Ş, DOKUZ A, et al. A-type granitoids from the Eastern Pontides, NE Turkey: Records for generation of hybrid A-type rocks in a subduction-related environment[J]. Tectonophysics, 2012, 530: 208-224.

[252] KATZIR Y, EYAL M, LITVINOVSKY B A, et al. Petrogenesis of A-type granites and origin of vertical zoning in the Katharina pluton, Gebel Mussa (Mt. Moses) area, Sinai, Egypt[J]. Lithos, 2007, 95(3-4): 208-228.

[253] KAUR P, CHAUDHRI N, RACZEK I, et al. Record of 1.82 Ga Andean-type continental arc magmatism in NE Rajasthan, India: insights from zircon and Sm-Nd ages, combined with Nd-Sr isotope geochemistry[J]. Gondwana Research, 2009, 16(1): 56-71.

[254] KAY R W, KAY S M. Delamination and delamination magmatism[J]. Tectonophysics, 1993, 219(1): 177-189.

[255] KAYGUSUZ A, SIEBEL W, ŞEN C, et al. Petrochemistry and petrology of I-type granitoids in an arc setting: the composite Torul pluton, Eastern Pontides, NE Turkey[J]. International Journal of Earth Sciences, 2008, 97(4): 739-764.

[256] KELEMEN P B, HANGHØJ K, GREENE A R. 3.18-One View of the Geochemistry of Subduction-Related Magmatic Arcs, with an Emphasis on Primitive Andesite and Lower Crust

[M]. Treatise on geochemistry, 2007(3): 1-70.

[257] KEMP A I S, HAWKESWORTH C J, FOSTER G L, et al. Magmatic and crustal differentiation history of granitic rocks from Hf-O isotopes in zircon[J]. Science, 2007, 315 (5814): 980-983.

[258] KEMP A I S, HAWKESWORTH C J, COLLINS W J, et al. Isotopic evidence for rapid continental growth in an extensional accretionary orogen: the Tasmanides, eastern Australia[J]. Earth and Planetary Science Letters, 2009, 284(3): 455-466.

[259] KERR A, FRYER B J. Nd isotope evidence for crust-mantle interaction in the generation of A-type granitoid suites in Labrador, Canada[J]. Chemical Geology, 1993, 104(1-4): 39-60.

[260] KESSEL R, SCHMIDT M W, ULMER P, et al. Trace element signature of subduction-zone fluids, melts and supercritical liquids at 120 - 180 km depth [J]. Nature, 2005, 437 (7059): 724.

[261] KHAIN E, BIBIKOVA E, KRÖNER A, et al. The most ancient ophiolite of the Central Asian fold belt: U-Pb and Pb-Pb zircon ages for the Dunzhugur Complex, Eastern Sayan, Siberia, and geodynamic implications [J]. Earth and Planetary Science Letters, 2002, 199 (3): 311-325.

[262] KHERASKOVA T N, BUSH V A, DIDENKO A N, et al. Breakup of Rodinia and early stages of evolution of the Paleoasian ocean[J]. Geotectonics, 2010, 44(1): 3-24.

[263] KING P L, WHITE A J R, CHAPPELL B W, et al. Characterization and origin of aluminous A-type granites from the Lachlan Fold Belt, southeastern Australia[J]. Journal of Petrology, 1997, 38(3): 371-391.

[264] KING P L, CHAPPELL B W, ALLEN C M, et al. Are A-type granites the high-temperature felsic granites? Evidence from fractionated granites of the Wangrah Suite[J]. Australian Journal of Earth Sciences, 2001, 48(4): 501-514.

[265] KINOSHITA O. Migration of igneous activities related to ridge subduction in Southwest Japan and the East Asian continental margin from the Mesozoic to the Paleogene[J]. Tectonophysics, 1995, 245(1-2): 25-35.

[266] KOHUT E J, STERN R J, KENT A J R, et al. Evidence for adiabatic decompression melting in the Southern Mariana Arc from high-Mg lavas and melt inclusions [J]. Contributions to Mineralogy and Petrology, 2006, 152(2): 201-221.

[267] KOVALENKO V I, YARMOLUYK V V, SAL'NIKOVA E B, et al. Geology, geochronology, and geodynamics of the Khan Bogd alkali granite pluton in southern Mongolia [J]. Geotectonics, 2006, 40(6): 450-466.

[268] KRÖNER A, WINDLEY B F, BADARCH G, et al. Accretionary growth and crust-formation in the Central Asian Orogenic Belt and comparison with the Arbian-Nubian shield[J]. Memoir of the Geological Society of America, 2007, 200(5): 461.

[269] KUSCU G G, GENELI F. Review of post-collisional volcanism in the Central Anatolian Volcanic Province (Turkey), with special reference to the Tepekoy Volcanic Complex[J].

International Journal of Earth Sciences, 2010, 99(3): 593-621.

[270] KUSKY T M, POLAT A. Growth of granite-greenstone terranes at convergent margins, and stabilization of Archean cratons[J]. Tectonophysics, 1999, 305: 43-73.

[271] LA FLÈCHE M R, CAMIRÉ G, JENNER G A. Geochemistry of post-Acadian, Carboniferous continental intraplate basalts from the Marimes Basin, Magdalen Islands, Quebec, Canada[J]. Chemical Geology, 1998, 148(3-4): 115-136.

[272] LACKEY J S, VALLEY J W, SALEEBY J B. Supracrustal input to magmas in the deep crust of Sierra Nevada batholith: evidence from high-$\delta^{18}O$ zircon[J]. Earth and Planetary Science Letters, 2005, 235(1): 315-330.

[273] LAGABRIELLE Y, GUIVEL C, MAURY RC, et al. Magmatic-tectonic effects of high thermal regime at the site of active ridge subduction: the Chile Triple Junction model[J]. Tectonophysics, 2000, 326(3-4): 255-268.

[274] LAN T G, FAN H R, YANG K F, et al. Geochronology, mineralogy and geochemistry of alkali-feldspar granite and albite granite association from the Changyi area of Jiao-Liao-Ji Belt: Implications for Paleoproterozoic rifting of eastern North China Craton[J]. Precambrian Research, 2015, 266: 86-107.

[275] LANDENBERGER B, COLLINS W J. Derivation of A-type granites from a dehydrated charnockitic lower crust: evidence from the Chaelundi Complex, Eastern Australia[J]. Journal of Petrology, 1996, 37(1): 145-170.

[276] LE MAITRE R W. A Classification of igneous rocks and glossary of terms : recommendations of the International Union of Geological Sciences Subcommission on the Systematics of Igneous Rocks: Blackwell, 1989[M].

[277] LEAKE B E. Nomenclature of amphiboles[J]. The Canadian Mineralogist, 1978, 16(4): 501-520.

[278] LEAT P T, LARTER R D. Intra-oceanic subduction systems: introduction[J]. Geological Society London Special Publications, 2003, 219(1): 1-17.

[279] LEAT P T, PEARCE J A, BARKER P F, et al. Magma genesis and mantle flow at a subducting slab edge: the South Sandwich arc-basin system[J]. Earth and Planetary Science Letters, 2004, 227(1-2): 17-35.

[280] LEITCH A M, WEINBERG R F. Modelling granite migration by mesoscale pervasive flow[J]. Earth and Planetary Science Letters, 2002, 200(1-2): 131-146.

[281] LENG W, GURNIS M, ASIMOW P. From basalts to boninites: The geodynamics of volcanic expression during induced subduction initiation[J]. Lithosphere, 2012, 4(6): 511-523.

[282] LEVASHOVA N M, KALUGIN V M, GIBSHER A S, et al. The origin of the Baydaric microcontinent, Mongolia: Constraints from paleomagnetism and geochronology[J]. Tectonophysics, 2010, 485(1-4): 306-320.

[283] LEVASHOVA N M, MEERT J G, GIBSHER A S, et al. The origin of microcontinents in the Central Asian Orogenic Belt: constraints from paleomagnetism and geochronology[J].

Precambrian Research, 2011, 185(1): 37-54.

[284] LI C F, CHU Z Y, GUO J H, et al. A rapid single column separation scheme for high-precision Sr-Nd-Pb isotopic analysis in geological samples using thermal ionization mass spectrometry[J]. Analytical Methods, 2015, 7(11): 4793-4802.

[285] LI D, CHEN Y, WANG Z, et al. Detrital zircon U-Pb ages, Hf isotopes and tectonic implications for Palaeozoic sedimentary rocks from the Xing-Meng orogenic belt, middle-east part of inner Mongolia, China[J]. Geological Journal, 2011, 46(1): 63-81.

[286] LI D, JIN Y, HOU K, et al. Late Paleozoic final closure of the Paleo-Asian Ocean in the eastern part of the Xing-Meng Orogenic Belt: Constrains from Carboniferous-Permian (meta-) sedimentary strata and (meta-) igneous rocks[J]. Tectonophysics, 2015, 665: 251-262.

[287] LIÉGEOIS J P, NAVEZ J, HERTOGEN J, et al. Contrasting origin of post-collisional high-K calc-alkaline and shoshonitic versus alkaline and peralkaline granitoids. The use of sliding normalization[J]. Lithos, 1998, 45(1-4): 1-28.

[288] LIÉGEOIS J P, STERN R J. Sr-Nd isotopes and geochemistry of granite-gneiss complexes from the Meatiq and Hafafit domes, Eastern Desert, Egypt: no evidence for pre-Neoproterozoic crust [J]. Journal of African Earth Sciences, 2010, 57(1): 31-40.

[289] LI H, ZHOU Z, LI P, et al. Ordovician intrusive rocks from the eastern Central Asian Orogenic Belt in Northeast China: chronology and implications for bidirectional subduction of the early Palaeozoic Palaeo-Asian Ocean[J]. International Geology Review, 2016, 58(10): 1175-1195.

[290] LI J Y. Permian geodynamic setting of Northeast China and adjacent regions: closure of the Paleo-Asian Ocean and subduction of the Paleo-Pacific Plate[J]. Journal of Asian Earth Sciences, 2006, 26(3): 207-224.

[291] LI Q L, LI X H, LIU Y, et al. Precise U-Pb and Pb-Pb dating of Phanerozoic baddeleyite by SIMS with oxygen flooding technique[J]. Journal of Analytical Atomic Spectrometry, 2010, 25 (7): 1107-1113.

[292] LI S, WANG T, WILDE S A, et al. Evolution, source and tectonic significance of Early Mesozoic granitoid magmatism in the Central Asian Orogenic Belt (central segment)[J]. Earth-Science Reviews, 2013, 126(11): 206-234.

[293] LI S, WILDE S A, HE Z J, et al. Triassic sedimentation and postaccretionary crustal evolution along the Solonker suture zone in Inner Mongolia, China[J]. Tectonics, 2014, 33(6): 960-981.

[294] LI S, CHUNG S L, , WILDE S A, et al. Linking magmatism with collision in an accretionary orogen[J]. Scientific Reports, 2016a, 6: 25751.

[295] LI S, WILDE S A, WANG T, et al. Latest Early Permian granitic magmatism in southern Inner Mongolia, China: Implications for the tectonic evolution of the southeastern Central Asian Orogenic Belt[J]. Gondwana Research, 2016b, 29(1): 168-180.

[296] LI S, CHUNG S L, WILDE S A, et al. Early-Middle Triassic high Sr/Y granitoids in the

southern Central Asian Orogenic Belt: Implications for ocean closure in accretionary orogens[J]. Journal of Geophysical Research Solid Earth, 2017, 122: 2291-2309.

[297] LI W, HU C, ZHONG R, et al. U-Pb, $^{39}Ar/^{40}Ar$ geochronology of the metamorphosed volcanic rocks of the Bainaimiao Group in central Inner Mongolia and its implications for ore genesis and geodynamic setting[J]. Journal of Asian Earth Sciences, 2015, 97: 251-259.

[298] LI X H, LONG W G, LI Q L, et al. Penglai zircon megacrysts: a potential new working reference material for microbeam determination of Hf-O isotopes and U-Pb age[J]. Geostandards and Geoanalytical Research, 2010, 34(2): 117-134.

[299] LI X H, TANG G Q, GONG B, et al. Qinghu zircon: A working reference for microbeam analysis of U-Pb age and Hf and O isotopes[J]. Chinese Science Bulletin, 2013, 58(36): 4647-4654.

[300] LI Y, ZHOU H, BROUWER F M, et al. Tectonic significance of the Xilin Gol Complex, Inner Mongolia, China: petrological, geochemical and U-Pb zircon age constraints[J]. Journal of Asian Earth Sciences, 2011, 42(5): 1018-1029.

[301] LI Y, ZHOU H, BROUWER F M, et al. Nature and timing of the Solonker suture of the Central Asian Orogenic Belt: insights from geochronology and geochemistry of basic intrusions in the Xilin Gol Complex, Inner Mongolia, China[J]. International Journal of Earth Sciences, 2014a, 103(1): 41-60.

[302] LI Y L, ZHANG H F, GUO J H, et al. Petrogenesis of the Huili Paleoproterozoic leucogranite in the Jiaobei Terrane of the North China Craton: A highly fractionated albite granite forced by K-feldspar fractionation[J]. Chemical Geology, 2017a, 450: 165-182.

[303] LI Y, BROUWER F M, XIAO W, et al. Subduction-related metasomatic mantle source in the eastern Central Asian Orogenic Belt: Evidence from amphibolites in the Xilingol Complex, Inner Mongolia, China[J]. Gondwana Research, 2017b, 43: 193-212.

[304] Li, Y L, Zhou, H W, Brouwer, F M, Xiao, W J, Wijbrans, J R, Zhong, Z Q. Early Paleozoic to Middle Triassic bivergent accretion in the Central Asian Orogenic Belt: insights from zircon U-Pb dating of ductile shear zones in central Inner Mongolia, China. Lithos, 2014b, 205: 84-111.

[305] LI Z X, ZHANG L, POWELL C M. Positions of the East Asian cratons in the Neoproterozoic supercontinent Rodinia[J]. Journal of African Earth Sciences, 1996, 43(43): 593-604.

[306] LING M X, WANG F Y, DING X, et al. Cretaceous ridge subduction along the lower Yangtze River belt, eastern China[J]. Economic Geology, 2009, 104(2): 303-321.

[307] LING M X, ZHANG H, LI H, et al. The Permian-Triassic granitoids in Bayan Obo, North China Craton: A geochemical and geochronological study[J]. Lithos, 2014, 190-191(2): 430-439.

[308] LITVINOVSKY B A, TSYGANKOV A A, JAHN B M, et al. Origin and evolution of overlapping calc-alkaline and alkaline magmas: the Late Palaeozoic post-collisional igneous province of Transbaikalia (Russia)[J]. Lithos, 2011, 125(3): 845-874.

[309] LIU J F, CHI X G, ZHAO Z, et al. Geochemical characteristics and geological significance of early Permian Baya'ertuhushuo gabbro in South Great Xing'an Range[J]. Acta Geologica Sinica (English Edition), 2011, 85(1): 116-129.

[310] LIU J F, LI J Y, CHI X G, et al. A late-Carboniferous to early early-Permian subduction-accretion complex in Daqing pasture, southeastern Inner Mongolia: Evidence of northward subduction beneath the Siberian paleoplate southern margin[J]. Lithos, 2013, 177: 285-296.

[311] LIU W, SIEBEL W, LI X J, et al. Petrogenesis of the Linxi granitoids, northern Inner Mongolia of China: constraints on basaltic underplating[J]. Chemical Geology, 2005, 219(1): 5-35.

[312] LIU Y, ZONG K, KELEMEN P B, et al. Geochemistry and magmatic history of eclogites and ultramafic rocks from the Chinese continental scientific drill hole: subduction and ultrahigh-pressure metamorphism of lower crustal cumulates[J]. Chemical Geology, 2008, 247(1): 133-153.

[313] LIU Y S, WANG X, WANG D, et al. Triassic high-Mg adakitic andesites from Linxi, Inner Mongolia: Insights into the fate of the Paleo-Asian ocean crust and fossil slab-derived melt-peridotite interaction[J]. Chemical Geology, 2012, 328(11): 89-108.

[314] LOISELLE M C, WONES D R. Characteristics and origin of anorogenic granites, Geological Society of America Abstracts with Programs[J], 1979, 11(7): 468.

[315] LU Y H, MAKISHIMA A, NAKAMURA E. Purification of Hf in silicate materials using extraction chromatographic resin, and its application to precise determination of $^{176}Hf/^{177}Hf$ by MC-ICP-MS with ^{179}Hf spike[J]. Journal of Analytical Atomic Spectrometry, 2007, 22(1): 69-76.

[316] LUCASSEN F, KRAMER W, BARTSCH V, et al. Nd, Pb, and Sr isotope composition of juvenile magmatism in the Mesozoic large magmatic province of northern Chile (18-27°S): indications for a uniform subarc mantle[J]. Contributions to Mineralogy and Petrology, 2006, 152(5): 571-589.

[317] LUO Z W, XU B, SHI G Z, et al. Solonker ophiolite in Inner Mongolia, China: A late Permian continental margin-type ophiolite[J]. Lithos, 2016, 261: 72-91.

[318] LUSTRINO M, MORRA V, FEDELE L, et al. The transition between 'orogenic' and 'anorogenic' magmatism in the western Mediterranean area: the Middle Miocene volcanic rocks of Isola del Toro (SW Sardinia, Italy)[J]. Terra Nova, 2007, 19(2): 148-159.

[319] LUTH W C, JAHNS R H, TUTTLE O F. The granite system at pressures of 4 to 10 kilobars[J]. Journal of Geophysical Research, 1964, 69(4): 759-773.

[320] MACDONALD R, HAWKESWORTH C J, HEATH E. The Lesser Antilles volcanic chain: a study in arc magmatism[J]. Earth-Science Reviews, 2000, 49(1): 1-76.

[321] MACKENZIE D E, BLACK L P, SUN S S. Origin of alkali-feldspar granites: An example from the Poimena Granite, northeastern Tasmania, Australia[J]. Geochimica et Cosmochimica Acta, 1988, 52(10): 2507-2524.

[322] MAMANI M, WORNER G, SEMPERE T. Geochemical variations in igneous rocks of the Central Andean orocline (13°S to 18°S): Tracing crustal thickening and magma generation through time and space[J]. Geological Society of America Bulletin, 2010, 122(1): 162-182.

[323] MANIAR P D, PICCOLI P M. Tectonic discrimination of granitoids[J]. Geological Society of America Bulletin, 1989, 101(5): 635-643.

[324] MANLEY C R, GLAZNER A F, FARMER G L. Timing of volcanism in the Sierra Nevada of California: Evidence for Pliocene delamination of the batholithic root[J]? Geology, 2000, 28(9): 811-814.

[325] MARCHESI C, GARRIDO C J, BOSCH D, et al. Geochemistry of Cretaceous Magmatism in Eastern Cuba: Recycling of North American Continental Sediments and Implications for Subduction Polarity in the Greater Antilles Paleo-arc[J]. Journal of Petrology, 2007, 48(9): 1813-1840.

[326] MARTIN H. Effect of steeper Archean geothermal gradient on geochemistry of subduction-zone magmas[J]. Geology, 1986, 14(9): 753-756.

[327] MARTIN H, SMITHIES R H, RAPP R, et al. An overview of adakite, tonalite-trondhjemite-granodiorite (TTG), and sanukitoid: relationships and some implications for crustal evolution [J]. Lithos, 2005, 79(1): 1-24.

[328] MAURY R C, FOURCADE S, COULON C, et al. Post-collisional Neogene magmatism of the Mediterranean Maghreb margin: a consequence ofslab breakoff [J]. Comptes Rendus de l'Académie des Sciences-Series IIA-Earth and Planetary Science, 2000, 331(3): 159-173.

[329] MEISSNER R, MOONEY W. Weakness of the lower continental crust: a condition for delamination, uplift, and escape[J]. Tectonophysics, 1998, 296(296): 47-60.

[330] MELEZHIK V A, HELDAL T, ROBERTS D, et al. Depositional environment and apparent age of the Fauske carbonate conglomerate, North Norwegian Caledonides[J]. Norges Geologiske Undersokelse Bulletin, 2000, 436: 147-168.

[331] MENG Q R, WEI H H, WU G L, et al. Early Mesozoic tectonic settings of the northern North China craton[J]. Tectonophysics, 2014, 611: 155-166.

[332] MESCHEDE M. A method of discriminating between different type of mid-ocean ridge basalts and Continental thoeiites with the Nb-Zr-Y diagram[J]. Chemical Geology, 1986, 56(3): 207-218.

[333] MIAO L, QIU Y, MCNAUGHTON N, et al. SHRIMP U-Pb zircon geochronology of granitoids from Dongping area, Hebei Province, China: constraints on tectonic evolution and geodynamic setting for gold metallogeny[J]. Ore Geology Reviews, 2002, 19(3): 187-204.

[334] MIAO L, FAN W, ZHANG F, et al. Zircon SHRIMP geochronology of the Xinkailing-Kele complex in the northwestern Lesser Xing'an Range, and its geological implications[J]. Science Bulletin, 2004, 49(2): 201-209.

[335] MIAO L, ZHANG F, FAN W M, et al. Phanerozoic evolution of the Inner Mongolia Daxinganling orogenic belt in North China: constraints from geochronology of ophiolites and

associated formations[J]. Geological Society London Special Publications, 2007a, 280(1): 223-237.

[336] MIAO L C, FAN W M, LIU D Y, et al. Geochronology and geochemistry of the Hegenshan ophiolitic complex: Implications for late-stage tectonic evolution of the Inner Mongolia-Daxinganling Orogenic Belt, China[J]. Journal of Asian Earth Sciences, 2008, 32(5): 348-370.

[337] MICHELFELDER G S, FEELEY T C, WILDER A D, et al. Modification of the Continental Crust by Subduction Zone Magmatism and Vice-Versa: Across-Strike Geochemical Variations of Silicic Lavas from Individual Eruptive Centers in the Andean Central Volcanic Zone[J]. Geosciences, 2013, 3(4): 633-667.

[338] MILLER C F, MCDOWELL S M, MAPES R W. Hot and cold granites? Implications of zircon saturation temperatures and preservation of inheritance[J]. Geology, 2003, 31(6): 529-532.

[339] MILLER R B, PATERSON S R, MATZEL J P. Plutonism at different crustal levels: Insights from the 5 to 40 km (paleodepth) North Cascades crustal section, Washington[J]. Geological Society of America Special Papers, 2009, 456: 125-149.

[340] MINGRAM B, TRUMBULL R B, LITTMAN S, et al. A petrogenetic study of anorogenic felsic magmatism in the Cretaceous Paresis ring complex, Namibia: evidence for mixing of crust and mantle-derived components[J]. Lithos, 2000, 54(1-2): 1-22.

[341] MOGHAZI A. Geochemistry and petrogenesis of a high-K calc-alkaline Dokhan Volcanic suite, South Safaga area, Egypt: the role of late Neoproterozoic crustal extension[J]. Precambrian Research, 2003, 125(1): 161-178.

[342] MOLINA J F, SCARROW J H, MONTERO P G, et al. High-Ti amphibole as a petrogenetic indicator of magma chemistry: evidence for mildly alkalic-hybrid melts during evolution of Variscan basic-ultrabasic magmatism of Central Iberia[J]. Contributions to Mineralogy and Petrology, 2009, 158(1): 69-98.

[343] MONTEL J M, VIELZEUF D. Partial melting of metagreywackes, Part II. Compositions of minerals and melts[J]. Contributions to Mineralogy and Petrology, 1997, 128(2-3): 176-196.

[344] MOREL M L A, NEBEL O, NEBEL-JACOBSEN Y J, et al. Hafnium isotope characterization of the GJ-1 zircon reference material by solution and laser-ablation MC-ICPMS[J]. Chemical Geology, 2008, 255(1): 231-235.

[345] MORIMOTO N. Nomenclature of Pyroxenes[J]. Mineralogy and Petrology, 1988, 39(1): 55-76.

[346] MURPHY J B. Igneous Rock Associations 7. Arc magmatism I: relationship between subduction and magma genesis[J]. Geoscience Canada, 2006, 33(4): 145-167.

[347] MURPHY J B. Igneous rock associations 8. Arc magmatism II: geochemical and isotopic characteristics[J]. Geoscience Canada, 2007, 34(1): 7-35.

[348] MUSHKIN A, NAVON O, HALICZ L, et al. The petrogenesis of A-type magmas from the

Amram Massif, southern Israel[J]. Journal of Petrology, 2003, 44(5): 815-832.

[349] MYERS J D, MARSH B D, FROST C D, et al. Petrologic constraints on the spatial distribution of crustal magma chambers, Atka Volcanic Center, central Aleutian arc [J]. Contributions to Mineralogy and Petrology, 2002, 143(5): 567-586.

[350] NABELEK P I, RUSS-NABELEK C, DENISON J R. The generation and crystallization conditions of the Proterozoic Harney Peak Leucogranite, Black Hills, South Dakota, USA: Petrologic and geochemical constraints[J]. Contributions to Mineralogy and Petrology, 1992, 110(2): 173-191.

[351] NESBITT, YOUNG G M. Early proterozoic climates and plate motions inferred from major element chemistry of lutites[J]. Nature, 1982, 299(5885): 715-717.

[352] NJANKO T, NÉDÉLEC A, AFFATON P. Synkinematic high-K calc-alkaline plutons associated with the Pan-African Central Cameroon shear zone (W-Tibati area): Petrology and geodynamic significance[J]. Journal of African Earth Sciences, 2006, 44(4-5): 494-510.

[353] OYHANTÇABAL P, SIEGESMUND S, WEMMER K, et al. Post-collisional transition from calc-alkaline to alkaline magmatism during transcurrent deformation in the southernmost Dom Feliciano Belt (Braziliano-Pan-African, Uruguay)[J]. Lithos, 2007, 98(1): 141-159.

[354] PARAT F, HOLTZ F, RENÉ M, et al. Experimental constraints on ultrapotassic magmatism from the Bohemian Massif (durbachite series, Czech Republic) [J]. Contributions to Mineralogy and Petrology, 2010, 159(3): 331-347.

[355] PATERSON S R, OKAYA D, MEMETI V, et al. Magma addition and flux calculations of incrementally constructed magma chambers in continental margin arcs: Combined field, geochronologic, and thermal modeling studies[J]. Geosphere, 2011, 7(6): 1439-1468.

[356] PATERSON S R, DUCEA M N. Arc Magmatic Tempos: Gathering the Evidence [J]. Elements, 2015, 11(2): 91-98.

[357] PATI J K, PATEL S C, PRUSETH K L, et al. Geology and geochemistry of giant quartz veins from the Bundelkhand Craton, central India and their implications[J]. Journal of Earth System Science, 2007, 116(6): 497-510.

[358] PATIÑO D, ALBERTO E, JOHNSTON A D. Phase equilibria and melt productivity in the pelitic system: implications for the origin of peraluminous granitoids and aluminous granulites [J]. Contributions to Mineralogy and Petrology, 1991, 107(107): 202-218.

[359] PATIÑO DOUCE A E, BEARD J S. Effects of P, f(O_2) and Mg/Fe ratio on dehydration melting of model metagreywackes[J]. Journal of Petrology, 1996, 37(5): 999-1024.

[360] PATIÑO DOUCE A E. Generation of metaluminous A-type granites by low-pressure melting of calc-alkaline granitoids[J]. Geology, 1997, 25(8): 743-746.

[361] PATIÑO DOUCE A E, HARRIS N. Experimental constraints on Himalayan anatexis [J]. Journal of Petrology, 1998, 39(4): 689-710.

[362] PATIÑO DOUCE A E P, MCCARTHY T C. Melting of crustal rocks during continentalcollision and subduction: Springer Netherlands, 1998[M].

[363] PATIÑO DOUCE A E, BEARD J S. Dehydration-melting of biotite gneiss and quartz amphibolite from 3 to 15 kbar[J]. Journal of Petrology, 1995, 36(3): 707-738.

[364] PEARCE J A, HARRIS N B, TINDLE A G. Trace element discrimination diagrams for the tectonic interpretation of granitic rocks[J]. Journal of Petrology, 1984, 25(4): 956-983.

[365] PEARCE J A. Sources and settings of granitic rocks[J]. Episodes, 1996, 19(4): 120-125.

[366] PECCERILLO A, TAYLOR S R. Geochemistry of Eocene calc-alkaline volcanic rocks from the Kastamonu area, northern Turkey[J]. Contributions to Mineralogy and Petrology, 1976, 58(1): 63-81.

[367] PECK W H, VALLEY J W, CORRIVEAU L, et al. Oxygen-isotope constraints on terrane boundaries and origin of 1.18-1.13 Ga granitoids in the southern Grenville Province[J]. Geological Society of America Memoirs, 2004, 197: 163-182.

[368] PEI F P, ZHANG Y, WANG Z W, et al. Early-Middle Paleozoic subduction-collision history of the south-eastern Central Asian Orogenic Belt: Evidence from igneous and metasedimentary rocks of central Jilin Province, NE China[J]. Lithos, 2016, 261: 164-180.

[369] PICKETT D A, SALEEBY J B. Nd, Sr, and Pb isotopic characteristics of Cretaceous intrusive rocks from deep levels of the Sierra Nevada batholith, Tehachapi Mountains, California[J]. Contributions to Mineralogy and Petrology, 1994, 118(2): 198-215.

[370] PITCHER W S. Appinites, diatremes and granodiorites: the interaction of 'wet' basalt with granite: Springer Netherlands, 1997a: 168-182[R].

[371] PITCHER W S. The nature and origin of granite: Springer Science and Business Media, 1997b. [M]

[372] PLANK T, LANGMUIR C H. The chemical composition of subducting sediment and its consequences for the crust and mantle[J]. Chemical Geology, 1998, 145(3-4): 325-394.

[373] POLI G E, TOMMASINI S. Model for the Origin and Significance of Microgranular Enclaves in Calc-alkaline Granitoids[J]. Journal of Petrology, 1991, 32(3): 657-666.

[374] PORTNYAGIN M, HOERNLE K, PLECHOV P, et al. Constraints on mantle melting and composition and nature of slab components in volcanic arcs from volatiles (H_2O, S, Cl, F) and trace elements in melt inclusions from the Kamchatka Arc[J]. Earth and Planetary Science Letters, 2007, 255(1-2): 53-69.

[375] PROENZA J A, DÍAZMARTÍNEZ R, IRIONDO A, et al. Primitive Cretaceous island-arc volcanic rocks in eastern Cuba: the Téneme Formation[J]. Geologica Acta, 2006, 4(1): 103-122.

[376] RAJESH H M, SANTOSH M. Charnockitic magmatism in southern India[J]. Journal of Earth System Science, 2004, 113(4): 565-585.

[377] RAPP R P, WATSON E B, MILLER C F. Partial melting of amphibolite/eclogite and the origin of Archean trondhjemites and tonalites[J]. Precambrian Research, 1991, 51(1): 1-25.

[378] RAPP R P. Amphibole-out phase boundary in partially melted metabasalt, its control over

liquid fraction and composition, and source permeability[J]. Journal of Geophysical Research: Solid Earth, 1995, 100(B8): 15601-15610.

[379] RAPP R P, WATSON E B. Dehydration melting of metabasalt at 8-32 kbar: implications for continental growth and crust-mantle recycling[J]. Journal of Petrology, 1995, 36(4): 891-931.

[380] RAUMER J F V, FINGER F, VESELÁ P, et al. Durbachites-Vaugnerites—a geodynamic marker in the central European Variscan orogen[J]. Terra Nova, 2014, 26(2): 85-95.

[381] REAGAN M K, ISHIZUKA O, STERN R J, et al. Forearc basalts and subduction initiation in the Izu-Bonin-Mariana system[J]. Geochemistry Geophysics Geosystems, 2013, 11(3): 427-428.

[382] REN L, YANG C, DU L. Petrological implication of the albite rims in the felsic gneisses of the Fuping complex[J]. Acta Geologica Sinica (English Edition), 2012, 86(2): 430-439.

[383] REY P, VANDERHAEGHE O, TEYSSIER C. Gravitational collapse of the continental crust: definition, regimes and modes[J]. Tectonophysics, 2001, 342(3-4): 435-449.

[384] RICHARDS J P, CHAPPELL B W, MCCULLOCH M T. Intraplate-type magmatism in a continent-island-arc collision zone: Porgera intrusive complex, Papua New Guinea[J]. Geology, 1990, 18(10): 958-961.

[385] RICKWOOD P C. Boundary lines within petrologic diagrams which use oxides of major and minor elements[J]. Lithos, 1989, 22(4): 247-263.

[386] ROBERTS M, PIN C, CLEMENS J D, et al. Petrogenesis of mafic to felsic plutonic rock associations: the calc-alkaline Quérigut complex, French Pyrenees[J]. Journal of Petrology, 2000, 41(6): 809-844.

[387] ROBERTS M P, CLEMENS J D. Origin of high-potassium, talc-alkaline, I-type granitoids[J]. Geology, 1993, 21(9): 825.

[388] ROMICK J D, KAY S M, KAY R W. The influence of amphibole fractionation on the evolution of calc-alkaline andesite and dacite tephra from the central Aleutians, Alaska[J]. Contributions to Mineralogy and Petrology, 1992, 112(1): 101-118.

[389] RUDNICK R L. Making continental crust[J]. Nature, 1995, 378(6557): 571-578.

[390] RUSHMER T. Partial melting of two amphibolites: contrasting experimental results under fluid-absent conditions[J]. Contributions to Mineralogy and Petrology, 1991, 107(1): 41-59.

[391] SÖDERLUND U, PATCHETT P J, VERVOORT J D, et al. The ^{176}Lu decay constant determined by Lu-Hf and U-Pb isotope systematics of Precambrian mafic intrusions[J]. Earth and Planetary Science Letters, 2004, 219: 311-324.

[392] SACKS P E, SECOR D T. Delamination in collisional orogens[J]. Geology; (USA), 1990, 18:10(10): 999-1002.

[393] SAJONA F G, MAURY R C, BELLON H, et al. Initiation of subduction and the generation of slab melts in western and eastern Mindanao, Philippines[J]. Geology, 1993, 21(11): 1007-1010.

[394] SAMANIEGO P, ROBIN C, CHAZOT G, et al. Evolving metasomatic agent in the Northern Andean subduction zone, deduced from magma composition of the long-lived Pichincha volcanic complex (Ecuador) [J]. Contributions to Mineralogy and Petrology, 2010, 160 (2): 239–260.

[395] SATO M, SHUTO K, NOHARA-IMANAKA R, et al. Repeated magmatism at 34°Ma and 23–20° Ma producing high magnesian adakitic andesites and transitional basalts on southern Okushiri Island, NE Japan arc[J]. Lithos, 2014, 205: 60–83.

[396] SCARROW J H, MOLINA J F, BEA F, et al. Within-plate calc-alkaline rocks: Insights from alkaline mafic magma-peraluminous crustal melt hybrid appinites of the Central Iberian Variscan continental collision[J]. Lithos, 2009, 110(1): 50–64.

[397] SENGÖR A, NATAL'IN B, BURTMAN V. Evolution of the Altaid tectonic collage and Palaeozoic crustal growth in Eurasia[J]. Nature, 1993, 364: 299–307.

[398] SHANG Q. Occurrences of Permian radiolarians in central and eastern Nei Mongol (Inner Mongolia) and their geological significance to the Northern China Orogen[J]. Science Bulletin, 2004, 49(24): 2613–2619.

[399] SHAW D M. The Origin of the Apsley Gneiss, Ontario [J]. Canadian Journal of Earth Sciences, 1972, 9(1): 18–35.

[400] SHERVAIS J W. Ti-V plots and the petrogenesis of modern and ophiolitic lavas[J]. Earth and Planetary Science Letters, 1982, 59(1): 101–118.

[401] SHERVAIS J W. Birth, death, and resurrection: The life cycle of suprasubduction zone ophiolites[J]. Geochemistry Geophysics Geosystems, 2001, 2(1): 148–159.

[402] SHERVAIS J W, KIMBROUGH D L, RENNE P, et al. Multi-Stage Origin of the Coast Range Ophiolite, California: Implications for the Life Cycle of Supra-Subduction Zone Ophiolites[J]. International Geology Review, 2004, 46(4): 289–315.

[403] SHI G, LIU D, ZHANG F, et al. SHRIMP U-Pb zircon geochronology and its implications on the Xilin Gol Complex, Inner Mongolia, China[J]. Chinese Science Bulletin, 2003, 48(24): 2742–2748.

[404] SHI G, MIAO L, ZHANG F, et al. Emplacement age and tectonic implications of the Xilinhot A-type granite in Inner Mongolia, China[J]. Science Bulletin, 2004, 49(7): 723–729.

[405] SHI L, ZHENG C, YAO W, et al. Geochronological framework and tectonic setting of the granitic magmatism in the Chaihe-Moguqi region, central Great Xing'an Range, China[J]. Journal of Asian Earth Sciences, 2015, 113: 443–453.

[406] SHI Y, ANDERSON J L, LI L, et al. Zircon ages and Hf isotopic compositions of Permian and Triassic A-type granites from central Inner Mongolia and their significance for late Palaeozoic and early Mesozoic evolution of the Central Asian Orogenic Belt [J]. International Geology Review, 2016, 117(8): 153–169.

[407] SHIBATA T, NAKAMURA E. Across-arc variations of isotope and trace element compositions from Quaternary basaltic volcanic rocks in northeastern Japan: Implications for interaction

between subducted oceanic slab and mantle wedge[J]. Journal of Geophysical Research: Solid Earth, 1997, 102(B4): 8051-8064.

[408] SHIMODA G, TATSUMI Y, NOHDA S, et al. Setouchi high-Mg andesites revisited: geochemical evidence for melting of subducting sediments[J]. Earth and Planetary Science Letters, 1998, 160(3): 479-492.

[409] SHINJO R. Geochemistry of high Mg andesites and the tectonic evolution of the Okinawa Trough-Ryukyu arc system[J]. Chemical Geology, 1999, 157(1): 69-88.

[410] SIMONEN A. Stratigraphy and sedimentation of the Svecofennidic, early Archean supracrustal rocks in southwestern Finland[J]. Bulletin of the Geological Society of Finland, 1953, 160: 1-64.

[411] SINGH J, JOHANNES W. Dehydration melting of tonalites. Part II. Composition of melts and solids[J]. Contributions to Mineralogy and Petrology, 1996, 125(1): 26-44.

[412] SINTON J M, FORD L L, CHAPPELL B, et al. Magma Genesis and Mantle Heterogeneity in the Manus Back-Arc Basin, Papua New Guinea[J]. Journal of Petrology, 2003, 44(1): 159-195.

[413] SISSON T W, GROVE T L. Experimental investigations of the role of H2O in calc-alkaline differentiation and subduction zone magmatism[J]. Contributions to Mineralogy and Petrology, 1993, 113(2): 143-166.

[414] SISSON T W, RATAJESKI K, HANKINS W B, et al. Voluminous granitic magmas from common basaltic sources[J]. Contributions to Mineralogy and Petrology, 2005, 148(6): 635-661.

[415] SISSON V B, PAVLIS T L, ROESKE S M, et al. Introduction: An overview of ridge-trench interactions in modern and ancient settings[J]. Special Papers-Geological Society of America, 2003a: 1-18.

[416] SISSON V B, POOLE A R, HARRIS N R, et al. Geochemical and geochronologic constraints for genesis of a tonalite-trondhjemite suite and associated mafic intrusive rocks in the eastern Chugach Mountains, Alaska: A record of ridge-transform subduction[J]. Special Papers-Geological Society of America, 2003b: 293-326.

[417] SKJERLIE K P. Petrogenesis and significance of late Caledonian granitoid magmatism in western Norway[J]. Contributions to Mineralogy and Petrology, 1992, 110(4): 473-487.

[418] SKJERLIE K P, JOHNSTON A D. Fluid-absent melting behavior of an F-rich tonalitic gneiss at mid-crustal pressures: implications for the generation of anorogenic granites[J]. Journal of Petrology, 1993, 34(4): 785-815.

[419] SLÁMA J, KOŠLER J, CONDON D J, et al. PleŠovice zircon—a new natural reference material for U-Pb and Hf isotopic microanalysis[J]. Chemical Geology, 2008, 249(1): 1-35.

[420] SŁABY E, MARTIN H. Mafic and Felsic Magma Interaction in Granites: the Hercynian Karkonosze Pluton (Sudetes, Bohemian Massif)[J]. Journal of Petrology, 2008, 49(2): 35.

[421] SOLGADI F, MOYEN J F, VANDERHAEGHE O, et al. The role of crustal anatexis and

mantle-derived magmas in the genesis of synorogenic Hercynian granites of the Livradois area, French Massif Central[J]. Canadian Mineralogist, 2007, 45(3): 581-606.

[422] SONG S, WANG M M, XU X, et al. Ophiolites in the Xing'an-Inner Mongolia accretionary belt of the CAOB: Implications for two cycles of seafloor spreading and accretionary orogenic events [J]. Tectonics, 2015, 34(10): 2221-2248.

[423] STACEY J S, KRAMERS J D. Approximation of terrestrial lead isotope evolution by a two-stage model[J]. Earth and Planetary Science Letters, 1975, 26(2): 207-221.

[424] STERN C R. Subduction erosion: Rates, mechanisms, and its role in arc magmatism and the evolution of the continental crust and mantle[J]. Gondwana Research, 2011, 20(2-3): 284-308.

[425] STERN R J. Subduction initiation: spontaneous and induced[J]. Earth and Planetary Science Letters, 2004, 226(3-4): 275-292.

[426] STERN R J. Neoproterozoic crustal growth: The solid Earth system during a critical episode of Earth history[J]. Gondwana Research, 2008, 14(1-2): 33-50.

[427] STEVENS G, CLEMENS J D, DROOP G T R. Melt production during granulite-facies anatexis: experimental data from "primitive" metasedimentary protoliths[J]. Contributions to Mineralogy and Petrology, 1997, 128(4): 352-370.

[428] STEVENS G, VILLAROS A, MOYEN J F. Selective peritectic garnet entrainment as the origin of geochemical diversity in S-type granites[J]. Geology, 2007, 35(1): 9-12.

[429] SUN S S, MCDONOUGH W F. Chemical and isotopic systematics of oceanic basalts: implications for mantle composition and processes[J]. Geological Society, London, Special Publications, 1989, 42(1): 313-345.

[430] SUN Y, LI M, GE W, et al. Eastward termination of the Solonker-Xar Moron River Suture determined by detrital zircon U-Pb isotopic dating and Permian floristics[J]. Journal of Asian Earth Sciences, 2013, 75(8): 243-250.

[431] TANG G J, WANG Q, WYMAN D A, et al. Ridge subduction and crustal growth in the Central Asian Orogenic Belt: evidence from Late Carboniferous adakites and high-Mg diorites in the western Junggar region, northern Xinjiang (west China)[J]. Chemical Geology, 2010, 277(3): 281-300.

[432] TANG G J, WANG Q, WYMAN D A, et al. Recycling oceanic crust for continental crustal growth: Sr-Nd-Hf isotope evidence from granitoids in the western Junggar region, NW China [J]. Lithos, 2012, 128(1): 73-83.

[433] TARNEY J. Geochemistry of Archaean high-grade gneisses, with implications as to the origin and evolution of the Precambrian crust, In: Windley, B. F. (Ed.), The early history of the Earth[J]. London: Wiley, 1976: 405-417.

[434] TATSUMI Y. High-Mg andesites in the Setouchi volcanic belt, southwestern Japan: analogy to Archean magmatism and continental crust formation[J]? Annual Review of Earth and Planetary Sciences, 2006, 34: 467-499.

[435] TAYLOR J P, WEBB L E, JOHNSON C L, et al. The Lost South Gobi Microcontinent: Protolith Studies of Metamorphic Tectonites and Implications for the Evolution of Continental Crust in Southeastern Mongolia[J]. Geosciences, 2013, 3(3): 543-584.

[436] TONG Y, JAHN B M, WANG T, et al. Permian alkaline granites in the Erenhot-Hegenshan belt, northern Inner Mongolia, China: Model of generation, time of emplacement and regional tectonic significance[J]. Journal of Asian Earth Sciences, 2015, 97(Part B): 320-336.

[437] TOPUZ G, ALTHERR R, SCHWARZ W H, et al. Post-collisional plutonism with adakite-like signatures: the Eocene Saraycık granodiorite (Eastern Pontides, Turkey)[J]. Contributions to Mineralogy and Petrology, 2005, 150(4): 441-455.

[438] TOPUZ G, ALTHERR R, SIEBEL W, et al. Carboniferous high-potassium I-type granitoid magmatism in the Eastern Pontides: The Gümüşhane pluton (NE Turkey)[J]. Lithos, 2010, 116(1-2): 92-110.

[439] TSUCHIYA N, SUZUKI S, KIMURA J I, et al. Evidence for slab melt/mantle reaction: petrogenesis of Early Cretaceous and Eocene high-Mg andesites from the Kitakami Mountains, Japan[J]. Lithos, 2005, 79(1-2): 179-206.

[440] TURNER S, FODEN J, MORRISON R. Derivation of some A-type magmas by fractionation of basaltic magma: an example from the Padthaway Ridge, South Australia[J]. Lithos, 1992, 28(2): 151-179.

[441] TUTTLE O F, BOWEN N L. Origin of granite in the light of experimental studies in the system $NaAlSi_3O_8$-$KAlSi_3O_8$-SiO_2-H_2O[Z]. Geological Society of America Memoirs, 1958, 74: 1-146.

[442] VALLEY J W. Oxygen isotopes in zircon[J]. Reviews in mineralogy and geochemistry, 2003, 53(1): 343-385.

[443] VAN DE KAMP P C, BEAKHOUSE G P. Paragneisses in the Pakwash Lake area, English River Gneiss Belt, Northwest Ontario[J]. Canadian Journal of Earth Sciences, 1979, 16(9): 1753-1763.

[444] VAN DER MOLEN I, PATERSON M S. Experimental deformation of partially-melted granite[J]. Contributions to Mineralogy and Petrology, 1979, 70(3): 299-318.

[445] VANDERHAEGHE O, TEYSSIER C. Partial melting and flow of orogens[J]. Tectonophysics, 2001, 342(3-4): 451-472.

[446] VERVOORT J D, PATCHETT P J, BLICHERT-TOFT J, et al. Relationships between Lu-Hf and Sm-Nd isotopic systems in the global sedimentary system[J]. Earth and Planetary Science Letters, 1999, 168(1): 79-99.

[447] VIELZEUF D, HOLLOWAY J R. Experimental determination of the fluid-absent melting relations in the pelitic system[J]. Contributions to Mineralogy and Petrology, 1988, 98(3): 257-276.

[448] VIGNERESSE J L, BARBEY P, CUNEY M. Rheological Transitions During Partial Melting and Crystallization with Application to Felsic Magma Segregation and Transfer[J]. Journal of

Petrology, 1996, 37(6): 1579-1600.

[449] VIRUETE J E, NEIRA A D D, HUERTA P P H, et al. Magmatic relationships and ages of Caribbean Island arc tholeiites, boninites and related felsic rocks, Dominican Republic[J]. Lithos, 2006, 90(3-4): 161-186.

[450] VON BLANCKENBURG F, DAVIES J H. Slab breakoff: a model for syncollisional magmatism and tectonics in the Alps[J]. Tectonics, 1995, 14(1): 120-131.

[451] WAINWRIGHT A J, TOSDAL R M, WOODEN J L, et al. U-Pb (zircon) and geochemical constraints on the age, origin, and evolution of Paleozoic arc magmas in the Oyu Tolgoi porphyry Cu-Au district, southern Mongolia[J]. Gondwana Research, 2011a, 19(3): 764-787.

[452] WAINWRIGHT A J, TOSDAL R M, FORSTER C N, et al. Devonian and Carboniferous arcs of the Oyu Tolgoi porphyry Cu-Au district, South Gobi region, Mongolia[J]. Geological Society of America Bulletin, 2011b, 123(1-2): 306-328.

[453] WANG B, CLUZEL D, SHU L, et al. Evolution of calc-alkaline to alkaline magmatism through Carboniferous convergence to Permian transcurrent tectonics, western Chinese Tianshan[J]. International Journal of Earth Sciences, 2009, 98(6): 1275-1298.

[454] WANG Q, WYMAN D A, ZHAO Z H, et al. Petrogenesis of Carboniferous adakites and Nb-enriched arc basalts in the Alataw area, northern Tianshan Range (western China): implications for Phanerozoic crustal growth in the Central Asia orogenic belt[J]. Chemical Geology, 2007, 236(1): 42-64.

[455] WANG T, ZHENG Y, LI T, et al. Mesozoic granitic magmatism in extensional tectonics near the Mongolian border in China and its implications for crustal growth[J]. Journal of Asian Earth Sciences, 2004, 23(5): 715-729.

[456] WANG X A, LI S C, XU Z Y, et al. Neoarchaean quartz diorites in the Jiefangyingzi area, Central Asian Orogenic Belt: geological and tectonic significance[J]. International Geology Review, 2016, 58(3): 358-370.

[457] WANG Y, ZHANG F, ZHANG D, et al. Zircon SHRIMP U-Pb dating of meta-diorite from the basement of the Songliao Basin and its geological significance[J]. Chinese Science Bulletin, 2006, 51(15): 1877-1883.

[458] WANG Z H, WAN J L. Collision-Induced Late Permian-Early Triassic Transpressional Deformation in the Yanshan Tectonic Belt, North China[J]. The Journal of geology, 2014, 122(6): 705-716.

[459] WANG Z Z, HAN B F, FENG L X, et al. Geochronology, geochemistry and origins of the Paleozoic-Triassic plutons in the Langshan area, western Inner Mongolia, China[J]. Journal of Asian Earth Sciences, 2015, 97(B): 337-351.

[460] WANG Z W, WANG Z H, ZHANG Y J, et al. Linking 1.4-0.8 Ga volcano-sedimentary records in eastern Central Asian orogenic belt with southern Laurentia in supercontinent cycles[J]. Gondwana Research, 2022, 105, 416-431.

[461] WATSON E B, HARRISON T M. Zircon saturation revisited: temperature and composition effects in a variety of crustal magma types[J]. Earth and Planetary Science Letters, 1983, 64(2): 295–304.

[462] WEBB L E, JOHNSON C L, MINJIN C. Late Triassic sinistral shear in the East Gobi Fault Zone, Mongolia[J]. Tectonophysics, 2010, 495(3–4): 246–255.

[463] WEDEPOHL K H. Handbook of Geochemistry[M]. Berlin: Springer, 1978.

[464] WEIS D, KIEFFER B, MAERSCHALK C, et al. High-precision Pb-Sr-Nd-Hf isotopic characterization of USGS BHVO-1 and BHVO-2 reference materials[J]. Geochemistry, Geophysics, Geosystems, 2005, 6(2). Q02002, doi:10.1029/2004GC000852.

[465] WEIS D, KIEFFER B, HANANO D, et al. Hf isotope compositions of U. S. Geological Survey reference materials[J]. Geochemistry, Geophysics, Geosystems, 2007, 8(6). Q06006, doi: 10.1029/2006GC001473.

[466] WERNER C. Saxonian granulites-igneous or lithogenous. A contribution to the geochemical diagnosis of the original rocks in high-metamorphic complexes[J]. Contributions to the geology of the Saxonian granulite massif (Sächsisches Granulitgebirge), Zfl-Mitteilungen, 1987, 133: 221–250.

[467] WETMORE P H, DUCEA M N. Geochemical evidence of a near-surface history for source rocks of the central Coast Mountains Batholith, British Columbia[J]. International Geology Review, 2011, 53(2): 230–260.

[468] WHALEN J B, CURRIE K L, CHAPPELL B W. A-type granites: geochemical characteristics, discrimination and petrogenesis[J]. Contributions to Mineralogy and Petrology, 1987, 95(4): 407–419.

[469] WHALEN J B, SYME E C, STERN R A. Geochemical and Nd isotopic evolution of Paleoproterozoic arc-type granitoid magmatism in the Flin Flon Belt, Trans-Hudson orogen, Canada[J]. Canadian Journal of Earth Sciences, 1999, 36(2): 227–250.

[470] WHALEN J B, MCNICOLL V J, VAN STAAL C R, et al. Spatial, temporal and geochemical characteristics of Silurian collision-zone magmatism, Newfoundland Appalachians: an example of a rapidly evolving magmatic system related to slab break-off[J]. Lithos, 2006, 89(3): 377–404.

[471] WHITAKER M L, NEKVASIL H, LINDSLEY D H, et al. Can crystallization of olivine tholeiite give rise to potassic rhyolites? —an experimental investigation[J]. Bulletin of Volcanology, 2008, 70(3): 417–434.

[472] WHITE A J, CHAPPELL B W. Ultrametamorphism and granitoid genesis[J]. Tectonophysics, 1977, 43(1): 7–22.

[473] WIEDENBECK M, ALLÉ P, CORFU F, et al. Three natural zircon standards for U-Th-Pb, Lu-Hf, trace element and REE analyses[J]. Geostandards and Geoanalytical Research, 1995, 19(1): 1–23.

[474] WILDE S A, ZHOU J B. The late Paleozoic to Mesozoic evolution of the eastern margin of the

Central Asian Orogenic Belt in China[J]. Journal of Asian Earth Sciences, 2015, 113: 909-921.

[475] WILHEM C, WINDLEY B F, STAMPFLI G M. The Altaids of Central Asia: A tectonic and evolutionary innovative review[J]. Earth-Science Reviews, 2012, 113(3-4): 303-341.

[476] WINCHESTER J A, FLOYD P A. Geochemical discrimination of different magma series and their differentiation products using immobile elements[J]. Chemical Geology, 1977, 20(4): 325-343.

[477] WINDLEY B F, ALEXEIEV D, XIAO W, et al. Tectonic models for accretion of the Central Asian Orogenic Belt[J]. Journal of the Geological Society, 2007, 164(12): 31-47.

[478] WOLF M B, WYLLIE P J. Dehydration-melting of solid amphibolite at 10 kbar: textural development, liquid interconnectivity and applications to the segregation of magmas[J]. Mineralogy and Petrology, 1991, 44(3-4): 151-179.

[479] WOLF M B, WYLLIE P J. Dehydration-melting of amphibolite at 10 kbar: the effects of temperature and time[J]. Contributions to Mineralogy and Petrology, 1994, 115(4): 369-383.

[480] WOODHEAD J D, HERGT J M, DAVIDSON J P, et al. Hafnium isotope evidence for 'conservative' element mobility during subduction zone processes[J]. Earth and Planetary Science Letters, 2001, 192(3): 331-346.

[481] WOODHEAD J D, HERGT J M. A preliminary appraisal of seven natural zircon reference materials for in situ Hf isotope determination[J]. Geostandards and Geoanalytical Research, 2005, 29(2): 183-195.

[482] WU C, LIU C, ZHU Y, et al. Early Paleozoic magmatic history of central Inner Mongolia, China: implications for the tectonic evolution of the Southeast Central Asian Orogenic Belt[J]. International Journal of Earth Sciences, 2016, 105(5): 1307-1327.

[483] WU F Y, SUN D Y, LI H M, et al. A-type granites in northeastern China: age and geochemical constraints on their petrogenesis[J]. Chemical Geology, 2002, 187(1): 143-173.

[484] WU F Y, JAHN B M, WILDE S A, et al. Highly fractionated I-type granites in NE China (II): isotopic geochemistry and implications for crustal growth in the Phanerozoic[J]. Lithos, 2003, 67(67): 191-204.

[485] WU F Y, SUN D Y, JAHN B M, et al. A Jurassic garnet-bearing granitic pluton from NE China showing tetrad REE patterns[J]. Journal of Asian Earth Sciences, 2004a, 23(5): 731-744.

[486] WU F Y, WILDE S A, ZHANG G L, et al. Geochronology and petrogenesis of the post-orogenic Cu-Ni sulfide-bearing mafic-ultramafic complexes in Jilin Province, NE China[J]. Journal of Asian Earth Sciences, 2004b, 23(5): 781-797.

[487] WU F Y, YANG Y H, XIE L W, et al. Hf isotopic compositions of the standard zircons and baddeleyites used in U-Pb geochronology[J]. Chemical Geology, 2006, 234(1): 105-126.

[488] WU F Y, ZHAO G C, SUN D Y, et al. The Hulan Group: Its role in the evolution of the Central Asian Orogenic Belt of NE China[J]. Journal of Asian Earth Sciences, 2007, 30(3-4): 542-556.

[489] WU F Y, SUN D Y, GE W C, et al. Geochronology of the Phanerozoic granitoids in northeastern China[J]. Journal of Asian Earth Sciences, 2011, 41(1): 1-30.

[490] WU G, CHEN Y, SUN F, et al. Geochronology, geochemistry, and Sr-Nd-Hf isotopes of the early Paleozoic igneous rocks in the Duobaoshan area, NE China, and their geological significance[J]. Journal of Asian Earth Sciences, 2015, 97: 229-250.

[491] XIAO W, WINDLEY B, YUAN C, et al. Paleozoic multiple subduction-accretion processes of the southern Altaids[J]. American Journal of Science, 2009a, 309(3): 221-270.

[492] XIAO W, HAN C, YUAN C, et al. Transitions among Mariana-, Japan-, Cordillera- and Alaska-type arc systems and their final juxtapositions leading to accretionary and collisional orogenesis[J]. Geological Society London Special Publications, 2010a, 338(1): 35-53.

[493] XIAO W, HUANG B, HAN C, et al. A review of the western part of the Altaids: A key to understanding the architecture of accretionary orogens[J]. Gondwana Research, 2010b, 18(2-3): 253-273.

[494] XIAO W, WINDLEY B F, SUN S, et al. A tale of amalgamation of three Permo-Triassic collage systems in Central Asia: oroclines, sutures, and terminal accretion[J]. Annual Review of Earth and Planetary Sciences, 2015a, 43: 477-507.

[495] XIAO W, KUSKY T, SAFONOVA I, et al. Tectonics of the Central Asian Orogenic Belt and its Pacific analogues[J]. Journal of Asian Earth Sciences, 2015b, 113(part 1): 1-6.

[496] XIAO W J, WINDLEY B F, HAO J, et al. Accretion leading to collision and the Permian Solonker suture, Inner Mongolia, China: termination of the central Asian orogenic belt[J]. Tectonics, 2003, 22(6). DOI: 10.1029/2002TC001484.

[497] XIAO W J, WINDLEY B F, HUANG B C, et al. End-Permian to mid-Triassic termination of the accretionary processes of the southern Altaids: implications for the geodynamic evolution, Phanerozoic continental growth, and metallogeny of Central Asia[J]. International Journal of Earth Sciences, 2009b, 98(6): 1189-1217.

[498] XIAO Y, SUN W, HOEFS J, et al. Making continental crust through slab melting: constraints from niobium-tantalum fractionation in UHP metamorphic rutile [J]. Geochimica et Cosmochimica Acta, 2006, 70(18): 4770-4782.

[499] XU B, CHARVET J, CHEN Y, et al. Middle Paleozoic convergent orogenic belts in western Inner Mongolia (China): framework, kinematics, geochronology and implications for tectonic evolution of the Central Asian Orogenic Belt [J]. Gondwana Research, 2013, 23(4): 1342-1364.

[500] XU B, ZHAO P, WANG Y, et al. The pre-Devonian tectonic framework of Xing'an-Mongolia orogenic belt (XMOB) in north China[J]. Journal of Asian Earth Sciences, 2015a, 97: 183-196.

[501] YAKUBCHUK A. Architecture and mineral deposit settings of the Altaid orogenic collage: a revised model[J]. Journal of Asian Earth Sciences, 2004, 23(5): 761-779.

[502] YAMAMOTO S, SENSHU H, RINO S, et al. Granite subduction: Arc subduction, tectonic erosion and sediment subduction[J]. Gondwana Research, 2009, 15(3-4): 443-453.

[503] YANG T F, LEE T, CHEN C H, et al. A double island arc between Taiwan and Luzon: consequence of ridge subduction[J]. Tectonophysics, 1996, 258(1-4): 85-101.

[504] YARMOLYUK V, KOVALENKO V, SAL'NIKOVA E, et al. Geochronology of igneous rocks and formation of the late Paleozoic south Mongolian active margin of the Siberian continent[J]. Stratigraphy and Geological Correlation, 2008, 16(2): 162-181.

[505] YARMOLYUK V V, KOVALENKO V I, SAL'NIKOVA E B, et al. U-Pb Age of Syn- and Postmetamorphic Granitoids of South Mongolia: Evidence for the Presence of Grenvillides in the Central Asian Foldbelt[J]. Doklady Earth Sciences, 2005, 404(7): 986-990.

[506] YIN J Y, LONG X P, YUAN C, et al. A Late Carboniferous-Early Permian slab window in the West Junggar of NW China: Geochronological and geochemical evidence from mafic to intermediate dikes[J]. Lithos, 2013, 175: 146-162.

[507] YUAN L L, ZHANG X H, XUE F H, et al. Juvenile crustal recycling in an accretionary orogen: Insights from contrasting Early Permian granites from central Inner Mongolia, North China[J]. Lithos, 2016a, 264: 524-539.

[508] YUAN L L, ZHANG X H, XUE F H, et al. Late Permian high-Mg andesite and basalt association from northern Liaoning, North China: Insights into the final closure of the Paleo-Asian ocean and the orogen-craton boundary[J]. Lithos, 2016b, 258-259: 58-76.

[509] YUAN L L, ZHANG X H. Petrogenesis of the Middle Triassic Erenhot granitoid batholith in central Inner Mongolia (northern China) with tectonic implication for the Triassic Mo mineralization in the eastern Central Asian Orogenic Belt[J]. Journal of Asian Earth Sciences, 2018, 165: 37-58.

[510] YUAN L L, ZHANG X H, YANG Z L. Early Cretaceous gabbro-granite complex from central Inner Mongolia: Insights into initial rifting and crust-mantle interaction in the northern China-Mongolia basin-range tract[J]. Lithos, 2019, 324-325: 859-876.

[511] YUAN L L, ZHANG X H, YANG Z L. The timeline of prolonged accretionary processes in eastern Central Asian Orogenic Belt: Insights from episodic Paleozoic intrusions in central Inner Mongolia, North China[J]. GSA Bulletin, 2022, 134(3/4): 629-657.

[512] ZHANG J R, WEI C J, CHU H, et al. Mesozoic metamorphism and its tectonic implication along the Solonker suture zone in central Inner Mongolia, China[J]. Lithos, 2016, 261: 262-277.

[513] ZHANG J R, WEI C J, CHU H. Blueschist metamorphism and its tectonic implication of Late Paleozoic-Early Mesozoic metabasites in the mélange zones, central Inner Mongolia, China[J]. Journal of Asian Earth Sciences, 2015, 97: 352-364.

[514] ZHANG S H, ZHAO Y, SONG B, et al. Carboniferous granitic plutons from the northern

margin of the North China block: implications for a late Paleozoic active continental margin[J]. Journal of the Geological Society, London, 2007, 164(2): 451-463.

[515] ZHANG S H, ZHAO Y, SONG B, et al. Contrasting Late Carboniferous and Late Permian-Middle Triassic intrusive suites from the northern margin of the North China craton: geochronology, petrogenesis, and tectonic implications [J]. Geological Society of America Bulletin, 2009a, 121(1-2): 181-200.

[516] ZHANG S H, ZHAO Y, KRÖNER A, et al. Early Permian plutons from the northern North China Block: constraints on continental arc evolution and convergent margin magmatism related to the Central Asian Orogenic Belt[J]. International Journal of Earth Sciences, 2009b, 98(6): 1441-1467.

[517] ZHANG S H, ZHAO Y, YE H, et al. Origin and evolution of the Bainaimiao arc belt: Implications for crustal growth in the southern Central Asian orogenic belt[J]. Geological Society of America Bulletin, 2014, 126(9-10): 1275-1300.

[518] ZHANG W, JIAN P, KRÖNER A, et al. Magmatic and metamorphic development of an early to mid-Paleozoic continental margin arc in the southernmost Central Asian Orogenic Belt, Inner Mongolia, China[J]. Journal of Asian Earth Sciences, 2013, 72(4): 63-74.

[519] ZHANG X H, LI T S, PU Z P. ^{40}Ar-^{39}Ar thermochronology of two ductile shear zones from Yiwulüshan, West Liaoning Region: Age constraints on the Mesozoic tectonic events[J]. Science Bulletin, 2002, 47(13): 1113-1118.

[520] ZHANG X H, ZHANG H F, TANG Y J, et al. Geochemistry of Permian bimodal volcanic rocks from central Inner Mongolia, North China: implication for tectonic setting and Phanerozoic continental growth in Central Asian Orogenic Belt[J]. Chemical Geology, 2008a, 249(3): 262-281.

[521] ZHANG X H, ZHANG H F, ZHAI M G, et al. Geochemistry of Middle Triassic gabbros from northern Liaoning, North China: Origin and tectonic implications[J]. Geological Magazine, 2009b, 146(4): 540-551.

[522] ZHANG X H, MAO Q, ZHANG H F, et al. Mafic and felsic magma interaction during the construction of high-K calc-alkaline plutons within a metacratonic passive margin: The Early Permian Guyang batholith from the northern North China Craton[J]. Lithos, 2011a, 125(1-2): 569-591.

[523] ZHANG X H, WILDE S A, ZHANG H F, et al. Early Permian high-K calc-alkaline volcanic rocks from NW Inner Mongolia, North China: geochemistry, origin and tectonic implications[J]. Journal of the Geological Society, 2011b, 168(2): 525-543.

[524] ZHANG X H, GAO Y L, WANG Z J, et al. Carboniferous appinitic intrusions from the northern North China craton: geochemistry, petrogenesis and tectonic implications[J]. Journal of the Geological Society, 2012a, 169(3): 337-351.

[525] ZHANG X H, YUAN L L, XUE F H, et al. Early Permian A-type granites from central Inner Mongolia, North China: Magmatic tracer of post-collisional tectonics and oceanic crustal

recycling[J]. Gondwana Research, 2015, 28(1): 311-327.

[526] ZHANG X H, HUI W, LI T S. $^{40}Ar/^{39}Ar$ geochronology of the Faku tectonites: Implications for the tectonothermal evolution of the Faku block, northern Liaoning[J]. Science China Earth Sciences, 2005, 48(5): 601-612.

[527] ZHANG X H, MAO Q, ZHANG H F, et al. A Jurassic peraluminous leucogranite from Yiwulushan, western Liaoning, North China craton: age, origin and tectonic significance[J]. Geological Magazine, 2008b, 145(3): 305-320.

[528] ZHANG X H, WILDE S A, ZHANG H F, et al. Geochemistry of hornblende gabbros from Sonidzuoqi, Inner Mongolia, North China: implications for magmatism during the final stage of suprasubduction-zone ophiolite formation[J]. International Geology Review, 2009a, 51(4): 345-373.

[529] ZHANG X H, ZHANG H F, WILDE S A, et al. Late Permian to Early Triassic mafic to felsic intrusive rocks from North Liaoning, North China: Petrogenesis and implications for Phanerozoic continental crustal growth[J]. Lithos, 2010a, 117(1): 283-306.

[530] ZHANG X H, ZHANG H F, JIANG N, et al. Early Devonian alkaline intrusive complex from the northern North China craton: a petrological monitor of post-collisional tectonics[J]. Journal of the Geological Society, 2010b, 167(4): 717-730.

[531] ZHANG X H, WILDE S A, ZHANG H F, et al. Early Permian high-K calc-alkaline volcanic rocks from NW Inner Mongolia, North China: geochemistry, origin and tectonic implications [J]. Journal of the Geological Society, 2011, 168(2): 525-543.

[532] ZHANG X H, XUE F H, YUAN L L, et al. Late Permian appinite-granite complex fromnorthwestern Liaoning, North China Craton: Petrogenesis and tectonic implications[J]. Lithos, 2012b, 155(2): 201-217.

[533] ZHANG X H, YUAN L L, XUE F H, et al. Contrasting Triassic ferroan granitoids from northwestern Liaoning, North China: Magmatic monitor of Mesozoic decratonization and a craton-orogen boundary[J]. Lithos, 2012c, 144-145(7): 12-23.

[534] ZHANG X H, YUAN L L, XUE F H, et al. Early Permian A-type granites from central Inner Mongolia, North China: Magmatic tracer of post-collisional tectonics and oceanic crustal recycling[J]. Gondwana Research, 2015, 28(1): 311-327.

[535] ZHANG Z C, CHEN Y, LI K, et al. Geochronology and geochemistry of Permian bimodal volcanic rocks from central Inner Mongolia, China: Implications for the late Palaeozoic tectonic evolution of the south-eastern Central Asian Orogenic Belt[J]. Journal of Asian Earth Sciences, 2017, 135: 370-389.

[536] ZHANG Z C, LI K, LI J F, et al. Geochronology and geochemistry of the Eastern Erenhot ophiolitic complex: Implications for the tectonic evolution of the Inner Mongolia-Daxinganling Orogenic Belt[J]. Journal of Asian Earth Sciences, 2015, 97: 279-293.

[537] ZHAO P, CHEN Y, XU B, et al. Did the Paleo-Asian Ocean between North China Block and Mongolia Block exist during the late Paleozoic? First paleomagnetic evidence from central-

eastern Inner Mongolia, China[J]. Journal of Geophysical Research Solid Earth, 2013, 118 (5): 1873-1894.

[538] ZHAO P, FANG J Q, XU B, et al. Early Paleozoic tectonic evolution of the Xing-Meng Orogenic Belt: Constraints from detrital zircon geochronology of western Erguna-Xing'an Block, North China[J]. Journal of Asian Earth Sciences, 2014, 95: 136-146.

[539] ZHAO P, FAURE M, CHEN Y, et al. A new Triassic shortening-extrusion tectonic model for Central-Eastern Asia: Structural, geochronological and paleomagnetic investigations in the Xilamulun Fault (North China)[J]. Earth and Planetary Science Letters, 2015, 426: 46-57.

[540] ZHAO X F, ZHOU M F, LI J W, et al. Association of Neoproterozoic A- and I-type granites in South China: implications for generation of A-type granites in a subduction-related environment [J]. Chemical Geology, 2008, 257(1): 1-15.

[541] ZHENG Y F, ZHANG S B, ZHAO Z F, et al. Contrasting zircon Hf and O isotopes in the two episodes of Neoproterozoic granitoids in South China: implications for growth and reworking of continental crust[J]. Lithos, 2007, 96(1): 127-150.

[542] ZHOU J B, HAN J, ZHAO G C, et al. The emplacement time of the Hegenshan Ophiolite: Constraints from the unconformably overlying Paleozoic strata[J]. Tectonophysics, 2015a, 662: 398-415.

[543] ZHOU W, LI S, GE M, et al. Geochemistry and zircon geochronology of a gabbro-granodiorite complex in Tongxunlian, Inner Mongolia: partial melting of enriched lithosphere mantle[J]. Geological Journal, 2016, 51(1): 21-41.

[544] ZHU D C, MO X X, WANG L Q, et al. Petrogenesis of highly fractionated I-type granites in the Zayu area of eastern Gangdese, Tibet: Constraints from zircon U-Pb geochronology, geochemistry and Sr-Nd-Hf isotopes[J]. Science in China Series D: Earth Sciences, 2009, 52 (9): 1223-1239.

[545] ZHU M, BAATAR M, MIAO L, et al. Zircon ages and geochemical compositions of the Manlay ophiolite and coeval island arc: Implications for the tectonic evolution of South Mongolia[J]. Journal of Asian Earth Sciences, 2014, 96: 108-122.

附　录

附录1　地球化学分析数据集

附表1　艾勒格庙–二连浩特地区古生代–早中生代侵入杂岩电子探针分析数据

附表1–角闪石化学成分

单位：%

哈尔绍若敖包											
样品	EL14-22-5				EL14-22-7				EL14-22-4		
	HB1	HB4	HB5	HB6	HB1	HB2	HB4	HB6	HB2	HB3	HB4
SiO_2	45.12	45.44	46.22	44.65	44.77	44.67	44.55	44.15	45.4	45.02	45.24
TiO_2	1.32	1.42	1.11	1.54	1.72	1.46	1.53	1.45	1.02	1.3	1.47
Al_2O_3	10.18	10.22	9.54	10.36	9.68	10.19	10.2	10.63	9.98	10.81	9.79
Cr_2O_3	0.03	0.04	0.05	0.08	0.07	0.05	0.04	0.04	0.06	0.03	0
FeO^T	13.35	13.38	12.41	13.67	14.1	14.06	14.1	13.94	13.53	13.79	13.99
MnO	0.35	0.28	0.25	0.36	0.31	0.31	0.28	0.28	0.37	0.33	0.32
MgO	13.45	13.08	13.9	12.9	12.7	12.78	12.61	12.6	13.4	12.76	13.13
CaO	10.77	10.86	11.4	11.23	10.91	11.08	10.97	11.29	10.56	10.97	10.52
Na_2O	1.76	1.76	1.45	1.77	1.59	1.67	1.62	1.6	1.31	1.46	1.38
K_2O	0.63	0.59	0.54	0.59	0.88	0.78	0.86	0.79	0.41	0.5	0.59
Total	96.96	97.08	96.87	97.14	96.72	97.05	96.75	96.78	96.02	96.97	96.42

续附表 1-角闪石化学成分

哈尔绍若敖包											
样品	EL14-22-5				EL14-22-7				EL14-22-4		
	HB1	HB4	HB5	HB6	HB1	HB2	HB4	HB6	HB2	HB3	HB4
T											
Si	6. 544	6. 6	6. 703	6. 52	6. 576	6. 534	6. 539	6. 486	6. 589	6. 532	6. 578
Al	1. 456	1. 4	1. 297	1. 48	1. 424	1. 466	1. 461	1. 514	1. 411	1. 468	1. 422
C											
Al	0. 283	0. 349	0. 332	0. 302	0. 251	0. 29	0. 302	0. 327	0. 294	0. 379	0. 254
Cr	0. 004	0. 005	0. 005	0. 009	0. 008	0. 006	0. 004	0. 004	0. 006	0. 003	0
Fe^{3+}	0. 924	0. 751	0. 665	0. 707	0. 734	0. 756	0. 742	0. 703	1. 16	0. 886	1. 07
Ti	0. 144	0. 155	0. 122	0. 169	0. 19	0. 16	0. 169	0. 16	0. 112	0. 142	0. 16
Mg	2. 908	2. 832	3. 005	2. 808	2. 781	2. 786	2. 759	2. 761	2. 9	2. 761	2. 846
Fe^{2+}	0. 694	0. 874	0. 84	0. 963	0. 998	0. 964	0. 989	1. 01	0. 482	0. 788	0. 631
Mn	0. 043	0. 034	0. 031	0. 044	0. 038	0. 038	0. 034	0. 035	0. 046	0. 04	0. 039
B											
Ca	1. 673	1. 69	1. 772	1. 757	1. 716	1. 737	1. 726	1. 777	1. 642	1. 705	1. 64
Na	0. 327	0. 31	0. 228	0. 243	0. 284	0. 263	0. 274	0. 223	0. 358	0. 295	0. 36
A											
Na	0. 168	0. 186	0. 179	0. 258	0. 17	0. 21	0. 188	0. 233	0. 009	0. 117	0. 029
K	0. 117	0. 109	0. 101	0. 11	0. 164	0. 146	0. 16	0. 149	0. 076	0. 093	0. 109
$Mg^{\#}$	0. 81	0. 76	0. 78	0. 74	0. 74	0. 74	0. 74	0. 73	0. 86	0. 78	0. 82

续附表 1-角闪石化学成分

氧化物含量单位：%

浩尧尔海拉苏

样品	EL15-3-2			EL15-3-3			EL15-5-1		EL15-5-2		EL15-6-2		
	HB1	HB2	HB3	HB2	HB3	HB4	HB1	HB2	HB1	HB3	HB1	HB2	HB3
SiO_2	50.99	54	55.89	50.67	52.7	54.52	49.13	48.93	49.44	48.57	55.21	53.67	52.61
TiO_2	0.61	0.09	0	0.56	0.29	0.06	0.9	0.58	0.58	0.85	0.16	0.27	0.36
Al_2O_3	5.94	2.99	1.23	6.58	3.41	2.38	7.28	7.68	7.75	8.3	2.21	3.53	4.71
Cr_2O_3	0.25	0.08	0.13	0.07	0.3	0.41	0.2	0.31	0.2	0.2	0.03	0.15	0.15
FeO^T	10.35	9.13	8.26	10.03	10.28	9.37	11.09	11.57	10.83	11.1	7.56	7.99	8.73
MnO	0.19	0.19	0.2	0.21	0.27	0.2	0.2	0.23	0.18	0.2	0.23	0.16	0.19
MgO	15.52	17.24	18.24	15.6	16.38	17.24	14.66	13.81	14.7	14.49	18.96	17.96	17.07
CaO	12.67	12.78	13.05	12.66	12.75	12.67	12.43	12.22	12.35	12.54	13.01	12.49	12.53
Na_2O	0.74	0.35	0.13	0.76	0.42	0.25	0.99	0.87	0.91	0.98	0.31	0.51	0.67
K_2O	0.45	0.14	0.03	0.51	0.22	0.13	0.66	0.63	0.62	0.72	0.09	0.25	0.33
Total	97.69	96.99	97.16	97.66	97.04	97.24	97.54	96.84	97.55	97.93	97.77	96.98	97.34
T													
Si	7.318	7.701	7.922	7.26	7.577	7.755	7.11	7.137	7.119	7.001	7.738	7.605	7.478
Al	0.682	0.299	0.078	0.74	0.423	0.245	0.89	0.863	0.881	0.999	0.262	0.395	0.522
C													

续附表 1-角闪石化学成分

浩尧尔海拉苏

样品	EL15-3-2			EL15-3-3			EL15-5-1		EL15-5-2		EL15-6-2		
	HB1	HB2	HB3	HB2	HB3	HB4	HB1	HB2	HB1	HB3	HB1	HB2	HB3
Al	0. 322	0. 203	0. 128	0. 371	0. 155	0. 153	0. 351	0. 456	0. 434	0. 411	0. 103	0. 194	0. 266
Cr	0. 028	0. 009	0. 015	0. 008	0. 034	0. 046	0. 022	0. 036	0. 022	0. 023	0. 004	0. 017	0. 017
Fe^{3+}	0. 016	0. 042	0	0. 047	0. 083	0. 078	0. 067	0. 06	0. 122	0. 103	0. 113	0. 147	0. 104
Ti	0. 066	0. 01	0	0. 061	0. 032	0. 006	0. 097	0. 064	0. 062	0. 092	0. 017	0. 028	0. 038
Mg	3. 32	3. 665	3. 855	3. 333	3. 51	3. 656	3. 163	3. 003	3. 155	3. 113	3. 963	3. 794	3. 618
Fe^{2+}	1. 226	1. 047	0. 979	1. 155	1. 153	1. 037	1. 275	1. 352	1. 182	1. 235	0. 774	0. 8	0. 934
Mn	0. 023	0. 023	0. 024	0. 026	0. 033	0. 024	0. 024	0. 029	0. 022	0. 024	0. 027	0. 019	0. 023
B													
Ca	1. 948	1. 952	1. 981	1. 944	1. 964	1. 931	1. 928	1. 909	1. 905	1. 937	1. 954	1. 897	1. 908
Na	0. 052	0. 048	0. 019	0. 056	0. 036	0. 069	0. 072	0. 091	0. 095	0. 063	0. 046	0. 103	0. 092
A													
Na	0. 155	0. 048	0. 016	0. 155	0. 082	0. 001	0. 205	0. 156	0. 16	0. 211	0. 038	0. 038	0. 092
K	0. 081	0. 025	0. 006	0. 093	0. 041	0. 024	0. 122	0. 118	0. 113	0. 132	0. 016	0. 045	0. 059
$Mg^{\#}$	0. 73	0. 78	0. 8	0. 74	0. 75	0. 78	0. 71	0. 69	0. 73	0. 72	0. 84	0. 83	0. 79

续附表 1-角闪石化学成分

氧化物含量单位：%

本巴图												
样品	EL10-19-1											
	HB1	HB2	HB9	HB10	HB11	HB16	HB17	HB18	HB19	HB20	HB21	HB22
SiO_2	46. 59	46. 51	46. 3	47. 92	47. 8	47. 78	48. 17	53. 93	49. 39	48. 12	47. 55	52. 9
TiO_2	1. 45	1. 39	1. 1	1. 41	1. 51	1. 39	1. 28	0. 06	0. 82	1. 51	1. 49	0. 12
Al_2O_3	7. 58	7. 46	7. 14	7. 23	7. 21	7. 06	6. 84	2. 17	5. 04	6. 92	7. 47	3. 31
Cr_2O_3	0. 02	0	0. 01	0. 01	0. 01	0. 01	0	0. 22	0. 03	0. 02	0. 02	0
FeO^T	13. 87	14. 25	15. 63	15. 09	13. 57	15. 24	14. 87	13. 21	15. 15	14. 18	14. 82	13. 99
MnO	0. 37	0. 35	0. 53	0. 59	0. 38	0. 48	0. 61	0. 5	0. 73	0. 42	0. 39	0. 63
MgO	13. 49	13. 33	12. 92	12. 99	13. 97	13. 06	13. 16	15. 58	13. 56	13. 47	12. 95	14. 82
CaO	11. 03	11. 71	11. 15	11. 16	11. 06	11. 24	11. 13	12. 27	11. 54	11. 12	10. 88	12. 19
Na_2O	1. 61	1. 41	1. 46	1. 5	1. 47	1. 55	1. 21	0. 36	0. 87	1. 5	1. 41	0. 41
K_2O	0. 49	0. 67	0. 49	0. 37	0. 32	0. 4	0. 38	0. 1	0. 45	0. 32	0. 37	0. 14
Total	96. 49	97. 07	96. 72	98. 26	97. 31	98. 21	97. 65	98. 39	97. 59	97. 57	97. 35	98. 51
T												
Si	6. 833	6. 837	6. 814	6. 923	6. 91	6. 918	6. 978	7. 671	7. 176	6. 973	6. 906	7. 539
Al	1. 167	1. 163	1. 186	1. 077	1. 09	1. 082	1. 022	0. 329	0. 824	1. 027	1. 094	0. 461
C												

续附表 1-角闪石化学成分

本巴图												
样品	EL10-19-1											
	HB1	HB2	HB9	HB10	HB11	HB16	HB17	HB18	HB19	HB20	HB21	HB22
Al	0. 141	0. 129	0. 052	0. 153	0. 138	0. 123	0. 145	0. 034	0. 038	0. 154	0. 183	0. 094
Cr	0. 003	0	0. 001	0. 001	0. 001	0. 001	0	0. 025	0. 004	0. 002	0. 002	0
Fe^{3+}	0. 69	0. 511	0. 865	0. 674	0. 724	0. 66	0. 732	0. 399	0. 679	0. 607	0. 731	0. 478
Ti	0. 159	0. 154	0. 122	0. 154	0. 164	0. 151	0. 139	0. 007	0. 09	0. 164	0. 163	0. 013
Mg	2. 95	2. 922	2. 836	2. 797	3. 01	2. 82	2. 841	3. 303	2. 936	2. 909	2. 804	3. 149
Fe^{2+}	1. 011	1. 241	1. 058	1. 149	0. 916	1. 186	1. 069	1. 172	1. 162	1. 111	1. 07	1. 189
Mn	0. 045	0. 044	0. 066	0. 072	0. 047	0. 059	0. 074	0. 06	0. 09	0. 051	0. 047	0. 076
B												
Ca	1. 733	1. 845	1. 758	1. 727	1. 713	1. 744	1. 728	1. 87	1. 797	1. 727	1. 693	1. 862
Na	0. 267	0. 155	0. 242	0. 273	0. 287	0. 256	0. 272	0. 098	0. 203	0. 273	0. 307	0. 114
A												
Na	0. 19	0. 245	0. 173	0. 146	0. 126	0. 179	0. 069	0	0. 042	0. 148	0. 091	0
K	0. 091	0. 126	0. 093	0. 069	0. 059	0. 073	0. 07	0. 019	0. 084	0. 058	0. 069	0. 025
$Mg^{\#}$	0. 74	0. 7	0. 73	0. 71	0. 77	0. 7	0. 73	0. 74	0. 72	0. 72	0. 72	0. 73

续附表 1-辉石化学成分

氧化物含量单位：%

浩尧尔海拉苏

样品	EL15-3-2				EL15-3-3			EL15-5-1		EL15-5-2
	PX1	PX2	PX3	PX4	PX1	PX2	PX3	PX1	PX4	PX1
SiO_2	53.94	54.12	54.32	53.6	53.66	53.95	53.75	54.22	54.05	53.61
TiO_2	0.09	0.04	0	0.07	0.11	0.09	0.07	0.01	0.06	0.05
Al_2O_3	0.85	0.42	0.38	0.93	0.94	0.85	0.86	0.33	0.67	0.34
FeO^T	6.14	5.66	5.72	6.13	6.12	6.16	6.28	6.7	6.07	5.93
Cr_2O_3	0.08	0.05	0.11	0.11	0.14	0.05	0.1	0.12	0.09	0.06
MnO	0.25	0.22	0.23	0.25	0.26	0.29	0.25	0.31	0.23	0.23
NiO	0	0.01	0	0.02	0	0.01	0	0	0.03	0
MgO	14.52	14.39	14.62	14.05	14.17	14.33	14.49	14.12	14.19	14.43
CaO	23.96	24.92	24.91	24.25	24.39	24.46	23.83	24.97	25.01	24.68
Na_2O	0.32	0.21	0.21	0.33	0.31	0.32	0.4	0.14	0.19	0.14
K_2O	0	0	0	0.01	0	0	0.01	0	0	0
Total	100.14	100.05	100.5	99.75	100.1	100.5	100.04	100.92	100.58	99.47
Si^T	1.991	2.001	1.999	1.99	1.985	1.986	1.986	1.996	1.991	1.995

续附表 1-辉石化学成分

浩尧尔海拉苏

样品	EL15-3-2				EL15-3-3			EL15-5-1		EL15-5-2
	PX1	PX2	PX3	PX4	PX1	PX2	PX3	PX1	PX4	PX1
Al^T	0.009	0	0.001	0.01	0.015	0.014	0.014	0.004	0.009	0.005
Al^{VI}	0.028	0.018	0.015	0.03	0.025	0.023	0.023	0.011	0.021	0.01
Ti	0.002	0.001	0	0.002	0.003	0.002	0.002	0	0.002	0.001
Cr	0.002	0.001	0.003	0.003	0.004	0.002	0.003	0.003	0.003	0.002
Fe^{3+}	0	0	0	0	0.001	0.007	0.013	0	0	0
Fe^{2+}	0.19	0.175	0.176	0.191	0.188	0.183	0.181	0.206	0.187	0.184
Mg	0.799	0.793	0.802	0.777	0.781	0.786	0.798	0.775	0.779	0.801
Ni	0	0	0	0.001	0	0	0	0	0.001	0
Mn	0.008	0.007	0.007	0.008	0.008	0.009	0.008	0.01	0.007	0.007
Ca	0.948	0.987	0.982	0.965	0.966	0.965	0.943	0.985	0.987	0.984
Na	0.023	0.015	0.015	0.023	0.022	0.023	0.028	0.01	0.014	0.01
K	0	0	0	0	0	0	0	0	0	0
$Mg^{\#}$	0.81	0.82	0.82	0.8	0.81	0.81	0.82	0.79	0.81	0.81

续附表 1–黑云母化学成分

氧化物含量单位：%

样品	SiO_2	TiO_2	Al_2O_3	Cr_2O_3	FeO^T	MnO	MgO	CaO	Na_2O	K_2O	Total	$Fe^{\#}$
干苁呼都格												
EL10–9–3 Bt–3	35.98	3.27	17.26	0.04	22.47	0.68	6.65	0.13	0.06	8.52	95.06	0.65
EL10–9–3 Bt–6	36.66	3.23	17.17	0.05	22.12	0.68	6.74	0.09	0.02	8.33	95.09	0.65
EL10–9–3 Bt–7	36.26	3.5	16.72	0.04	22.92	0.72	6.72	0.03	0.03	8.55	95.5	0.65
EL10–9–4 Bt–1	35.74	3.03	17.55	0.02	22.17	0.63	6.47	0.12	0.04	9.6	95.39	0.66
EL10–9–4 Bt–2	35.12	3.42	17.86	0.01	22.03	0.7	6.71	0.02	0.05	9.45	95.38	0.65
EL10–9–4 Bt–6	35.91	3.4	17.54	0.03	21.7	0.65	6.61	0.03	0.05	9.59	95.52	0.65
EL10–9–4 Bt–7	35.96	2.95	17.65	0	21.42	0.67	6.84	0	0.03	9.66	95.21	0.63
EL10–9–4 Bt–9	35.5	3.3	17.19	0.02	21.82	0.67	6.85	0.07	0.08	9.43	94.92	0.64
EL10–9–4 Bt–10	35.43	2.77	17.63	0.08	21.94	0.65	6.79	0.12	0.1	9.21	94.74	0.64
EL10–9–4 Bt–11	36.12	3.41	17.4	0.04	22.41	0.66	6.62	0.07	0.08	9.56	96.39	0.65
EL10–9–9 Bt–3	35.43	2.91	17.73	0.21	22.4	0.73	6.41	0.1	0.06	9.24	95.21	0.66
EL10–9–9 Bt–8	35.8	3.18	17.79	0.04	22.27	0.75	6.13	0.04	0.07	9.45	95.51	0.67
才里乌苏												
EL10–6–1 Bt–1	36.78	3.24	16.29	0.09	21.38	0.3	8.65	0.11	0.1	9.52	96.45	0.58
EL10–6–1 Bt–2	36.58	3.04	16.47	0.07	22	0.31	8.36	0.12	0.06	9.57	96.59	0.59
EL10–6–1 Bt–3	36.61	2.68	17.14	0.07	21.74	0.29	8.18	0.1	0.07	9.63	96.51	0.6
EL10–6–1 Bt–5	36.66	3.23	16.67	0.08	20.96	0.29	8.48	0.07	0.08	9.61	96.14	0.58
EL10–6–1 Bt–6	36.76	2.99	16.4	0.02	21.24	0.31	8.62	0.04	0.04	9.69	96.1	0.58
EL10–6–1 Bt–7	36.26	3.33	16.43	0.02	21.07	0.29	8.65	0	0.05	9.6	95.71	0.58
EL10–6–1 Bt–8	36.84	3.73	15.66	0.08	22.37	0.36	8.14	0.11	0.08	9.55	96.91	0.6

续附表 1-黑云母化学成分

氧化物含量单位：%

样品	SiO_2	TiO_2	Al_2O_3	Cr_2O_3	FeO^T	MnO	MgO	CaO	Na_2O	K_2O	Total	$Fe^\#$
才里乌苏												
EL10-6-1 Bt-9	36.74	3.86	15.72	0.06	21.97	0.33	8.49	0.03	0.09	9.67	96.95	0.59
EL10-6-1 Bt-10	36.8	3.06	15.79	0.1	21.65	0.28	8.37	0.2	0.13	9.25	95.65	0.59
EL10-6-5 Bt-1	36.78	3.05	15.76	0.1	22.03	0.25	8.58	0	0.04	9.68	96.27	0.59
EL10-6-5 Bt-2	36.25	3.07	16.27	0.15	21.42	0.3	7.99	0.03	0.03	9.53	95.08	0.6
EL10-6-5 Bt-3	37.46	3.27	16.78	0.26	21.25	0.26	8.38	0.03	0.05	9.7	97.45	0.58
EL10-6-5 Bt-4	36.73	3.27	16.28	0.13	21.54	0.29	8.41	0.01	0.03	9.79	96.5	0.59
EL10-6-5 Bt-5	36.32	3.38	16.1	0.19	22.16	0.33	8.13	0.04	0.06	9.6	96.32	0.6
EL10-6-5 Bt-6	36.8	3.01	16.41	0.08	22.02	0.35	8.41	0.04	0.05	9.59	96.76	0.59
EL10-6-5 Bt-7	36.74	3.68	16.2	0.08	21.78	0.35	8.42	0.01	0.04	9.6	96.92	0.59
昆都冷												
EL10-20-2 Bt-3	33.43	4.53	12.6	0	29.08	0.31	4.08	0.05	0.11	8.68	92.86	0.8
EL10-20-2 Bt-6	34.34	4.25	12.09	0.08	28.14	0.34	4.69	0.16	0.2	8.63	92.91	0.77
EL10-20-2 Bt-7	34.3	4.39	13.18	0.06	29.14	0.32	4.32	0.15	0.12	8.13	94.11	0.79
EL10-20-2 Bt-11	33.37	4.53	12.66	0	29.3	0.29	4.25	0.03	0.05	8.33	92.81	0.79
EL10-20-2 Bt-12	34.15	3.37	12.9	0.01	29.18	0.33	5.57	0.12	0.09	7.42	93.15	0.74
EL10-20-2 Bt-14	34.35	2.75	12.34	0	28.4	0.34	6.47	0.03	0.05	7.99	92.75	0.71
EL10-20-2 Bt-15	34.24	4.44	13.03	0.02	30.14	0.3	4.15	0.16	0.19	7.73	94.39	0.8
EL10-21-2 Bt-2	34.59	2.98	12.47	0.01	30.94	0.2	3.98	0.07	0.1	7.67	93	0.81
EL10-21-2 Bt-7	35.03	2.92	12.06	0.01	32.21	0.36	3.38	0.08	0.06	7.75	93.87	0.84
EL10-21-2 Bt-8	34.86	3.22	12.31	0.04	31.87	0.32	3.08	0.11	0.05	7.89	93.74	0.85

续附表 1-长石化学成分

单位：%

样品	SiO_2	TiO_2	Al_2O_3	FeO^T	MnO	MgO	CaO	Na_2O	K_2O	Total	Ab	An	Or
哈尔绍若敖包													
EL14-22-5 PL-1	59. 18	0. 03	25. 18	0. 14	0. 01	0	7. 72	7	0. 24	99. 5	61. 3	37. 3	1. 4
EL14-22-5 PL-2	59. 23	0	25. 65	0. 14	0. 03	0	7. 76	7. 03	0. 25	100. 1	61. 2	37. 3	1. 4
EL14-22-5 PL-3	59. 28	0. 02	25. 32	0. 11	0. 02	0	7. 48	7. 12	0. 24	99. 6	62. 4	36. 2	1. 4
EL14-22-5 PL-4	58. 57	0. 03	25. 36	0. 11	0	0	7. 94	7. 06	0. 22	99. 3	60. 9	37. 8	1. 3
EL14-22-5 PL-5	59. 15	0. 01	25. 11	0. 09	0	0	7. 67	6. 86	0. 29	99. 16	60. 8	37. 6	1. 7
EL14-22-5 PL-6	59. 21	0. 01	25. 13	0. 11	0. 01	0	7. 71	6. 88	0. 25	99. 31	60. 9	37. 7	1. 5
EL14-22-5 PL-7	57. 32	0	24. 16	0. 84	0. 06	0	9. 73	7. 32	0. 09	99. 52	57. 4	42. 1	0. 5
EL14-22-7 PL-1	59. 04	0	25. 1	0. 12	0	0	7. 91	6. 83	0. 24	99. 24	60. 1	38. 5	1. 4
EL14-22-7 PL-2	58. 7	0. 02	25. 34	0. 12	0	0	7. 88	6. 74	0. 23	99. 03	59. 9	38. 7	1. 4
EL14-22-7 PL-3	58. 31	0	25. 04	0. 16	0	0	8. 05	6. 59	0. 23	98. 37	58. 9	39. 8	1. 4
EL14-22-7 PL-4	58. 65	0	25. 52	0. 13	0	0	8. 01	6. 84	0. 29	99. 44	59. 7	38. 6	1. 7
EL14-22-7 PL-5	58. 27	0. 03	25. 49	0. 14	0	0	8. 2	6. 66	0. 32	99. 1	58. 4	39. 8	1. 8
EL14-22-4 PL-1	59. 03	0	25. 22	0. 11	0. 02	0	7. 73	6. 88	0. 15	99. 15	61. 2	37. 9	0. 9
EL14-22-4 PL-2	58. 65	0	25. 64	0. 12	0. 01	0	8. 2	6. 78	0. 19	99. 58	59. 3	39. 6	1. 1
EL14-22-4 PL-3	59. 75	0	24. 72	0. 2	0	0	6. 66	7. 56	0. 2	99. 1	66. 4	32. 4	1. 2
巴彦高勒东													
EL10-4-2 PL-1	59. 88	0	24. 82	0. 04	0. 01	0	6. 9	7. 56	0. 13	99. 34	66	33. 3	0. 8
EL10-4-3 PL-1	58. 68	0	25. 86	0. 03	0	0	7. 95	6. 94	0. 09	99. 54	60. 9	38. 6	0. 5

续附表 1-长石化学成分

单位：%

样品	SiO_2	TiO_2	Al_2O_3	FeO^T	MnO	MgO	CaO	Na_2O	K_2O	Total	Ab	An	Or
巴彦高勒东													
EL10-4-3 PL-2	58.56	0	25.2	0.03	0	0	7.78	6.99	0.07	98.62	61.7	37.9	0.4
EL10-4-3 PL-3	59.3	0.03	25.15	0.03	0.01	0	7.32	7.19	0.08	99.1	63.7	35.9	0.5
EL10-4-3 PL-4	59.13	0.02	25.49	0.01	0.01	0	7.74	7.28	0.06	99.73	62.8	36.9	0.3
EL10-4-3 PL-5	58.7	0.02	25.76	0.02	0.01	0	7.88	7.08	0.07	99.54	61.6	37.9	0.4
EL10-4-4 PL-1	57.26	0	26.39	0.02	0	0	8.86	6.31	0.08	98.93	56	43.5	0.5
浩尧尔海拉苏													
EL15-3-3 PL-1	57.17	0	26.61	0.07	0.02	0	9.24	6.25	0.17	99.51	54.5	44.5	1
EL15-3-3 PL-2	58.06	0	25.61	0.05	0	0	8.49	6.57	0.26	99.04	57.5	41	1.5
EL15-3-3 PL-3	59.08	0	25.16	0.05	0.01	0	7.75	7.09	0.12	99.26	61.9	37.4	0.7
EL15-5-1 PL-1	57.34	0	26.57	0.07	0	0	9.18	6.23	0.25	99.63	54.3	44.3	1.4
EL15-5-1 PL-2	58.21	0	26.13	0.04	0	0	8.47	6.64	0.26	99.75	57.8	40.7	1.5
EL15-5-1 PL-3	58.6	0	26.09	0.31	0	0	8.36	6.77	0.25	100.37	58.6	40	1.4
EL15-5-1 PL-4	58.16	0.01	26.15	0.03	0	0	8.39	6.7	0.17	99.62	58.5	40.5	1
EL15-5-1 PL-5	58.41	0	25.8	0.12	0	0	8.31	6.55	0.25	99.43	57.9	40.6	1.5
EL15-6-2 PL-1	64.25	0.03	22.12	0	0.01	0	3.78	9.37	0.28	99.83	80.5	17.9	1.6
EL15-6-2 PL-2	63.14	0	22.51	0.06	0	0	4.32	9.13	0.11	99.27	78.8	20.6	0.6
EL15-6-2 PL-3	60.58	0.02	24.72	0.01	0	0	6.63	7.67	0.21	99.85	66.9	31.9	1.2
EL15-6-2 PL-4	64.9	0	21.52	0.09	0.01	0	3.18	9.49	0.4	99.59	82.4	15.3	2.3
EL15-6-2 PL-5	62.5	0.02	23.32	0.26	0	0	5.19	8.46	0.27	100.03	73.5	24.9	1.6

续附表 1–长石化学成分

单位：%

样品	SiO_2	TiO_2	Al_2O_3	FeO^T	MnO	MgO	CaO	Na_2O	K_2O	Total	Ab	An	Or
乌兰敖包													
EL14–19–4 PL–1	63. 66	0	22. 55	0. 03	0	0	3. 53	9. 43	0. 3	99. 49	81. 5	16. 8	1. 7
EL14–19–4 PL–2	63. 13	0	22. 94	0. 05	0	0	4. 51	8. 71	0. 12	99. 46	77. 2	22. 1	0. 7
EL14–19–4 PL–3	62. 26	0. 02	23. 69	0. 14	0	0	5	8. 42	0. 16	99. 68	74. 6	24. 5	0. 9
EL14–19–4 PL–4	62. 37	0	23. 16	0. 08	0	0	4. 99	8. 64	0. 08	99. 31	75. 4	24. 1	0. 5
牧场一队													
EL14–23–1 PL–1	63. 87	0. 01	22. 34	0. 08	0	0	3. 79	9. 31	0. 2	99. 61	80. 7	18. 2	1. 1
EL14–23–1 PL–2	64. 26	0. 02	21. 7	0. 05	0	0	3. 58	9. 54	0. 23	99. 39	81. 8	16. 9	1. 3
EL14–23–4 PL–1	63. 28	0	22. 48	0. 04	0	0	4. 3	9. 25	0. 12	99. 46	79. 1	20. 3	0. 6
EL14–23–4 PL–2	60. 87	0. 03	24. 14	0. 03	0. 01	0	6. 31	7. 82	0. 16	99. 36	68. 6	30. 6	0. 9
EL14–23–4 PL–3	63. 04	0	22. 62	0. 06	0. 03	0	4. 62	9	0. 13	99. 5	77. 3	22	0. 7
EL14–23–4 PL–4	60. 64	0. 04	24. 35	0. 11	0. 03	0	6. 51	7. 87	0. 15	99. 7	68. 1	31. 1	0. 8
EL14–23–4 PL–5	63. 43	0. 03	22. 28	0. 03	0	0	3. 85	8. 9	0. 4	98. 91	78. 8	18. 8	2. 4
EL14–23–4 PL–6	61. 77	0. 03	23. 73	0. 22	0. 02	0	5. 14	8. 32	0. 24	99. 48	73. 5	25. 1	1. 4
EL14–23–4 PL–7	61. 96	0	23. 44	0. 03	0. 02	0	5. 22	8. 52	0. 1	99. 28	74. 3	25. 2	0. 6
本巴图													
EL10–19–1 PL–1	62. 68	0. 02	22. 21	0. 24	0. 02	0. 01	3. 53	9. 44	0. 23	98. 39	81. 8	16. 9	1. 3
EL10–19–1 PL–2	54. 97	0. 02	28. 02	0. 24	0. 02	0. 01	10. 77	5. 16	0. 15	99. 35	46	53. 1	0. 9
EL10–19–1 PL–3	60. 21	0	24. 68	0. 15	0	0. 01	6. 76	7. 37	0. 29	99. 48	65. 2	33. 1	1. 7
EL10–19–1 PL–4	56. 93	0. 01	26. 44	0. 22	0. 01	0. 01	8. 87	6. 3	0. 14	98. 94	55. 8	43. 4	0. 8
EL10–19–1 PL–5	61. 35	0. 04	23. 82	0. 12	0. 01	0	5. 63	7. 94	0. 22	99. 13	71	27. 8	1. 3

续附表 1-长石化学成分

单位：%

样品	SiO_2	TiO_2	Al_2O_3	FeO^T	MnO	MgO	CaO	Na_2O	K_2O	Total	Ab	An	Or
EL10-19-1 PL-6	56. 62	0	27. 18	0. 17	0	0. 05	7. 19	5. 42	1. 84	98. 47	51. 1	37. 5	11. 4
EL10-19-1 PL-7	56. 53	0	26. 7	0. 17	0	0. 01	9. 45	5. 91	0. 16	98. 92	52. 6	46. 5	1
EL10-19-1 PL-8	64. 83	0. 01	21. 25	0. 14	0. 04	0	2. 83	9. 61	0. 28	99	84. 6	13. 8	1. 6
EL10-19-1 PL-9	56. 54	0. 04	26. 5	0. 19	0	0	8. 94	6. 22	0. 18	98. 61	55. 2	43. 8	1. 1
EL10-19-1 PL-10 PL-10	62. 75	0	23. 11	0. 12	0	0. 01	4. 69	8. 66	0. 21	99. 54	76. 1	22. 8	1. 2
EL10-19-1 PL-11	52. 45	0. 01	28. 89	0. 29	0. 01	0. 03	12	4. 66	0. 13	98. 47	41	58. 3	0. 7
EL10-18-1 PL-1	65. 94	0	20. 51	0. 07	0	0. 01	1. 37	10. 31	0. 26	98. 51	91. 8	6. 7	1. 5
EL10-18-1 PL-2	62. 2	0	24. 16	0. 17	0	0. 01	5. 36	8. 51	0. 24	100. 97	73. 2	25. 4	1. 4
EL10-18-1 PL-3	65. 98	0. 01	20. 68	0. 09	0. 02	0. 01	1. 5	9. 87	0. 36	98. 54	90. 3	7. 6	2. 1
EL10-18-1 PL-4	61. 51	0. 03	23. 99	0. 2	0	0. 01	5. 76	8. 06	0. 29	99. 84	70. 5	27. 8	1. 7
被角闪石包裹的斜长石													
EL10-19-1 PL-12	63. 971	0. 021	21. 104	0. 449	0. 034	0. 078	2. 307	9. 755	0. 225	97. 944	87. 3	11. 4	1. 3
EL10-19-1 PL-13	65. 422	0. 053	20. 093	0. 403	0. 006	0. 056	0. 92	11. 031	0. 173	98. 354	94. 6	4. 4	1
EL10-19-1 PL-14	68. 014	0	19. 78	0. 115	0. 011	0. 012	0. 388	11. 171	0. 409	99. 919	95. 9	1. 8	2. 3
EL10-19-1 PL-15	67. 718	0	19. 846	0. 264	0. 009	0. 068	0. 545	11. 184	0. 187	99. 821	96. 4	2. 6	1. 1
EL10-19-1 PL-16	68. 762	0	19. 187	0. 174	0. 022	0. 025	0. 142	11. 444	0. 082	99. 844	98. 9	0. 7	0. 5
钠长石出溶条纹													
EL10-18-1 PL-5	67. 83	0. 02	19. 2	0. 02	0	0	0. 17	11. 27	0. 09	98. 63	98. 6	0. 8	0. 5
EL10-18-1 PL-6	68. 21	0. 01	19. 01	0. 01	0. 03	0. 01	0. 2	11. 04	0. 1	98. 64	98. 4	1	0. 6
EL10-18-1 PL-7	68. 25	0	19. 57	0. 03	0	0	0. 03	11. 44	0. 07	99. 41	99. 4	0. 2	0. 4
EL10-18-1 PL-8	67. 68	0. 02	19. 25	0. 04	0. 01	0. 01	0. 11	11. 2	0. 17	98. 83	98. 5	0. 5	0. 9
EL10-18-1 PL-9	68. 63	0	19. 78	0. 2	0	0. 01	0. 29	11. 24	0. 11	100. 28	98	1. 4	0. 6

续附表 1-长石化学成分

单位：%

本巴图														
样品		SiO_2	TiO_2	Al_2O_3	FeO^T	MnO	MgO	CaO	Na_2O	K_2O	Total	Ab	An	Or
EL10-19-1 PL Line 1	核	55.69	0.03	27.75	0.26	0.01	0.02	10.27	5.48	0.23	99.74	48.5	50.2	1.3
		55.69	0.01	27.38	0.26	0.02	0.02	9.99	5.69	0.16	99.21	50.3	48.8	0.9
		55.38	0.03	27.7	0.24	0	0.06	10.28	5.54	0.19	99.41	48.8	50.1	1.1
		55.19	0.01	27.35	0.25	0	0.01	10.04	5.52	0.22	98.59	49.2	49.5	1.3
		56.93	0.02	26.59	0.27	0	0.01	9	6.08	0.24	99.15	54.2	44.4	1.4
		55.23	0.03	27.43	0.27	0	0	10.13	5.46	0.25	98.8	48.6	49.9	1.5
		55.17	0	27.64	0.25	0.01	0.01	10.23	5.36	0.24	98.93	48	50.6	1.4
		55.48	0	27.22	0.25	0.01	0.01	10.06	5.56	0.26	98.84	49.3	49.2	1.5
		55.89	0	26.96	0.24	0	0.02	9.86	5.74	0.27	99.02	50.5	47.9	1.6
		55.01	0.03	27.73	0.24	0.01	0.01	10.41	5.36	0.21	99.04	47.6	51.1	1.2
		56.64	0.01	26.06	0.26	0.02	0.02	8.82	5.99	0.27	98.1	54.3	44.2	1.6
		55.13	0	27.42	0.22	0.01	0.02	10.35	5.4	0.16	98.71	48.1	51	0.9
		56.21	0	25.93	0.28	0	0.02	8.88	6.03	0.24	97.61	54.3	44.3	1.4
		53.93	0.04	28.27	0.29	0	0.03	11.36	4.85	0.19	98.96	43.1	55.8	1.1
		55.1	0	27.6	0.27	0	0.03	10.45	5.21	0.24	98.9	46.8	51.8	1.4
		55.05	0.01	27.54	0.29	0	0.03	10.42	5.37	0.19	98.89	47.7	51.2	1.1
		54.53	0.01	27.74	0.27	0.01	0.02	10.56	5.16	0.21	98.51	46.4	52.4	1.2
		54.86	0.02	27.46	0.28	0	0.01	10.34	5.4	0.25	98.65	47.9	50.6	1.5
		56.73	0	26.74	0.28	0	0.02	9.49	5.86	0.24	99.36	52.1	46.6	1.4
		55.39	0.01	28.18	0.26	0.02	0.01	10.63	5.31	0.22	100.05	46.9	51.9	1.3

续附表 1-长石化学成分

单位：%

本巴图														
样品		SiO_2	TiO_2	Al_2O_3	FeO^T	MnO	MgO	CaO	Na_2O	K_2O	Total	Ab	An	Or
EL10-19-1 PL Line 1	幔	56.96	0	26.73	0.33	0.02	0.04	8.94	5.85	0.39	99.3	52.9	44.7	2.3
		56.17	0.02	26.91	0.22	0.03	0.01	9.69	5.69	0.25	99	50.7	47.8	1.5
		57.28	0	26.21	0.18	0	0.03	8.87	6.03	0.29	98.88	54.2	44.1	1.7
		55.26	0	27.58	0.26	0.01	0	10.31	5.38	0.22	99.02	47.9	50.8	1.3
		55.63	0	26.85	0.27	0.02	0.01	9.72	5.74	0.27	98.5	50.9	47.6	1.6
		58.72	0.01	25.98	0.2	0	0.01	8.17	6.66	0.1	99.85	59.2	40.2	0.6
		53.32	0	26.78	0.24	0.01	0.02	10.42	5.04	0.2	96.11	46.1	52.7	1.2
		60.41	0	24.99	0.15	0	0	6.64	7.63	0.11	99.93	67.1	32.3	0.6
EL10-19-1 PL Line 1	边	63.16	0	23.07	0.04	0	0.01	4.57	8.73	0.09	99.73	77.1	22.3	0.5
EL10-19-1 PL Line 2	核	56.45	0.03	27.12	0.31	0	0.04	9.64	5.68	0.24	99.51	50.8	47.7	1.4
		55.77	0.02	27.34	0.24	0.03	0.03	10.16	5.46	0.24	99.29	48.6	50	1.4
		56.29	0.02	27.26	0.51	0.02	0.31	7.71	5.26	1.83	99.21	49	39.7	11.2
		55.79	0.02	27.14	0.27	0	0.01	10.01	5.64	0.19	99.07	49.9	49	1.1
		55.42	0	27.35	0.27	0	0.04	9.98	5.52	0.23	98.8	49.4	49.3	1.4
		57.64	0.02	25.72	0.27	0	0.01	8.22	6.4	0.3	98.58	57.4	40.8	1.8
		54.39	0.01	27.97	0.23	0.04	0.01	10.64	5.12	0.2	98.63	46	52.8	1.2
		55.25	0	27.22	0.21	0.02	0.01	9.99	5.62	0.22	98.53	49.8	48.9	1.3
		55.9	0.02	26.47	0.26	0	0.01	9.22	6.03	0.25	98.16	53.4	45.1	1.4
		56.26	0	26.48	0.2	0	0.02	9.05	6.06	0.23	98.3	54	44.6	1.4
		57.78	0.01	25.05	0.15	0.01	0.02	7.5	6.81	0.31	97.69	61	37.1	1.8
		58.32	0	24.88	0.13	0.02	0.01	6.99	7.04	0.41	97.82	63	34.6	2.4
		58.9	0	24.78	0.19	0	0.01	6.69	7.27	0.36	98.19	64.9	33	2.1
		60.85	0	23.68	0.15	0	0.01	5.46	7.86	0.41	98.44	70.5	27.1	2.4
EL10-19-1 PL Line 2	边	61.48	0	22.86	0.15	0	0	4.77	8.49	0.37	98.12	74.7	23.2	2.2

附表 2 艾勒格庙-二连浩特地区古生代-早中生代侵入杂岩锆石 SIMS U-Pb 年龄分析结果

点号	Th /×10⁻⁶	U /×10⁻⁶	Th/U	Pb /×10⁻⁶	同位素比值						年龄/Ma					
					$^{207}Pb/^{206}Pb$	1σ /%	$^{207}Pb/^{235}U$	1σ /%	$^{206}Pb/^{238}U$	1σ /%	$^{207}Pb/^{206}Pb$	1σ	$^{207}Pb/^{235}U$	1σ	$^{206}Pb/^{238}U$	1σ
乌兰敖包																
EL14-19-1@1	35	103	0.338	10	0.05741	1.68	0.63413	2.26	0.0801	1.5	507.4	36.5	498.7	8.9	496.8	7.2
EL14-19-1@2	138	256	0.542	25	0.05736	0.74	0.6444	1.68	0.0815	1.51	505.5	16.2	505	6.7	504.9	7.3
EL14-19-1@3	101	412	0.246	37	0.05665	0.59	0.61905	1.61	0.0793	1.5	478	12.9	489.3	6.3	491.7	7.1
EL14-19-1@4	91	155	0.585	15	0.05788	1.63	0.62817	2.23	0.0787	1.52	525.1	35.4	495	8.8	488.5	7.1
EL14-19-1@5	70	174	0.4	16	0.05739	0.95	0.63441	1.78	0.0802	1.51	506.4	20.7	498.8	7	497.2	7.2
EL14-19-1@6	155	333	0.467	32	0.05711	0.66	0.63416	1.64	0.0805	1.5	495.7	14.5	498.7	6.5	499.3	7.2
EL14-19-1@7	148	271	0.547	27	0.05803	0.74	0.65253	1.68	0.0816	1.5	530.8	16.2	510	6.7	505.4	7.3
EL14-19-1@8	63	152	0.417	15	0.06106	1.39	0.69377	2.05	0.0824	1.5	641.4	29.7	535.1	8.6	510.4	7.4
EL14-19-1@9	68	222	0.307	20	0.05699	1.04	0.6285	1.83	0.08	1.5	491.2	22.7	495.2	7.2	496	7.2
EL14-19-1@10	83	225	0.369	21	0.05709	0.87	0.62587	1.77	0.0795	1.54	495.1	19	493.5	6.9	493.2	7.3
EL14-19-1@11	189	392	0.483	38	0.05696	0.7	0.63654	1.66	0.0811	1.5	489.8	15.4	500.2	6.6	502.4	7.3
EL14-19-1@12	34	79	0.432	8	0.05645	1.4	0.63324	2.06	0.0814	1.52	469.9	30.7	498.1	8.2	504.3	7.4
EL14-19-1@13	80	195	0.412	19	0.0576	0.85	0.64022	1.76	0.0806	1.54	514.7	18.5	502.4	7	499.7	7.4
EL14-19-1@14	187	374	0.5	37	0.05571	1.07	0.62731	1.85	0.0817	1.5	440.9	23.7	494.4	7.3	506.1	7.3
EL14-19-1@15	69	148	0.465	14	0.05641	0.93	0.61271	1.77	0.0788	1.51	468.4	20.6	485.3	6.9	488.9	7.1
EL14-19-1@16	80	210	0.382	19	0.0569	0.77	0.61941	1.69	0.079	1.5	487.7	17	489.5	6.6	489.9	7.1
EL14-19-1@19	131	385	0.34	35	0.05739	0.7	0.62574	1.67	0.0791	1.52	506.4	15.4	493.4	6.6	490.7	7.2
EL14-19-1@20	31	73	0.425	7	0.05705	1.66	0.61307	2.24	0.0779	1.51	493.4	36.1	485.5	8.7	483.8	7

续附表 2

点号	Th /×10⁻⁶	U /×10⁻⁶	Th/U	Pb /×10⁻⁶	同位素比值						年龄/Ma					
					$^{207}Pb/^{206}Pb$	1σ /%	$^{207}Pb/^{235}U$	1σ /%	$^{206}Pb/^{238}U$	1σ /%	$^{207}Pb/^{206}Pb$	1σ	$^{207}Pb/^{235}U$	1σ	$^{206}Pb/^{238}U$	1σ
哈尔绍若敖包																
EL14-22-1@1	202	249	0.811	24	0.05608	0.87	0.56257	1.73	0.07276	1.5	455.4	19.2	453.2	6.4	452.8	6.6
EL14-22-1@2	58	100	0.581	9	0.05601	1.2	0.55876	1.94	0.07236	1.52	452.6	26.4	450.7	7.1	450.3	6.6
EL14-22-1@3	76	133	0.573	12	0.05543	1.45	0.55128	2.09	0.07213	1.5	429.7	32.1	445.8	7.6	449	6.5
EL14-22-1@4	74	114	0.654	10	0.05565	1.23	0.55526	1.94	0.07236	1.5	438.6	27.2	448.4	7.1	450.4	6.5
EL14-22-1@5	58	109	0.531	10	0.05714	1.12	0.57214	1.87	0.07262	1.5	496.9	24.4	459.4	6.9	451.9	6.6
EL14-22-1@6	353	410	0.86	40	0.05634	0.58	0.57133	1.61	0.07355	1.5	465.8	12.8	458.9	6	457.5	6.6
EL14-22-1@7	257	473	0.542	43	0.05617	0.85	0.56744	1.73	0.07327	1.5	459	18.8	456.4	6.4	455.8	6.6
EL14-22-1@8	23	76	0.301	6	0.05629	1.31	0.55567	2	0.0716	1.5	463.7	28.9	448.7	7.3	445.8	6.5
EL14-22-1@9	104	148	0.703	13	0.05624	0.95	0.55325	1.78	0.07135	1.5	461.8	21	447.1	6.5	444.3	6.4
EL14-22-1@10	180	200	0.901	20	0.05552	1.37	0.57719	2.18	0.0754	1.7	433.1	30.3	462.7	8.2	468.6	7.7
EL14-22-1@11	54	99	0.549	9	0.05661	1.35	0.56672	2.02	0.0726	1.5	476.5	29.5	455.9	7.4	451.8	6.6
EL14-22-1@12	332	423	0.785	40	0.05491	1.24	0.54709	1.95	0.07226	1.5	408.5	27.5	443.1	7	449.8	6.5
EL14-22-1@13	44	92	0.473	8	0.05524	1.59	0.54085	2.19	0.07101	1.5	422	35	439	7.8	442.2	6.4
EL14-22-1@14	73	130	0.559	12	0.05596	1.45	0.55877	2.09	0.07241	1.51	450.9	31.8	450.7	7.6	450.7	6.6
EL14-22-1@15	58	163	0.358	14	0.0559	1.01	0.55764	1.81	0.07234	1.5	448.6	22.3	450	6.6	450.3	6.5
EL14-22-1@16	33	113	0.292	9	0.05591	1.96	0.55005	2.49	0.07135	1.53	448.8	42.9	445	9	444.3	6.6
EL14-22-1@17	131	221	0.595	20	0.05637	1.02	0.56698	1.82	0.07295	1.5	466.8	22.4	456.1	6.7	453.9	6.6
EL14-22-1@18	16	50	0.309	4	0.05488	2.46	0.55203	2.89	0.07295	1.51	407.5	54.2	446.3	10.5	453.9	6.6
EL14-22-1@19	16	57	0.277	5	0.05593	1.88	0.57381	2.54	0.07441	1.71	449.6	41.2	460.5	9.5	462.7	7.6
EL14-22-1@20	113	145	0.781	14	0.05664	1.18	0.56524	1.95	0.07238	1.56	477.4	25.8	454.9	7.2	450.5	6.8
EL14-22-1@21	133	164	0.813	15	0.05759	1.07	0.5473	1.89	0.06892	1.56	514.2	23.3	443.2	6.8	429.7	6.5
EL14-22-1@22	33	103	0.322	9	0.05588	1.86	0.57097	2.54	0.07411	1.73	447.6	40.9	458.6	9.4	460.8	7.7

续附表 2

点号	Th /$\times10^{-6}$	U /$\times10^{-6}$	Th/U	Pb /$\times10^{-6}$	同位素比值 $^{207}Pb/^{206}Pb$	1σ /%	$^{207}Pb/^{235}U$	1σ /%	$^{206}Pb/^{238}U$	1σ /%	年龄/Ma $^{207}Pb/^{206}Pb$	1σ	$^{207}Pb/^{235}U$	1σ	$^{206}Pb/^{238}U$	1σ
牧场一队																
EL14-23-1@1	175	560	0.313	39	0.05434	0.74	0.45524	1.69	0.06076	1.51	385.1	16.6	380.9	5.4	380.3	5.59
EL14-23-1@2	51	183	0.278	13	0.05422	1.2	0.45012	1.94	0.06021	1.52	380.1	26.7	377.4	6.1	376.9	5.58
EL14-23-1@3	97	209	0.466	15	0.05388	0.94	0.4491	1.78	0.06046	1.51	365.9	21.1	376.6	5.6	378.4	5.54
EL14-23-1@4	258	586	0.441	43	0.05391	0.73	0.45483	1.67	0.06119	1.5	367.4	16.4	380.7	5.3	382.8	5.58
EL14-23-1@5	125	242	0.516	18	0.05331	0.87	0.44993	1.73	0.06122	1.5	341.8	19.5	377.2	5.5	383	5.59
EL14-23-1@6	259	811	0.32	58	0.0535	0.5	0.45728	1.58	0.06199	1.5	350	11.4	382.4	5.1	387.7	5.65
EL14-23-1@7	73	194	0.377	13	0.05407	1.01	0.44575	1.82	0.05979	1.51	374	22.7	374.3	5.7	374.4	5.48
EL14-23-1@8	81	137	0.592	10	0.05426	1.47	0.4425	2.1	0.05915	1.5	381.8	32.8	372	6.6	370.4	5.41
EL14-23-1@9	88	185	0.474	13	0.05347	1.17	0.44518	1.9	0.06038	1.5	348.9	26.2	373.9	6	378	5.51
EL14-23-1@10	186	323	0.578	24	0.05398	0.85	0.44498	1.74	0.05979	1.52	370.3	19.1	373.8	5.5	374.3	5.53
EL14-23-1@11	61	257	0.237	17	0.05409	1.04	0.43978	1.82	0.05896	1.5	374.9	23.2	370.1	5.7	369.3	5.39
EL14-23-1@12	173	250	0.693	18	0.05388	0.95	0.43447	1.78	0.05848	1.5	366.2	21.3	366.3	5.5	366.4	5.35
EL14-23-1@13	81	267	0.304	18	0.05379	0.9	0.44077	1.78	0.05943	1.54	362.2	20.2	370.8	5.5	372.2	5.55
EL14-23-1@14	127	224	0.564	16	0.05394	1.23	0.44018	1.99	0.05919	1.56	368.5	27.5	370.4	6.2	370.7	5.62
EL14-23-1@15	66	136	0.485	10	0.05389	1.3	0.43762	1.99	0.0589	1.5	366.4	29.1	368.6	6.2	368.9	5.4
EL14-23-1@16	464	377	1.231	140	0.09763	0.37	3.45209	1.55	0.25646	1.5	1579	7	1516	12	1472	20
EL14-23-1@17	68	216	0.316	14	0.05421	1.2	0.43624	1.92	0.05837	1.51	379.6	26.7	367.6	6	365.7	5.36
EL14-23-1@18	132	402	0.328	27	0.05477	0.92	0.44054	1.78	0.05834	1.53	402.8	20.5	370.6	5.6	365.5	5.43
EL14-23-1@19	126	327	0.387	23	0.05391	0.86	0.43573	1.74	0.05863	1.51	367.1	19.4	367.2	5.4	367.3	5.38
EL14-23-1@20	70	179	0.391	12	0.05498	1.16	0.44056	1.9	0.05812	1.5	411.3	25.7	370.6	5.9	364.2	5.33

续附表 2

点号	Th /×10⁻⁶	U /×10⁻⁶	Th/U	Pb /×10⁻⁶	同位素比值						年龄/Ma					
					$^{207}Pb/^{206}Pb$	1σ /%	$^{207}Pb/^{235}U$	1σ /%	$^{206}Pb/^{238}U$	1σ /%	$^{207}Pb/^{206}Pb$	1σ	$^{207}Pb/^{235}U$	1σ	$^{206}Pb/^{238}U$	1σ
本巴图																
EL10-19-1@1	49	116	0.419	7	0.05496	2.41	0.4059	2.85	0.05356	1.52	410.7	53.1	345.9	8.4	336.3	5
EL10-19-1@2	130	209	0.621	14	0.05239	1.93	0.38607	2.44	0.05344	1.5	302.6	43.3	331.5	6.9	335.6	4.9
EL10-19-1@3	42	109	0.387	7	0.05262	2.89	0.38967	3.28	0.05371	1.55	312.6	64.5	334.1	9.4	337.2	5.1
EL10-19-1@4	116	264	0.438	17	0.05354	1.6	0.3944	2.19	0.05342	1.5	351.9	35.8	337.6	6.3	335.5	4.9
EL10-19-1@5	71	143	0.498	9	0.05268	2.98	0.38995	3.34	0.05369	1.51	315	66.3	334.3	9.6	337.1	5
EL10-19-1@6	64	158	0.406	10	0.05316	2.44	0.38677	2.88	0.05277	1.52	335.5	54.5	332	8.2	331.5	4.9
EL10-19-1@7	101	160	0.63	11	0.0523	2.4	0.38251	2.85	0.05304	1.54	298.7	53.9	328.9	8	333.2	5
EL10-19-1@8	150	231	0.648	15	0.05286	1.75	0.39015	2.31	0.05353	1.51	322.8	39.2	334.5	6.6	336.2	4.9
EL10-19-1@9	60	106	0.569	7	0.0549	3.41	0.40293	3.73	0.05323	1.52	408.3	74.5	343.8	10.9	334.3	4.9
EL10-19-1@10	157	372	0.422	24	0.05225	1.35	0.39144	2.02	0.05433	1.5	296.5	30.4	335.4	5.8	341.1	5
EL10-19-1@11	125	190	0.656	13	0.05329	1.9	0.39396	2.42	0.05361	1.51	341.3	42.4	337.3	7	336.7	5
EL10-19-1@12	59	111	0.536	7	0.05164	2.92	0.37311	3.28	0.0524	1.51	269.5	65.6	322	9.1	329.3	4.8
EL10-19-1@13	85	257	0.329	16	0.05315	1.63	0.38914	2.21	0.0531	1.5	335.1	36.5	333.7	6.3	333.5	4.9
EL10-19-1@14	56	136	0.416	9	0.05569	2.2	0.40766	2.67	0.05309	1.51	440.1	48.3	347.2	7.9	333.5	4.9
EL10-19-1@15	69	204	0.339	13	0.05388	1.81	0.39603	2.36	0.05331	1.51	366.2	40.4	338.8	6.8	334.8	4.9
EL10-19-1@16	48	117	0.409	7	0.05214	3.17	0.386	3.52	0.05369	1.52	291.5	70.9	331.4	10	337.2	5

续附表 2

点号	Th /×10⁻⁶	U /×10⁻⁶	Th/U	Pb /×10⁻⁶	同位素比值						年龄/Ma					
					$^{207}Pb/^{206}Pb$	1σ /%	$^{207}Pb/^{235}U$	1σ /%	$^{206}Pb/^{238}U$	1σ /%	$^{207}Pb/^{206}Pb$	1σ	$^{207}Pb/^{235}U$	1σ	$^{206}Pb/^{238}U$	1σ
巴彦高勒东																
EL10-4-1@1	130	313	0. 415	19	0. 05411	1. 54	0. 38016	2. 15	0. 051	1. 51	375. 5	34. 3	327. 2	6	320. 4	4. 7
EL10-4-1@2	112	329	0. 34	20	0. 05266	1. 59	0. 37722	2. 21	0. 052	1. 54	314. 3	35. 8	325	6. 2	326. 5	4. 9
EL10-4-1@3	108	266	0. 407	16	0. 05204	2. 51	0. 3702	2. 95	0. 0516	1. 55	287. 2	56. 5	319. 8	8. 1	324. 3	4. 9
EL10-4-1@4	123	338	0. 364	20	0. 05272	1. 44	0. 37622	2. 09	0. 0518	1. 51	316. 8	32. 5	324. 3	5. 8	325. 3	4. 8
EL10-4-1@5	134	328	0. 408	20	0. 054	1. 5	0. 38167	2. 13	0. 0513	1. 52	371	33. 4	328. 3	6	322. 3	4. 8
EL10-4-1@6	191	490	0. 39	30	0. 05319	2. 11	0. 38548	2. 59	0. 0526	1. 51	336. 8	47	331. 1	7. 3	330. 2	4. 9
EL10-4-1@7	127	338	0. 376	20	0. 05318	1. 95	0. 3788	2. 61	0. 0517	1. 72	336. 4	43. 7	326. 2	7. 3	324. 7	5. 5
EL10-4-1@8	170	452	0. 376	28	0. 05278	1. 24	0. 3857	1. 94	0. 053	1. 5	319. 2	27. 9	331. 2	5. 5	332. 9	4. 9
EL10-4-1@9	207	363	0. 569	23	0. 05379	1. 37	0. 38618	2. 05	0. 0521	1. 52	362. 5	30. 6	331. 6	5. 8	327. 2	4. 9
EL10-4-1@10	125	296	0. 423	18	0. 05309	1. 54	0. 37367	2. 24	0. 051	1. 63	332. 8	34. 5	322. 4	6. 2	320. 9	5. 1
EL10-4-1@11	176	434	0. 406	27	0. 05371	1. 26	0. 38557	1. 96	0. 0521	1. 5	359	28. 2	331. 1	5. 6	327. 2	4. 8
EL10-4-1@12	376	747	0. 504	60	0. 05497	0. 84	0. 504	1. 72	0. 0665	1. 5	410. 9	18. 7	414. 4	5. 9	415	6
EL10-4-1@13	134	316	0. 422	19	0. 05224	1. 5	0. 3682	2. 13	0. 0511	1. 52	296	33. 9	318. 3	5. 8	321. 4	4. 8
EL10-4-1@14	207	520	0. 398	32	0. 05288	1. 22	0. 38013	1. 95	0. 0521	1. 52	323. 8	27. 5	327. 1	5. 5	327. 6	4. 8
EL10-4-1@15	149	341	0. 437	21	0. 05236	1. 9	0. 37522	2. 47	0. 052	1. 58	301. 3	42. 8	323. 5	6. 9	326. 6	5
EL10-4-1@16	102	252	0. 406	15	0. 05269	1. 82	0. 37393	2. 38	0. 0515	1. 53	315. 5	40. 8	322. 6	6. 6	323. 5	4. 8

续附表 2

点号	Th /×10⁻⁶	U /×10⁻⁶	Th/U	Pb /×10⁻⁶	同位素比值 $^{207}Pb/^{206}Pb$	1σ /%	$^{207}Pb/^{235}U$	1σ /%	$^{206}Pb/^{238}U$	1σ /%	年龄/Ma $^{207}Pb/^{206}Pb$	1σ	$^{207}Pb/^{235}U$	1σ	$^{206}Pb/^{238}U$	1σ
浩尧尔海拉苏																
EL15-3-2@1	29	202	0.146	11	0.05127	2.8	0.34036	3.35	0.0481	1.83	253	63.2	297.4	8.7	303.1	5.4
EL15-3-2@3	73	435	0.169	23	0.05265	1.57	0.35209	2.41	0.0485	1.82	313.9	35.4	306.3	6.4	305.3	5.4
EL15-3-2@4	545	1419	0.384	81	0.05438	1.43	0.36404	2.12	0.0486	1.57	386.6	31.8	315.2	5.8	305.6	4.7
EL15-3-2@5	120	186	0.644	11	0.05163	3.67	0.34851	3.98	0.049	1.55	269.2	82	303.6	10.5	308.1	4.7
EL15-3-2@6	70	156	0.45	9	0.05322	2.47	0.35542	2.89	0.0484	1.52	338.4	54.9	308.8	7.7	304.9	4.5
EL15-3-2@7	216	1794	0.12	93	0.0518	1.86	0.34054	2.56	0.0477	1.76	276.4	42.1	297.6	6.6	300.3	5.2
EL15-3-2@12	252	363	0.693	23	0.05166	1.44	0.34619	2.15	0.0486	1.6	270.5	32.6	301.9	5.6	305.9	4.8
EL15-3-2@13	40	59	0.69	4	0.05249	5.9	0.3483	6.11	0.0481	1.59	307	129	303.4	16.1	303	4.7
EL15-3-2@16	62	314	0.197	17	0.05286	1.62	0.35272	2.25	0.0484	1.56	322.7	36.5	306.8	6	304.7	4.7
EL15-3-2@17	102	154	0.663	9	0.05446	4.11	0.35768	4.43	0.0476	1.66	390.2	89.7	310.5	11.9	300	4.9
EL15-3-2@19	579	618	0.938	41	0.05223	1.05	0.35059	1.99	0.0487	1.69	295.6	23.8	305.2	5.3	306.4	5.1
EL15-5-1@2	49	568	0.085	30	0.05266	1.09	0.35061	2.09	0.0483	1.78	314	24.7	305.2	5.5	304	5.3
EL15-5-1@5	34	315	0.109	17	0.053	1.77	0.35426	2.57	0.0485	1.86	328.8	39.6	307.9	6.8	305.2	5.5
EL15-5-1@6	51	368	0.138	20	0.05185	1.63	0.34825	2.34	0.0487	1.68	278.7	36.9	303.4	6.2	306.6	5
EL15-5-1@7	112	1319	0.085	70	0.05256	0.83	0.35417	1.8	0.0489	1.6	309.7	18.7	307.9	4.8	307.6	4.8
EL15-5-1@8	102	442	0.231	24	0.05356	1.27	0.35283	2.04	0.0478	1.6	352.8	28.5	306.8	5.4	300.8	4.7
EL15-5-1@11	79	998	0.079	51	0.05327	1.45	0.34973	2.2	0.0476	1.65	340.5	32.5	304.5	5.8	299.8	4.8
EL15-5-1@12	57	570	0.099	30	0.05287	1.11	0.35485	1.89	0.0487	1.53	323.3	25	308.4	5	306.4	4.6
EL15-5-1@13	63	606	0.104	31	0.05265	1.1	0.34504	2.07	0.0475	1.75	313.8	24.9	301	5.4	299.3	5.1
EL15-5-1@14	26	343	0.075	17	0.05227	1.87	0.34127	2.5	0.0474	1.65	297.3	42.2	298.1	6.5	298.2	4.8
EL15-5-1@15	50	168	0.297	9	0.05574	5.09	0.36641	5.35	0.0477	1.63	442.2	109.4	317	14.7	300.2	4.8
EL15-5-1@16	33	70	0.462	4	0.04962	8.32	0.33054	8.47	0.0483	1.59	177.5	183.3	290	21.6	304.1	4.7
EL15-5-1@18	107	1980	0.054	100	0.05158	3.08	0.33811	3.52	0.0475	1.7	267	69.2	295.7	9.1	299.4	5

续附表 2

点号	Th /×10⁻⁶	U /×10⁻⁶	Th/U	Pb /×10⁻⁶	同位素比值						年龄/Ma					
					$^{207}Pb/^{206}Pb$	1σ /%	$^{207}Pb/^{235}U$	1σ /%	$^{206}Pb/^{238}U$	1σ /%	$^{207}Pb/^{206}Pb$	1σ	$^{207}Pb/^{235}U$	1σ	$^{206}Pb/^{238}U$	1σ
哈拉图庙花岗岩株																
EL14-5-4@1	723	1134	0.637	69	0.05231	0.37	0.3498	1.55	0.0485	1.51	298.8	8.5	304.6	4.1	305.3	4.5
EL14-5-4@2	60	252	0.237	14	0.05264	0.82	0.34479	1.71	0.0475	1.5	313.2	18.5	300.8	4.5	299.2	4.4
EL14-5-4@3	401	802	0.5	47	0.05267	0.46	0.35037	1.57	0.0482	1.5	314.5	10.4	305	4.1	303.8	4.5
EL14-5-4@4	301	648	0.465	38	0.05265	0.67	0.35215	1.64	0.0485	1.5	313.8	15.2	306.3	4.4	305.4	4.5
EL14-5-4@5	230	479	0.481	28	0.05259	0.78	0.34969	1.69	0.0482	1.5	311	17.6	304.5	4.5	303.6	4.5
EL14-5-4@6	284	589	0.482	34	0.0529	0.51	0.35324	1.58	0.0484	1.5	324.6	11.5	307.2	4.2	304.9	4.5
EL14-5-4@7	265	560	0.473	33	0.05271	0.51	0.3527	1.59	0.0485	1.5	316.5	11.6	306.8	4.2	305.5	4.5
EL14-5-4@8	242	545	0.444	31	0.05258	0.54	0.35096	1.6	0.0484	1.5	310.7	12.1	305.4	4.2	304.8	4.5
EL14-5-4@9	255	550	0.464	32	0.05234	0.53	0.35035	1.59	0.0486	1.5	300.1	12.1	305	4.2	305.6	4.5
EL14-5-4@10	218	507	0.429	29	0.05217	0.79	0.35015	1.7	0.0487	1.5	293.1	18	304.8	4.5	306.4	4.5
EL14-5-4@11	243	552	0.44	31	0.05282	0.73	0.34808	1.67	0.0478	1.5	321	16.4	303.3	4.4	301	4.4
EL14-5-4@12	339	695	0.487	40	0.05225	0.95	0.34575	1.78	0.048	1.51	296.4	21.5	301.5	4.7	302.2	4.5
EL14-5-4@13	553	1094	0.505	64	0.05268	0.38	0.35227	1.55	0.0485	1.5	314.9	8.6	306.4	4.1	305.3	4.5
EL14-5-4@14	289	601	0.481	34	0.05236	0.58	0.34467	1.61	0.0477	1.5	301.3	13.2	300.7	4.2	300.6	4.4
EL14-5-4@15	371	758	0.49	45	0.05258	0.46	0.35424	1.57	0.0489	1.5	310.7	10.5	307.9	4.2	307.5	4.5
EL14-5-4@16	360	746	0.483	43	0.0523	0.59	0.34831	1.62	0.0483	1.5	298.4	13.4	303.5	4.2	304.1	4.5
EL14-5-4@17	256	576	0.445	33	0.05201	0.49	0.34572	1.59	0.0482	1.51	286.1	11.1	301.5	4.1	303.5	4.5
EL14-5-4@18	147	379	0.388	22	0.05268	0.59	0.35121	1.61	0.0484	1.5	314.9	13.3	305.6	4.3	304.4	4.5

续附表 2

点号	Th /×10⁻⁶	U /×10⁻⁶	Th/U	Pb /×10⁻⁶	同位素比值 $^{207}Pb/^{206}Pb$	1σ /%	$^{207}Pb/^{235}U$	1σ /%	$^{206}Pb/^{238}U$	1σ /%	年龄/Ma $^{207}Pb/^{206}Pb$	1σ	$^{207}Pb/^{235}U$	1σ	$^{206}Pb/^{238}U$	1σ
干茨呼都格																
EL10-9 01	307	76	0. 25	15	0. 05202	2. 4	0. 0419	1. 63	0. 30046	2. 9	286	54	267	7	265	4
EL10-9 02	255	69	0. 27	13	0. 05256	2. 44	0. 0444	1. 5	0. 32161	2. 86	310	55	283	7	280	4
EL10-9 03	562	159	0. 28	27	0. 0523	1. 62	0. 0417	1. 58	0. 30061	2. 26	298	36	267	5	263	4
EL10-9 04	434	103	0. 24	21	0. 05064	1. 84	0. 0426	1. 78	0. 2977	2. 56	225	42	265	6	269	5
EL10-9 05	761	356	0. 47	41	0. 05312	1. 45	0. 0446	1. 81	0. 32682	2. 32	334	33	287	6	281	5
EL10-9 06	454	133	0. 29	24	0. 05135	2. 08	0. 0454	1. 52	0. 32124	2. 57	256	47	283	6	286	4
EL10-9 07	816	364	0. 45	44	0. 05217	1. 14	0. 0449	1. 5	0. 32307	1. 89	293	26	284	5	283	4
EL10-9 08	491	110	0. 22	24	0. 05212	2. 08	0. 0428	1. 94	0. 30769	2. 84	291	47	272	7	270	5
EL10-9 09	580	149	0. 26	26	0. 05203	2. 38	0. 0401	2. 02	0. 28734	3. 12	287	53	256	7	253	5
EL10-9 11	612	195	0. 32	29	0. 05199	1. 74	0. 0415	1. 53	0. 29766	2. 32	285	39	265	5	262	4
EL10-9 12	752	221	0. 29	38	0. 05231	1. 15	0. 0444	1. 5	0. 31992	1. 89	299	26	282	5	280	4
EL10-9 13	370	82	0. 22	17	0. 053	1. 93	0. 0415	1. 65	0. 30363	2. 54	329	43	269	6	262	4
EL10-9 14	781	217	0. 28	39	0. 05262	1. 65	0. 0434	1. 5	0. 31476	2. 23	312	37	278	5	274	4
EL10-9 15	228	49	0. 21	11	0. 0526	1. 93	0. 0444	1. 51	0. 32225	2. 45	312	43	284	6	280	4
EL10-9 16	391	98	0. 25	20	0. 05245	1. 45	0. 0449	1. 5	0. 32465	2. 09	305	33	285	5	283	4
EL10-9 17	614	204	0. 33	29	0. 0525	1. 25	0. 0407	1. 57	0. 29431	2	307	28	262	5	257	4
EL10-9 19	745	270	0. 36	38	0. 05061	1. 94	0. 0436	1. 51	0. 30423	2. 46	223	44	270	6	275	4

续附表 2

点号	Th /×10⁻⁶	U /×10⁻⁶	Th/U	Pb /×10⁻⁶	同位素比值 $^{207}Pb/^{206}Pb$	1σ /%	$^{207}Pb/^{235}U$	1σ /%	$^{206}Pb/^{238}U$	1σ /%	年龄/Ma $^{207}Pb/^{206}Pb$	1σ	$^{207}Pb/^{235}U$	1σ	$^{206}Pb/^{238}U$	1σ
才里乌苏																
EL10-6-5 01	300	151	0. 51	16	0. 05047	2. 7	0. 044	1. 55	0. 30605	3. 11	271	7	271	7	277	4
EL10-6-5 04	630	398	0. 63	35	0. 05021	1. 4	0. 0443	1. 5	0. 30661	2. 05	272	5	272	5	279	4
EL10-6-5 05	237	107	0. 45	12	0. 05135	2. 55	0. 0441	1. 51	0. 31207	2. 97	276	7	276	7	278	4
EL10-6-5 07	252	132	0. 52	13	0. 05219	2. 17	0. 0438	1. 55	0. 31487	2. 67	278	7	278	7	276	4
EL10-6-5 08	189	57	0. 3	9	0. 04965	2. 56	0. 0433	1. 52	0. 29649	2. 97	264	7	264	7	273	4
EL10-6-5 09	208	85	0. 41	11	0. 05205	2. 35	0. 0443	1. 52	0. 31782	2. 8	280	7	280	7	279	4
EL10-6-5 10	642	289	0. 45	34	0. 05124	1. 44	0. 0438	1. 51	0. 30917	2. 08	274	5	274	5	276	4
EL10-6-5 11	427	189	0. 44	22	0. 05085	1. 95	0. 0438	1. 51	0. 3072	2. 47	272	6	272	6	276	4
EL10-6-5 12	230	109	0. 47	12	0. 04997	2. 49	0. 0427	1. 52	0. 29425	2. 91	262	7	262	7	270	4
EL10-6-5 13	502	194	0. 39	26	0. 05292	1. 55	0. 044	1. 5	0. 32118	2. 16	283	5	283	5	278	4
EL10-6-5 14	246	92	0. 37	12	0. 05157	2. 24	0. 0433	1. 5	0. 30783	2. 7	272	6	272	6	273	4
EL10-6-5 15	173	45	0. 26	9	0. 05127	3. 46	0. 0437	1. 56	0. 30925	3. 8	274	9	274	9	276	4
EL10-6-5 16	234	63	0. 27	11	0. 05132	3. 27	0. 0427	1. 52	0. 30211	3. 61	268	9	268	9	269	4
EL10-6-5 17	761	61	0. 08	37	0. 0529	1. 79	0. 0447	1. 5	0. 32614	2. 33	287	6	287	6	282	4
EL10-6-5 18	968	583	0. 6	52	0. 052	1. 13	0. 0437	1. 5	0. 31323	1. 88	277	5	277	5	276	4

续附表 2

点号	Th /×10^-6	U /×10^-6	Th/U	Pb /×10^-6	同位素比值 $^{207}Pb/^{206}Pb$	1σ /%	$^{207}Pb/^{235}U$	1σ /%	$^{206}Pb/^{238}U$	1σ /%	年龄/Ma $^{207}Pb/^{206}Pb$	1σ	$^{207}Pb/^{235}U$	1σ	$^{206}Pb/^{238}U$	1σ
昆都冷																
EL10-20 01	494	216	0. 44	26	0. 05366	1. 55	0. 04445	1. 51	0. 32887	2. 16	357	35	289	5	280	4
EL10-20 02	326	175	0. 54	18	0. 05287	1. 66	0. 04398	1. 52	0. 32059	2. 25	323	37	282	6	277	4
EL10-20 04	804	487	0. 61	45	0. 05134	1. 1	0. 04482	1. 5	0. 31727	1. 87	256	25	280	5	283	4
EL10-20 07	703	360	0. 51	37	0. 05293	1. 35	0. 04294	1. 51	0. 3134	2. 02	326	30	277	5	271	4
EL10-20 08	659	321	0. 49	35	0. 05152	1. 28	0. 04472	1. 5	0. 31765	1. 97	264	29	280	5	282	4
EL10-20 09	833	477	0. 57	46	0. 05235	1. 13	0. 04498	1. 5	0. 32472	1. 88	301	25	286	5	284	4
EL10-20 12	245	91	0. 37	13	0. 05194	1. 85	0. 04434	1. 51	0. 31756	2. 39	283	42	280	6	280	4
EL10-20 13	799	428	0. 54	42	0. 05049	1. 92	0. 04432	1. 52	0. 30858	2. 45	218	44	273	6	280	4
EL10-20 15	645	338	0. 52	35	0. 05163	2. 56	0. 04408	1. 66	0. 31379	3. 05	269	58	277	7	278	5
EL10-20 16	1002	566	0. 57	52	0. 05224	1. 62	0. 04231	1. 83	0. 30479	2. 44	296	36	270	6	267	5
EL10-21 02	368	174	0. 47	19	0. 05216	1. 74	0. 04384	1. 51	0. 31527	2. 3	292	39	278	6	277	4
EL10-21 03	1040	636	0. 61	57	0. 05202	0. 96	0. 04383	1. 5	0. 31434	1. 79	286	22	278	4	277	4
EL10-21 04	1072	602	0. 56	58	0. 05303	1. 16	0. 04427	1. 51	0. 32373	1. 91	330	26	285	5	279	4
EL10-21 05	373	152	0. 41	19	0. 05278	1. 55	0. 04347	1. 54	0. 31633	2. 18	319	35	279	5	274	4
EL10-21 08	408	222	0. 55	22	0. 05135	1. 9	0. 04409	1. 51	0. 31218	2. 43	257	43	276	6	278	4
EL10-21 10	691	353	0. 51	38	0. 05285	2. 08	0. 04488	1. 51	0. 32703	2. 57	323	47	287	6	283	4
EL10-21 11	988	490	0. 5	55	0. 05241	0. 97	0. 04551	1. 5	0. 32886	1. 79	304	22	289	5	287	4
EL10-21 14	958	576	0. 6	53	0. 05197	1. 23	0. 04446	1. 5	0. 31856	1. 94	284	28	281	5	280	4
EL10-21 16	622	342	0. 55	34	0. 05186	1. 17	0. 04414	1. 52	0. 31562	1. 92	279	27	279	5	278	4

续附表 2

点号	Th /×10⁻⁶	U /×10⁻⁶	Th/U	Pb /×10⁻⁶	同位素比值						年龄/Ma					
					$^{207}Pb/^{206}Pb$	1σ /%	$^{207}Pb/^{235}U$	1σ /%	$^{206}Pb/^{238}U$	1σ /%	$^{207}Pb/^{206}Pb$	1σ	$^{207}Pb/^{235}U$	1σ	$^{206}Pb/^{238}U$	1σ
包饶勒敖包																
EL10-5@2	683	1865	0.366	87	0.05097	0.81	0.2812	1.74	0.04	1.54	239.4	18.6	251.6	3.9	252.9	3.8
EL14-13-1@06	156	307	0.508	18	0.05205	0.75	0.33759	1.68	0.047	1.51	287.6	17.2	295.3	4.3	296.3	4.4
EL14-13-1@15	324	643	0.504	37	0.05265	0.58	0.34356	1.61	0.0473	1.5	313.7	13.1	299.9	4.2	298.1	4.4
EL14-13-1@02	638	727	0.877	35	0.05145	0.6	0.25888	1.62	0.0365	1.51	261.1	13.8	233.8	3.4	231.1	3.4
EL14-13-1@04	980	1158	0.846	57	0.05123	0.49	0.26261	1.59	0.0372	1.51	251.1	11.3	236.8	3.4	235.3	3.5
EL14-13-1@05	719	2440	0.295	102	0.05094	0.46	0.25778	1.57	0.0367	1.5	238.1	10.7	232.9	3.3	232.4	3.4
EL14-13-1@07	451	839	0.538	37	0.0509	0.66	0.25457	1.65	0.0363	1.52	236.5	15.1	230.3	3.4	229.7	3.4
EL14-13-1@08	441	767	0.575	35	0.0509	0.53	0.25797	1.66	0.0368	1.57	236.4	12.3	233	3.5	232.7	3.6
EL14-13-1@09	553	830	0.667	39	0.05066	0.51	0.26431	1.59	0.0378	1.5	225.4	11.7	238.1	3.4	239.4	3.5
EL14-13-1@10	262	500	0.523	22	0.05098	0.7	0.26021	1.66	0.037	1.5	239.8	16	234.8	3.5	234.3	3.5
EL14-13-1@11	225	465	0.484	21	0.05075	0.86	0.25774	1.74	0.0368	1.51	229.7	19.7	232.8	3.6	233.2	3.5
EL14-13-1@12	225	418	0.537	19	0.05071	0.69	0.26011	1.66	0.0372	1.51	227.7	15.9	234.8	3.5	235.5	3.5
EL14-13-1@13	246	722	0.34	32	0.05097	0.55	0.26879	1.6	0.0382	1.5	239.4	12.6	241.7	3.4	242	3.6
EL14-13-1@14	287	489	0.588	22	0.05129	0.68	0.25962	1.66	0.0367	1.51	254.1	15.5	234.4	3.5	232.4	3.5
EL14-13-1@17	123	507	0.242	21	0.05083	0.66	0.26198	1.64	0.0374	1.5	233.2	15.3	236.3	3.5	236.6	3.5
EL14-13-1@20	249	467	0.533	21	0.05086	0.65	0.2578	1.64	0.0368	1.5	234.7	14.9	232.9	3.4	232.7	3.4
EL14-13-1@03	893	1471	0.607	64	0.05104	0.53	0.24646	1.59	0.035	1.5	242.6	12.2	223.7	3.2	221.9	3.3
EL14-13-1@16	228	615	0.37	25	0.04994	0.85	0.24254	1.73	0.0352	1.5	192.4	19.7	220.5	3.4	223.1	3.3
EL14-13-1@18	155	302	0.513	13	0.0512	0.92	0.24962	2	0.0354	1.77	249.7	21	226.3	4.1	224	3.9

续附表 2

点号	Th /×10^{-6}	U /×10^{-6}	Th/U	Pb /×10^{-6}	同位素比值 $^{207}Pb/^{206}Pb$	1σ /%	$^{207}Pb/^{235}U$	1σ /%	$^{206}Pb/^{238}U$	1σ /%	年龄/Ma $^{207}Pb/^{206}Pb$	1σ	$^{207}Pb/^{235}U$	1σ	$^{206}Pb/^{238}U$	1σ
包饶勒敖包																
EL13-9-4@07	203	879	0.231	170	0.13796	0.62	3.00853	1.62	0.1582	1.5	2201.7	10.7	1409.8	12.4	946.6	13.2
EL13-9-4@11	454	1185	0.383	85	0.05446	0.4	0.46071	1.55	0.0613	1.5	390.3	9	384.7	5	383.8	5.6
EL13-9-4@17	215	654	0.329	39	0.057	3.45	0.39385	3.79	0.0501	1.58	491.6	74.4	337.2	10.9	315.2	4.9
EL13-9-4@02	286	521	0.549	23	0.049	4.84	0.25292	5.08	0.0374	1.53	147.9	109.7	228.9	10.5	236.9	3.6
EL13-9-4@05	945	2425	0.39	101	0.04975	2.94	0.24804	3.3	0.0362	1.5	183.2	67	225	6.7	229	3.4
EL13-9-4@06	660	1308	0.505	58	0.04975	1.92	0.25434	2.43	0.0371	1.5	183.2	44	230.1	5	234.7	3.5
EL13-9-4@09	578	710	0.814	33	0.05104	1.53	0.25943	2.14	0.0369	1.5	242.8	34.8	234.2	4.5	233.4	3.4
EL13-9-4@10	1785	1235	1.445	67	0.0485	8.98	0.24529	9.11	0.0367	1.54	123.5	198.8	222.7	18.4	232.2	3.5
EL13-9-4@13	408	852	0.479	38	0.05184	1.64	0.26299	2.24	0.0368	1.52	278.4	37.2	237.1	4.7	232.9	3.5
EL13-9-4@14	936	525	1.785	31	0.05028	1.13	0.26087	1.88	0.0376	1.51	207.8	25.9	235.4	4	238.1	3.5
EL13-9-4@16	880	1199	0.734	60	0.05302	2.37	0.27675	3.14	0.0379	2.06	329.8	53	248.1	6.9	239.5	4.8
EL13-9-4@01	777	1334	0.582	56	0.04676	4.21	0.22732	4.47	0.0353	1.5	36.8	97.9	208	8.4	223.4	3.3
EL13-9-4@03	1176	1499	0.784	65	0.04951	5.59	0.23345	5.83	0.0342	1.64	171.9	125.6	213	11.3	216.8	3.5
EL14-11-2@1	332	406	0.816	19	0.05051	2.23	0.25466	2.71	0.0366	1.54	218.7	50.9	230.4	5.6	231.5	3.5
EL14-11-2@02	525	875	0.6	39	0.04816	4.8	0.24265	5.03	0.0365	1.5	107	109.7	220.6	10	231.4	3.4
EL14-11-2@03	742	362	2.052	24	0.05021	1.34	0.26929	2.01	0.0389	1.5	204.9	30.8	242.1	4.3	246	3.6
EL14-11-2@04	439	371	1.183	20	0.05002	1.55	0.262	2.17	0.038	1.52	196	35.6	236.3	4.6	240.3	3.6
EL14-11-2@05	506	662	0.764	32	0.0507	1.09	0.26427	1.86	0.0378	1.5	227	25.1	238.1	3.9	239.2	3.5
EL14-11-2@08	232	322	0.72	15	0.05184	2.02	0.26059	2.52	0.0365	1.51	278.6	45.6	235.1	5.3	230.8	3.4
EL14-11-2@11	587	969	0.605	45	0.05133	3.93	0.26789	4.21	0.0379	1.51	255.6	87.9	241	9.1	239.5	3.5
EL14-11-2@12	882	926	0.953	49	0.05117	0.49	0.27784	1.6	0.0394	1.53	248.4	11.3	248.9	3.5	249	3.7
EL14-11-2@13	448	398	1.125	21	0.0514	0.73	0.27002	1.67	0.0381	1.5	258.6	16.6	242.7	3.6	241.1	3.6
EL14-11-2@14	783	539	1.454	31	0.05096	0.89	0.26626	1.75	0.0379	1.5	239.1	20.4	239.7	3.7	239.8	3.5
EL14-11-2@15	414	565	0.732	28	0.05246	7.28	0.27296	7.44	0.0377	1.5	305.5	158	245.1	16.3	238.8	3.5

续附表 2

点号	Th /$\times10^{-6}$	U /$\times10^{-6}$	Th/U	Pb /$\times10^{-6}$	同位素比值						年龄/Ma					
					$^{207}Pb/^{206}Pb$	1σ /%	$^{207}Pb/^{235}U$	1σ /%	$^{206}Pb/^{238}U$	1σ /%	$^{207}Pb/^{206}Pb$	1σ	$^{207}Pb/^{235}U$	1σ	$^{206}Pb/^{238}U$	1σ
包饶勒敖包																
EL14-11-2@07	2528	1774	1.425	91	0.05525	11.13	0.26325	11.24	0.0346	1.54	422.4	230.9	237.3	24.1	219	3.3
EL14-11-2@10	647	871	0.743	39	0.0472	3.97	0.23243	4.25	0.0357	1.52	59.6	92	212.2	8.2	226.2	3.4
EL14-11-2@17	805	962	0.836	43	0.05044	14.11	0.24504	14.2	0.0352	1.57	215.2	297.6	222.5	28.8	223.2	3.4
EL13-10-3@05	426	366	1.164	225	0.14869	0.36	8.72348	1.58	0.4255	1.54	2330.9	6.2	2309.5	14.5	2285.4	29.7
EL13-10-3@06	655	561	1.169	365	0.15989	0.4	9.92908	1.56	0.4504	1.51	2454.5	6.8	2428.2	14.5	2396.9	30.3
EL13-10-3@07	640	864	0.741	413	0.13345	1.02	6.88595	1.82	0.3742	1.5	2143.8	17.8	2096.9	16.3	2049.4	26.4
EL13-10-3@08	159	131	1.214	86	0.1581	0.74	9.89418	2.03	0.4539	1.89	2435.4	12.5	2425	18.9	2412.5	38.1
EL13-10-3@09	323	267	1.209	164	0.14079	0.53	7.98607	1.67	0.4114	1.58	2237	9.2	2229.5	15.2	2221.2	29.8
EL13-10-3@10	92	217	0.424	120	0.15477	0.46	9.38865	1.57	0.4399	1.5	2399.4	7.8	2376.7	14.5	2350.4	29.7
EL13-10-3@11	122	190	0.641	88	0.13222	0.77	6.62626	1.7	0.3635	1.52	2127.6	13.4	2062.8	15.1	1998.7	26.1
EL13-10-3@12	150	172	0.873	103	0.15767	0.64	9.47444	1.64	0.4358	1.52	2430.8	10.7	2385.1	15.2	2331.9	29.7
EL13-10-3@13	147	178	0.828	99	0.15077	0.51	8.52049	1.59	0.4099	1.51	2354.7	8.7	2288.1	14.6	2214.3	28.3
EL13-10-3@14	264	204	1.293	94	0.11064	0.81	4.89092	1.81	0.3206	1.62	1809.9	14.7	1800.7	15.4	1792.8	25.4
EL13-10-3@16	1135	541	2.097	399	0.15545	0.65	9.33274	1.67	0.4354	1.54	2406.7	11	2371.2	15.4	2330.2	30.1
EL13-10-3@01	915	568	1.611	32	0.04951	3.46	0.25622	3.77	0.0375	1.51	172.2	78.8	231.6	7.8	237.5	3.5
EL13-10-3@02	746	1015	0.735	48	0.05348	2.97	0.27955	3.33	0.0379	1.51	349	65.8	250.3	7.4	239.9	3.5
EL13-10-3@03	191	195	0.98	9	0.05216	6.13	0.253	6.32	0.0352	1.52	292.3	134.4	229	13	222.9	3.3
EL13-10-3@15	166	307	0.541	14	0.04876	3.98	0.25138	4.26	0.0374	1.51	136.4	91	227.7	8.7	236.6	3.5
EL12-5-9@1	83	112	0.738	5	0.05148	4.84	0.24758	5.07	0.0349	1.51	262.4	107.5	224.6	10.3	221	3.3
EL12-5-9@2	101	160	0.634	7	0.05006	4.44	0.23183	4.71	0.0336	1.56	198	100.1	211.7	9	212.9	3.3
EL12-5-9@3	419	430	0.974	20	0.05164	2.55	0.24697	2.97	0.0347	1.54	269.5	57.4	224.1	6	219.8	3.3
EL12-5-9@4	125	123	1.02	6	0.05284	4.71	0.25532	4.98	0.035	1.62	321.9	103.6	230.9	10.3	222	3.5
EL12-5-9@5	203	383	0.531	17	0.05132	2.64	0.25368	3.09	0.0359	1.6	255.1	59.6	229.6	6.4	227.1	3.6
EL12-5-9@6	58	83	0.692	4	0.04584	5.91	0.21844	6.14	0.0346	1.67	−10.9	136.9	200.6	11.2	219	3.6

续附表 2

点号	Th /×10⁻⁶	U /×10⁻⁶	Th/U	Pb /×10⁻⁶	同位素比值 $^{207}Pb/^{206}Pb$	1σ /%	$^{207}Pb/^{235}U$	1σ /%	$^{206}Pb/^{238}U$	1σ /%	年龄/Ma $^{207}Pb/^{206}Pb$	1σ	$^{207}Pb/^{235}U$	1σ	$^{206}Pb/^{238}U$	1σ
包饶勒敖包																
EL12-5-9@7	103	161	0.641	7	0.05404	4.6	0.25433	4.87	0.0341	1.59	372.5	100.4	230.1	10.1	216.4	3.4
EL12-5-9@8	187	191	0.974	9	0.05415	3.57	0.25955	3.9	0.0348	1.56	377.3	78.4	234.3	8.2	220.3	3.4
EL12-5-9@9	118	553	0.213	21	0.04991	2.54	0.23873	2.96	0.0347	1.53	191	58.1	217.4	5.8	219.8	3.3
EL12-5-9@10	92	119	0.772	5	0.05481	4.78	0.26148	5.04	0.0346	1.59	404.4	103.6	235.9	10.7	219.3	3.4
EL12-5-9@11	147	255	0.579	11	0.0494	4.45	0.22646	4.72	0.0332	1.58	167	100.8	207.3	8.9	210.8	3.3
EL12-5-9@12	175	202	0.867	9	0.05419	5.11	0.24445	5.33	0.0327	1.51	378.8	111	222.1	10.7	207.6	3.1
EL12-5-9@13	100	153	0.651	7	0.04873	4.41	0.23482	4.71	0.0349	1.66	135	100.4	214.2	9.1	221.4	3.6
EL12-5-9@15	141	166	0.846	8	0.04764	4.28	0.23218	4.56	0.0353	1.58	81.5	98.6	212	8.8	223.9	3.5
EL12-5-9@16	416	496	0.839	23	0.04983	3.16	0.23969	3.54	0.0349	1.59	187	71.9	218.2	7	221.1	3.5
EL12-5-9@17	56	1126	0.05	42	0.0513	2.05	0.2447	2.57	0.0346	1.54	254.2	46.5	222.3	5.1	219.3	3.3
EL14-20-1@01	95	254	0.376	60	0.08701	0.73	2.39681	1.71	0.1998	1.55	1360.8	14	1241.6	12.3	1174.1	16.6
EL14-20-1@5	191	486	0.394	42	0.05594	0.54	0.56908	1.65	0.0738	1.56	450.1	12	457.4	6.1	458.9	6.9
EL14-20-1@6	259	208	1.248	18	0.05393	0.95	0.43313	1.78	0.0582	1.5	368.1	21.3	365.4	5.5	365	5.3
EL14-20-1@10	192	324	0.592	27	0.05454	1.66	0.50929	2.58	0.0677	1.98	393.3	36.7	418	8.9	422.5	8.1
EL14-20-1@15	145	199	0.727	21	0.05674	1.47	0.64265	2.1	0.0821	1.5	481.4	32.2	503.9	8.4	508.9	7.3
EL14-20-1@17	141	242	0.585	22	0.056	1.06	0.55997	1.84	0.0725	1.5	452.3	23.3	451.5	6.7	451.3	6.6
EL14-20-1@19	508	1110	0.457	90	0.05997	0.67	0.55446	1.72	0.0671	1.59	602.5	14.5	447.9	6.3	418.4	6.4
EL14-20-1@3	112	1118	0.101	58	0.05133	0.6	0.34132	1.63	0.0482	1.51	255.5	13.7	298.2	4.2	303.7	4.5
EL14-20-1@11	194	379	0.512	22	0.05319	0.87	0.34615	1.73	0.0472	1.5	337	19.6	301.8	4.5	297.3	4.4
EL14-20-1@12	95	247	0.385	13	0.05327	1.11	0.32678	1.88	0.0445	1.51	340.4	25	287.1	4.7	280.6	4.1
EL14-20-1@8	111	318	0.348	15	0.05193	3.93	0.30493	4.29	0.0426	1.73	282.3	87.5	270.2	10.2	268.9	4.6
EL14-20-1@14	202	350	0.577	18	0.05071	0.95	0.29048	1.79	0.0415	1.52	227.6	21.9	258.9	4.1	262.4	3.9
EL14-20-1@2	536	836	0.641	40	0.05106	1.65	0.27047	2.3	0.0384	1.61	243.4	37.6	243.1	5	243	3.8
EL14-20-1@13	82	107	0.771	5	0.04614	5.12	0.2341	5.33	0.0368	1.5			213.6	10.3	233	3.4

附表 3　艾勒格庙-二连浩特地区古生代-早中生代侵入杂岩全岩主微量分析数据

岩体	乌兰敖包			哈尔绍若敖包				牧场一队
样品	EL14-19-1	EL14-19-4	EL16-4-1	EL14-22-1	EL14-22-3	EL14-22-4	EL14-22-5	EL14-23-1
SiO_2	68.4	68.67	68.43	52.65	53.79	54.83	53.75	72.45
TiO_2	0.51	0.48	0.48	1.19	1.02	1.04	1.28	0.25
Al_2O_3	12.6	13.12	12.96	16.29	16.97	16.74	16.29	14.45
$Fe_2O_3^T$	6.74	6.43	6.74	8.77	8.41	8.69	8.58	1.98
MnO	0.1	0.11	0.1	0.16	0.13	0.12	0.13	0.04
MgO	2.26	1.92	1.88	6.72	5.22	4.88	5.52	0.77
CaO	3.23	2.81	2.81	7.7	7.1	7.49	6.97	1.71
Na_2O	3.78	4.06	4.26	4.03	4.12	4.13	4.04	4.45
K_2O	0.97	0.93	0.63	0.63	0.71	0.46	0.75	2.62
P_2O_5	0.08	0.1	0.08	0.36	0.32	0.3	0.36	0.07
LOI	1.86	1.9	1.78	1.42	2.02	1.16	1.92	1.14
Total	100.5	100.5	100.2	99.9	99.8	99.8	99.6	99.9
A/CNK	0.96	1.03	1.01	0.76	0.83	0.8	0.81	1.09
V	136	154		198	198	198	190	20.4
Cr	56.3	49.7		180	85.9	88.9	96.2	3.46
Co	12.4	14.3		31.7	24.7	19.4	27.1	3.2
Ni	15	20.7		121	59.3	52.7	74.9	1.77
Zn	46.4	46.6		95.8	84	72.5	84.1	32.5
Ga	11.6	12.8		19.6	21.7	20.6	19.6	17.1
Rb	27	26.8		7.29	7.94	4.21	6.93	56.2
Sr	172	212		654	809	758	624	171
Y	15.6	21.6		24.8	27.9	25.1	31.3	16.8
Zr	82.6	78.8		58	68.9	124.9	90.1	121

本页氧化物单位：%；微量元素单位：$\times 10^{-6}$。

续附表 3

Nb	2.81	2.64	6.22	5.82	5.94	7.18	9.4
Cs	1.52	1.68	0.712	0.61	0.452	0.364	2.4
Ba	218	199	236	268	205	372	519
Hf	2.53	2.31	1.85	2	3.03	2.48	3.73
Ta	0.24	0.189	0.265	0.236	0.241	0.298	1.19
Pb	4.98	5.04	3.33	5.02	4.46	4.78	24.7
Th	4.69	5.04	0.576	0.555	0.585	0.404	14.5
U	1.18	1.2	0.531	0.328	0.365	0.433	1.62
La	10.2	12.8	17.8	14.5	13.1	17	12.7
Ce	23.4	28.1	46.1	39.2	36.5	44.9	29.1
Pr	2.65	3.11	6.52	5.77	5.31	6.39	3.23
Nd	10.4	12.5	28.7	27	24.8	30.2	12.4
Sm	2.5	2.77	6	6.5	5.77	7.24	2.87
Eu	0.659	0.75	1.61	1.47	1.47	1.58	0.549
Gd	2.58	2.95	4.96	5.78	5.2	6.48	2.69
Tb	0.416	0.48	0.722	0.851	0.774	0.966	0.439
Dy	2.78	3.11	4.21	4.99	4.53	5.9	2.85
Ho	0.575	0.725	0.822	0.978	0.903	1.1	0.592
Er	1.79	2.25	2.31	2.75	2.46	3.11	1.83
Tm	0.269	0.365	0.348	0.387	0.349	0.423	0.312
Yb	1.89	2.27	2.17	2.25	2.05	2.5	2.13
Lu	0.304	0.387	0.325	0.341	0.317	0.368	0.314
$(La/Yb)_N$	3.88	4.05	5.88	4.63	4.59	4.87	4.26
δ_{Eu}	0.79	0.8	0.9	0.73	0.82	0.71	0.6

本页单位：$\times10^{-6}$。

续附表 3

岩体	牧场一队		本巴图					
样品	EL14-23-3	EL14-23-4	EL10-18-1	EL10-18-2	EL10-18-3	EL10-18-4	EL10-19-1	EL10-19-2
SiO_2	63.55	71.07	69.91	70.9	71.66	73.02	66.25	68.78
TiO_2	0.58	0.34	0.33	0.33	0.29	0.23	0.56	0.39
Al_2O_3	14.37	15.18	14.64	14.27	14.21	14	15.16	15.11
$Fe_2O_3^T$	3.93	2.48	2.82	2.71	2.46	1.9	5.03	3.29
MnO	0.05	0.03	0.06	0.04	0.06	0.05	0.09	0.06
MgO	1.87	0.89	1.2	1.2	0.99	0.76	2.01	1.48
CaO	3.62	2.4	2.32	1.81	1.83	1.6	3.94	2.04
Na_2O	4.51	4.81	4.14	4.02	3.75	3.5	3.4	4.54
K_2O	1.26	1.84	2.66	2.27	3.21	3.57	2.26	2.48
P_2O_5	0.12	0.09	0.09	0.08	0.08	0.08	0.1	0.1
LOI	5.41	1.32	2.1	2.26	1.2	1.14	1.58	1.56
Total	99.3	100.4	100.3	99.9	99.8	99.9	100.4	99.8
A/CNK	0.94	1.06	1.05	1.15	1.1	1.12	1	1.09
V	74.1		49	46.4	37.5	29.8	93	55.1
Cr	15.9		15	17.5	11.4	8.2	11.8	14.6
Co	10.5		6.44	6.34	4.79	4.32	12.5	7.54

本页氧化物单位：%；微量元素单位：$\times10^{-6}$。

续附表 3

岩体	牧场一队		本巴图					
样品	EL14-23-3	EL14-23-4	EL10-18-1	EL10-18-2	EL10-18-3	EL10-18-4	EL10-19-1	EL10-19-2
Ni	9.5		4.97	7.1	2.57	9.58	4.8	4.63
Zn	43.8		38.3	33.6	30.9	25.3	54.7	40.3
Ga	17.2		15.9	15.7	15.4	14.1	16.9	16.9
Rb	51.6		82.9	74.5	113	146	70.5	73.9
Sr	227		231	205	238	200	197	298
Y	14		8.49	7.99	9.17	7.7	16.8	9.01
Zr	111		117	109	102	81.5	121	127
Nb	8.03		7.33	7.11	7.44	4.88	9.09	7.34
Cs	2.29		4.71	5.91	4.47	5.25	2.5	3.54
Ba	271		370	311	495	533	289	376
Hf	3		3.57	3.24	3.22	2.56	3.86	3.73
Ta	0.477		0.544	0.509	0.577	0.574	0.754	0.499
Pb	8.46		12.5	11.6	13.8	12.4	10.6	12
Th	6.44		7.86	5.76	15.8	14.6	9.53	6.94
U	1.17		0.828	0.727	0.943	1.11	1.94	1.56
La	9.91		16.2	13.7	17	18.7	14.5	16.1

本页单位：$\times 10^{-6}$。

续附表 3

岩体	牧场一队		本巴图					
样品	EL14-23-3	EL14-23-4	EL10-18-1	EL10-18-2	EL10-18-3	EL10-18-4	EL10-19-1	EL10-19-2
Ce	22		28. 6	23. 2	26. 5	27. 9	28. 2	27
Pr	2. 25		3. 19	2. 7	3. 19	3. 17	3. 34	3. 2
Nd	8. 39		10. 8	9. 2	10. 7	10. 1	12. 8	10. 9
Sm	1. 96		2. 03	1. 76	1. 98	1. 91	2. 82	2. 06
Eu	0. 729		0. 673	0. 555	0. 6	0. 594	0. 824	0. 662
Gd	2. 22		1. 9	1. 64	1. 86	1. 58	2. 93	1. 95
Tb	0. 411		0. 275	0. 246	0. 269	0. 238	0. 488	0. 291
Dy	2. 5		1. 48	1. 36	1. 51	1. 35	2. 88	1. 6
Ho	0. 511		0. 305	0. 288	0. 322	0. 272	0. 622	0. 343
Er	1. 49		0. 914	0. 859	0. 964	0. 777	1. 84	0. 993
Tm	0. 212		0. 158	0. 148	0. 167	0. 122	0. 301	0. 167
Yb	1. 32		1. 07	1. 02	1. 17	0. 834	2. 06	1. 19
Lu	0. 198		0. 176	0. 165	0. 189	0. 141	0. 33	0. 194
$(La/Yb)_N$	5. 4		10. 85	9. 63	10. 44	16. 04	5. 04	9. 68
δ_{Eu}	1. 07		1. 05	1. 00	0. 96	1. 05	0. 88	1. 01

本页单位：$\times10^{-6}$。

续附表 3

岩体	本巴图				巴彦高勒东			浩尧尔海拉苏	
样品	EL10-19-4	EL10-19-5	EL14-10-1	EL14-10-3	EL10-4-1	EL10-4-4	EL10-4-5	EL15-3-2	EL15-3-3
SiO_2	70.35	70.5	67.78	68.9	59.29	60.47	57.91	52.29	52.12
TiO_2	0.36	0.36	0.69	0.66	0.66	0.63	0.75	0.67	0.59
Al_2O_3	14.56	14.2	14.15	13.77	17.14	16.99	17.51	7.18	6.76
$Fe_2O_3^T$	3.02	3.14	4.66	4.54	6.17	5.91	6.72	8.89	8.88
MnO	0.06	0.06	0.09	0.07	0.13	0.13	0.14	0.18	0.18
MgO	1.32	1.33	2.28	2.12	2.1	2	2.25	12.58	12.86
CaO	2.01	1.86	2.94	3.14	5.46	5.84	5.92	14.34	14.46
Na_2O	4.57	4.52	2.3	2.82	3.62	3.55	3.77	1.22	1.12
K_2O	2.32	2.25	3.29	2.59	2.13	2.05	2.34	0.86	0.8
P_2O_5	0.1	0.1	0.15	0.21	0.31	0.32	0.35	0.05	0.04
LOI	1.46	1.68	1.02	1.04	2.24	1.96	2.14	1.74	1.76
Total	100.1	100.0	99.4	99.9	99.3	99.9	99.8	100.0	99.6
A/CNK	1.06	1.07	1.12	1.05	0.94	0.91	0.9	0.25	0.23
V	47.7	52.2	81.7	77.5	98	88.2	107	255	255
Cr	15.6	13	47.7	43.3	11.2	10.8	13.2	1286	1199
Co	6.57	6.17	11.2	10.9	11.7	9.16	11.9	42.8	43

本页氧化物单位：%；微量元素单位：$\times10^{-6}$。

续附表 3

岩体	本巴图				巴彦高勒东			浩尧尔海拉苏	
样品	EL10-19-4	EL10-19-5	EL14-10-1	EL14-10-3	EL10-4-1	EL10-4-4	EL10-4-5	EL15-3-2	EL15-3-3
Ni	15.97	8.39	26.1	24.1	14.6	9.95	16.2	154	156
Zn	34.6	33.3	65.9	62.7	92.3	72.1	93.7	75.5	71.5
Ga	15.5	14.7	17.8	16.6	21.7	17.5	20.1	9.12	9.05
Rb	66.3	47.2	157	123	84.2	67	106	53.6	55.1
Sr	240	154	148	136	589	541	597	135	128
Y	9.19	7.81	33.6	30.7	22.5	19.9	23	20.5	19.5
Zr	110	117	172	179	203	157	199	42.5	34.7
Nb	5.84	5.55	11.8	11.5	10.4	5.5	6.8	1.68	1.59
Cs	2.84	2.69	7.86	6.51	6.07	4.47	4.8	1.21	1.5
Ba	345	290	545	359	480	395	474	77	56.8
Hf	3.35	3.51	4.8	5.14	5.35	4.09	5.14	1.55	1.34
Ta	0.615	0.568	1.06	0.901	0.421	0.326	0.389	0.132	0.122
Pb	11	11.1	19.6	18.3	8.71	17.4	43.9	12.1	10.8
Th	10.4	6.1	9.39	15	10.3	8.17	6.39	4.22	3.77
U	1.39	1.28	2.61	1.98	1.92	1.58	1.37	1.65	1.43
La	20.2	14.4	20.2	42	18.9	15.1	15.2	6.5	6.43

本页单位：$\times10^{-6}$。

续附表 3

岩体	本巴图				巴彦高勒东			浩尧尔海拉苏	
样品	EL10-19-4	EL10-19-5	EL14-10-1	EL14-10-3	EL10-4-1	EL10-4-4	EL10-4-5	EL15-3-2	EL15-3-3
Ce	32	22. 1	41. 8	76. 9	46	35. 8	34. 5	14. 8	14. 8
Pr	3. 78	2. 91	4. 77	9. 85	5. 48	4. 24	4. 5	2. 05	2. 04
Nd	13. 4	9. 77	19	37. 6	21. 2	17. 5	18. 9	9. 57	9. 37
Sm	2. 36	1. 96	4. 44	7. 43	4. 6	3. 88	4. 78	2. 86	2. 68
Eu	0. 667	0. 586	0. 999	1. 19	1. 39	1. 21	1. 46	0. 77	0. 727
Gd	2. 11	1. 69	4. 83	6. 29	4. 49	3. 75	4. 53	3. 28	3
Tb	0. 32	0. 268	0. 84	0. 931	0. 708	0. 602	0. 724	0. 569	0. 534
Dy	1. 79	1. 56	5. 61	5. 43	4. 02	3. 57	4. 4	3. 62	3. 5
Ho	0. 361	0. 316	1. 16	1. 06	0. 833	0. 741	0. 913	0. 74	0. 7
Er	1	0. 894	3. 41	3. 04	2. 42	2. 14	2. 55	2. 15	1. 98
Tm	0. 15	0. 139	0. 477	0. 452	0. 385	0. 313	0. 37	0. 31	0. 295
Yb	1. 02	0. 93	2. 99	2. 85	2. 49	2. 03	2. 43	1. 92	1. 8
Lu	0. 165	0. 158	0. 444	0. 428	0. 383	0. 32	0. 375	0. 28	0. 264
$(La/Yb)_N$	14. 28	11. 09	4. 86	10. 57	5. 46	5. 34	4. 48	2. 43	2. 55
δ_{Eu}	0. 91	0. 98	0. 66	0. 53	0. 94	0. 97	0. 96	0. 77	0. 78

本页单位：$\times10^{-6}$。

续附表 3

岩体	浩尧尔海拉苏				哈拉图庙				
样品	EL15-5-1	EL15-5-2	EL15-5-4	EL15-6-2	EL10-11-1	EL10-11-2	EL10-11-3	EL14-4-1	EL14-5-2
SiO_2	50.98	50.19	50.41	60.29	77.98	78.21	79.12	77.01	77.24
TiO_2	0.85	0.99	0.93	0.33	0.06	0.06	0.06	0.05	0.07
Al_2O_3	7.31	7.88	7.62	6.95	11.87	11.5	11.28	11.93	11.81
$Fe_2O_3^T$	10.05	10.18	9.98	7.21	0.81	0.89	0.88	1.47	1.68
MnO	0.22	0.19	0.2	0.14	0.01	0.01	0.01	0.01	0.01
MgO	12.76	12.84	12.71	12.5	0.08	0.07	0.08	0.06	0.05
CaO	13.74	14.09	14.03	9.92	0.14	0.28	0.1	0.05	0.05
Na_2O	1.16	1.09	1.1	1.57	4.18	4.11	3.65	4.22	3.95
K_2O	0.61	0.69	0.65	0.53	4.28	4.11	4.32	4.37	4.55
P_2O_5	0.04	0.05	0.04	0.04	0.01	0.01	0.02	0	0.02
LOI	1.56	1.56	1.7	0.76	0.46	0.5	0.36	0.36	0.3
Total	99.3	99.8	99.4	100.2	99.9	99.8	99.9	99.5	99.7
A/CNK	0.27	0.28	0.27	0.33	1.01	0.98	1.04	1.01	1.03
V	324	357	334	150	5.61	6.61	3.12	1.58	3.84
Cr	1123	1036	1096	1477	3.47	2.15	2.23	0.91	0.76
Co	44.2	43.2	43.1	38.4	1.08	1.08	1.22	0.17	0.141

本页氧化物单位：%；微量元素单位：$\times 10^{-6}$。

续附表 3

岩体	浩尧尔海拉苏				哈拉图庙				
样品	EL15-5-1	EL15-5-2	EL15-5-4	EL15-6-2	EL10-11-1	EL10-11-2	EL10-11-3	EL14-4-1	EL14-5-2
Ni	158	139	138	226	1. 27	2. 34	15	0. 478	0. 461
Zn	156	89. 2	136	53. 9	23. 4	75. 7	88. 2	140	245
Ga	9. 76	10. 06	9. 7	8. 28	22. 1	20. 8	18. 4	25. 9	20. 2
Rb	39. 7	44. 3	42. 6	13. 2	180	155	148	184	156
Sr	104	126	115	89. 1	11. 7	11. 8	11. 4	9. 57	6. 46
Y	21. 6	23. 3	22	15. 8	56. 1	46. 7	32. 4	64. 6	37. 9
Zr	31. 3	30. 9	29. 5	55. 4	202	168	154	333	215
Nb	1. 2	1. 25	1. 14	3. 3	16	14. 9	8. 2	29. 1	13. 3
Cs	2. 23	2. 52	2. 45	0. 387	1. 42	1. 09	2. 15	2. 12	1. 15
Ba	16. 7	31	20. 1	41. 2	60. 9	73. 7	100	55	102
Hf	1. 13	1. 22	1. 1	1. 75	8. 22	6. 49	5. 93	14. 4	6. 76
Ta	0. 0786	0. 083	0. 073	0. 555	1. 554	1. 173	0. 583	2. 827	0. 996
Pb	13. 5	13. 8	20. 5	7. 37	5. 01	9. 34	11. 9	8. 33	11. 6
Th	1. 64	1. 32	1. 39	6. 44	22. 1	17. 3	11	27. 3	14
U	1. 2	0. 682	0. 628	1. 06	2. 2	2. 08	1. 61	2. 25	1. 93
La	4. 57	3. 81	3. 61	4. 11	36. 3	33	19. 2	11. 9	12. 5

本页单位：$\times10^{-6}$。

续附表 3

岩体	浩尧尔海拉苏				哈拉图庙				
样品	EL15–5–1	EL15–5–2	EL15–5–4	EL15–6–2	EL10–11–1	EL10–11–2	EL10–11–3	EL14–4–1	EL14–5–2
Ce	10.3	9.69	8.98	11.9	34	52.1	47.9	26.9	51.7
Pr	1.51	1.56	1.46	1.58	10.65	9.2	5.64	2.91	3.08
Nd	7.98	8.4	7.76	7.08	43.65	36.78	22.7	11.31	12.26
Sm	2.55	2.9	2.7	1.96	10.6	8.31	5.4	3.27	2.9
Eu	0.876	0.873	0.803	0.421	0.156	0.148	0.173	0.065	0.119
Gd	3.38	3.63	3.39	2.22	10.2	7.47	5.04	4.53	3.49
Tb	0.607	0.635	0.594	0.4	1.74	1.3	0.931	1.12	0.784
Dy	3.85	4.29	4.04	2.69	10.4	8.12	6.35	9.32	6.09
Ho	0.801	0.866	0.796	0.548	2.21	1.78	1.43	2.23	1.38
Er	2.35	2.49	2.28	1.63	6.15	5.28	4.1	7.64	4.68
Tm	0.338	0.368	0.36	0.261	0.987	0.856	0.643	1.34	0.78
Yb	2.03	2.21	2.08	1.69	6.42	5.71	4.41	9.23	5.46
Lu	0.281	0.306	0.303	0.24	0.978	0.854	0.677	1.43	0.847
$(La/Yb)_N$	1.61	1.24	1.25	1.74	4.06	4.15	3.13	0.93	1.64
δ_{Eu}	0.91	0.82	0.81	0.62	0.05	0.06	0.1	0.05	0.11

本页单位：$\times10^{-6}$。

续附表 3

岩体	干汯呼都格							才里乌苏
样品	EL10-9-1	EL10-9-2	EL10-9-3	EL10-9-4	EL10-9-5	EL10-9-8	EL10-9-9	EL10-6-1
SiO_2	74	74.4	74	73.8	73.9	74.7	74.8	70.3
TiO_2	0.19	0.16	0.2	0.2	0.19	0.18	0.18	0.56
Al_2O_3	13.9	13.9	13.8	14.2	14.1	14	13.9	14.2
$Fe_2O_3^T$	1.43	1.3	1.49	1.5	1.59	1.42	1.43	3.39
MnO	0.04	0.04	0.04	0.04	0.04	0.04	0.04	0.05
MgO	0.38	0.35	0.4	0.41	0.41	0.42	0.39	1.14
CaO	1.55	1.42	1.56	1.57	1.68	1.62	1.59	1.57
Na_2O	4.07	3.99	3.94	4.04	4.03	3.89	3.83	3.26
K_2O	3.36	3.7	3.41	3.44	3.52	3.43	3.42	4.58
P_2O_5	0.05	0.05	0.04	0.05	0.05	0.06	0.06	0.14
LOI	0.48	0.48	0.52	0.48	0.4	0.42	0.48	0.78
Total	99.4	99.8	99.4	99.7	99.9	100.2	100.1	99.9
A/CNK	1.06	1.06	1.06	1.07	1.05	1.07	1.08	1.08
V	15.7	13.9	17.9	17.1	14.7	12.3	12.9	51
Cr	4.66	4.64	5.26	5.26	5.48	5.15	6.9	33.4
Co	2.56	2.33	2.65	2.69	2.81	2.34	2.34	6.53

本页氧化物单位：%；微量元素单位：$\times10^{-6}$。

续附表 3

岩体	干茨呼都格							才里乌苏
样品	EL10-9-1	EL10-9-2	EL10-9-3	EL10-9-4	EL10-9-5	EL10-9-8	EL10-9-9	EL10-6-1
Ni	2.09	4.6	2.63	6.42	3.32	4.89	7.13	19.9
Ga	16.6	16.4	16.8	16.4	16.6	16.2	16.2	19.6
Rb	121	120	127	115	112	113	117	166
Sr	102	97.1	105	106	115	99.4	102	106
Y	24.8	30.2	25.6	24.9	26.2	23.6	25.4	44.5
Zr	127	121	123	132	149	134	134	182
Nb	6.72	7.29	7.02	6.89	6.97	5.5	5.59	10.9
Cs	12.2	7.68	13.5	9.74	10.2	11.8	11.7	10.9
Ba	285	293	287	300	379	275	291	353
Hf	4.04	4.05	3.94	4.3	4.74	4.23	4.41	5.54
Ta	0.69	0.89	0.72	0.65	0.6	0.76	0.79	0.75
Pb	14.8	16.1	15	15.5	16.5	14	14.8	18.5
Th	8.6	12.5	9.95	9.83	9.24	9.91	9.45	11.9
U	2.56	3.64	2.16	2.46	3.07	2.37	2.11	3.49
La	16.8	20.6	18.8	18.8	17.2	19.8	17.5	23.7
Ce	33.5	44.1	37	38.5	36.2	37.7	35.4	53.1

本页单位：$\times10^{-6}$。

续附表 3

岩体	干茨呼都格							才里乌苏
样品	EL10-9-1	EL10-9-2	EL10-9-3	EL10-9-4	EL10-9-5	EL10-9-8	EL10-9-9	EL10-6-1
Pr	4. 1	5. 19	4. 66	4. 68	4. 33	4. 91	4. 32	6. 83
Nd	15. 7	19. 9	17. 9	18	16. 4	18. 7	16. 5	27. 3
Sm	3. 42	4. 43	3. 79	3. 86	3. 63	4	3. 54	6. 41
Eu	0. 54	0. 52	0. 54	0. 53	0. 62	0. 54	0. 54	0. 74
Gd	3. 45	4. 36	3. 7	3. 71	3. 61	3. 8	3. 63	6. 59
Tb	0. 64	0. 79	0. 64	0. 67	0. 67	0. 64	0. 65	1. 22
Dy	3. 99	5. 03	4. 06	4. 23	4. 22	3. 94	4. 13	7. 77
Ho	0. 85	1. 08	0. 91	0. 93	0. 96	0. 83	0. 91	1. 72
Er	2. 56	3. 14	2. 66	2. 72	2. 75	2. 4	2. 61	4. 74
Tm	0. 42	0. 5	0. 43	0. 44	0. 44	0. 38	0. 42	0. 73
Yb	2. 82	3. 29	2. 87	2. 94	3. 01	2. 6	2. 85	4. 61
Lu	0. 44	0. 52	0. 46	0. 47	0. 48	0. 42	0. 46	0. 66
$(La/Yb)_N$	5. 95	6. 28	6. 56	6. 39	5. 71	7. 62	6. 15	5. 15
δ_{Eu}	0. 48	0. 36	0. 44	0. 43	0. 52	0. 42	0. 46	0. 35
T(Zr. sat.)/℃	770	765	767	774	781	776	777	798

本页单位：$\times10^{-6}$。

续附表 3

岩体	才里乌苏			昆都冷					
样品	EL10-6-2	EL10-6-3	EL10-6-5	EL10-14-1	EL10-14-2	EL10-15-1	EL10-15-2	EL10-16-1	EL10-17-1
SiO_2	70.4	69.7	71.3	75.1	75.3	74.3	74.1	75.4	75.3
TiO_2	0.5	0.61	0.51	0.16	0.17	0.16	0.17	0.15	0.15
Al_2O_3	13.8	14.5	14.1	13.3	13.6	13.4	13.3	13.5	13.4
$Fe_2O_3^T$	2.95	3.63	3.11	1.59	1.11	2.06	2	0.78	1.64
MnO	0.05	0.05	0.05	0.01	0.01	0.02	0.02	0.01	0.02
MgO	0.94	1.3	1.07	0.11	0.11	0.13	0.16	0.08	0.09
CaO	1.32	1.77	1.57	0.15	0.14	0.12	0.12	0.11	0.08
Na_2O	2.98	3.37	3.21	3.73	4.19	3.96	4.21	4.15	4.13
K_2O	4.89	4.08	4.36	5.16	4.69	4.95	4.74	4.86	4.86
P_2O_5	0.2	0.13	0.14	0.05	0.05	0.04	0.08	0.02	0.02
LOI	0.88	0.88	0.72	0.86	0.7	0.88	0.76	0.64	0.76
Total	98.9	100.1	100.2	100.2	100.0	99.9	99.7	99.7	100.5
A/CNK	1.09	1.1	1.1	1.11	1.11	1.11	1.08	1.1	1.1
V	41.8	54.7	44	12.9	8.8	10.3	10.3	11.8	21.5
Cr	25.6	37.2	32.1	7.38	4.65	6.91	11.1	4.54	8.1
Co	6.75	7.71	8.31	1.3	1.96	2.15	2.78	0.36	0.93

本页氧化物单位：%；微量元素单位：$\times10^{-6}$。

续附表 3

岩体	才里乌苏			昆都冷					
样品	EL10-6-2	EL10-6-3	EL10-6-5	EL10-14-1	EL10-14-2	EL10-15-1	EL10-15-2	EL10-16-1	EL10-17-1
Ni	13.4	15	19.7	1.64	8.88	2.51	5.69	3.98	4.46
Ga	17.7	20.6	18.9	20.8	21.8	21.4	21.5	21.8	21.5
Rb	171	140	153	187	171	191	185	192	183
Sr	106	126	111	26	17.7	25.6	22.9	18.6	16.1
Y	44.3	41.2	42.5	48.7	45.5	42.8	46.8	49.6	49.4
Zr	187	242	220	314	285	299	317	336	306
Nb	9.3	11.4	7.95	9.36	8.34	9.28	9.71	10.2	10.4
Cs	7.88	6.45	7.65	4.04	4.18	6.79	5.9	4.52	3.92
Ba	398	449	397	482	399	392	377	339	356
Hf	6.1	7.13	6.4	10.7	9.6	10.3	10.7	11.4	10.9
Ta	0.63	0.64	0.68	0.69	0.77	0.74	0.73	0.8	0.8
Pb	21.2	18.1	18.4	25.3	14.2	22	19.8	11.5	24.1
Th	14.1	14.3	13.2	17.7	15.4	19.2	18.3	16.9	16.7
U	4.18	2.59	3.66	2.61	2.36	2.39	2.39	3.01	3.07
La	26.5	27.9	25.7	34.1	30.2	31.5	32.3	21.4	6.54
Ce	59.3	63.3	59.8	72.2	63.5	66.9	68.8	97	31

本页单位：$\times 10^{-6}$。

续附表 3

岩体	才里乌苏			昆都冷					
样品	EL10-6-2	EL10-6-3	EL10-6-5	EL10-14-1	EL10-14-2	EL10-15-1	EL10-15-2	EL10-16-1	EL10-17-1
Pr	7.74	7.97	7.46	9.42	8.48	8.75	8.87	7.28	2.25
Nd	31.2	31.5	29.7	38.2	34.3	34.9	35.9	30.3	8.8
Sm	7.13	6.9	6.38	8.35	7.69	7.51	7.79	7.38	2.21
Eu	0.76	0.82	0.75	0.43	0.43	0.39	0.38	0.38	0.21
Gd	7.16	6.7	6.59	8.63	7.68	7.66	8	7.73	3.6
Tb	1.28	1.15	1.18	1.47	1.38	1.31	1.37	1.42	1.01
Dy	8.16	7.12	7.15	9.18	8.45	7.98	8.62	9.07	8.14
Ho	1.8	1.6	1.58	1.98	1.84	1.73	1.85	1.96	1.92
Er	5.01	4.65	4.42	5.64	5.03	5.07	5.5	5.72	5.89
Tm	0.73	0.71	0.65	0.84	0.77	0.79	0.84	0.86	0.91
Yb	4.48	4.29	3.98	5.39	4.92	5.21	5.53	5.61	5.88
Lu	0.67	0.63	0.58	0.82	0.74	0.8	0.84	0.83	0.9
$(La/Yb)_N$	5.92	6.51	6.47	6.34	6.14	6.05	5.84	3.81	1.11
δ_{Eu}	0.32	0.37	0.35	0.15	0.17	0.16	0.15	0.15	0.22
T(Zr. sat.)/℃	803	825	818	859	849	852	856	864	854

本页单位：$\times10^{-6}$。

续附表 3

岩体	昆都冷								
样品	EL10-20-1	EL10-20-2	EL10-20-3	EL10-20-4	EL10-20-5	EL10-21-1	EL10-21-3	EL12-10-3	EL12-10-4
SiO_2	72.1	73.5	73.4	73	73.7	74.4	75.6	75.35	75.44
TiO_2	0.21	0.21	0.2	0.21	0.21	0.17	0.16	0.15	0.15
Al_2O_3	13.8	13.8	13.9	14	13.9	13	13	13.09	13.24
$Fe_2O_3^T$	1.63	1.6	1.59	1.64	1.63	1.48	1.48	1.49	1.3
MnO	0.03	0.03	0.02	0.03	0.03	0.02	0.02	0.03	0.01
MgO	0.37	0.35	0.38	0.34	0.37	0.2	0.2	0.12	0.14
CaO	1.53	1.04	1	1.04	0.82	0.73	0.39	0.21	0.3
Na_2O	4.17	4.1	4.08	4.19	4.16	4.01	4.45	4.09	4.22
K_2O	4.63	4.65	4.58	4.69	4.81	4.76	4.92	5.02	4.9
P_2O_5	0.03	0.03	0.03	0.03	0.03	0.03	0.03	0.02	0.02
LOI	1.58	0.68	0.78	1.16	0.9	1.02	0.56	0.82	0.78
Total	100.1	100.0	100.0	100.3	100.5	99.8	100.8	100.4	100.5
A/CNK	0.94	1.01	1.03	1.01	1.02	0.99	0.97	1.04	1.04
V	11.3	11.5	11.5	11	11.4	10.9	10.4	6.44	5.84
Cr	9.63	8.85	9.51	8.57	8.94	5.63	8.99	1.15	1.12
Co	1.68	1.72	1.78	1.64	1.59	1.21	0.99	1.03	0.9

本页氧化物单位：%；微量元素单位：$\times10^{-6}$。

续附表 3

岩体	昆都冷								
样品	EL10-20-1	EL10-20-2	EL10-20-3	EL10-20-4	EL10-20-5	EL10-21-1	EL10-21-3	EL12-10-3	EL12-10-4
Ni	2. 02	2. 61	1. 99	3. 35	2. 07	0. 85	3. 56	0. 46	0. 46
Ga	19. 2	19. 2	19. 7	19. 4	18. 9	20. 6	20. 7	21. 8	21. 9
Rb	172	165	166	175	174	193	205	207	200
Sr	53. 5	56. 5	57. 4	51	53. 8	30. 8	26. 1	22. 4	22. 5
Y	37. 7	31. 3	32. 7	33. 7	32. 2	42. 3	44. 7	53. 7	81. 7
Zr	218	224	236	237	220	233	217	301	311
Nb	6. 37	6. 57	6. 62	6. 76	6. 18	8. 16	8. 44	9. 12	9. 37
Cs	12. 6	14	11. 6	12. 3	12. 3	6. 94	8. 96	5. 35	5. 18
Ba	419	395	373	417	410	307	270	381	339
Hf	7. 88	7. 53	8. 56	8. 43	7. 83	8. 9	8. 46	9. 37	9. 1
Ta	0. 47	0. 45	0. 5	0. 48	0. 43	0. 68	0. 69	0. 8	0. 79
Pb	20. 8	19. 7	21. 9	25	19. 1	20	22. 2	25. 4	23. 5
Th	18. 1	16. 3	18	18. 9	16. 8	19. 5	20. 3	17. 5	16. 7
U	2. 88	2. 92	3. 18	2. 43	2. 67	2. 16	2. 22	2. 66	2. 16
La	27. 6	26. 9	28. 1	25. 6	24. 3	30. 5	33. 4	23. 2	74. 1
Ce	55. 4	53. 8	56. 6	53	48. 9	63. 8	70. 2	85. 7	74. 7

本页单位：$\times 10^{-6}$。

续附表 3

岩体	昆都冷								
样品	EL10-20-1	EL10-20-2	EL10-20-3	EL10-20-4	EL10-20-5	EL10-21-1	EL10-21-3	EL12-10-3	EL12-10-4
Pr	7.08	6.88	7.01	6.54	6.14	8.44	8.91	6.74	16.2
Nd	27.2	26.5	26.7	25.3	23.9	33.3	35.4	26	66.3
Sm	5.67	5.34	5.65	5.36	5	7.21	7.62	6.52	14.5
Eu	0.49	0.47	0.46	0.47	0.46	0.31	0.28	0.28	0.47
Gd	5.96	5.54	5.67	5.6	5.29	7.23	7.76	6.45	15.4
Tb	1.03	0.91	0.96	0.95	0.89	1.24	1.33	1.29	2.27
Dy	6.41	5.56	5.69	6	5.67	7.68	8.32	8.72	13.1
Ho	1.39	1.19	1.25	1.31	1.22	1.64	1.76	1.87	2.5
Er	4.14	3.45	3.74	3.86	3.67	4.79	5.15	5.49	6.63
Tm	0.62	0.53	0.58	0.59	0.56	0.75	0.78	0.91	0.95
Yb	4.07	3.51	3.77	3.9	3.71	4.9	5.15	5.59	5.71
Lu	0.62	0.53	0.6	0.6	0.56	0.74	0.77	0.8	0.81
$(La/Yb)_N$	6.8	7.65	7.47	6.57	6.54	6.22	6.49	2.97	9.31
δ_{Eu}	0.26	0.26	0.25	0.26	0.27	0.13	0.11	0.04	0.03
T(Zr. sat.)/℃	801	821	817	813	817	816	821	847	850

本页单位：$\times10^{-6}$。

续附表 3

岩体	包饶勒二长花岗岩				正长花岗岩			碱长花岗岩	
样品	EL14-13-1	EL14-13-3	EL14-13-4	EL14-13-5	EL13-9-4	EL15-7-1	EL15-9-3	EL14-11-2	EL14-11-3
SiO_2	72.28	71.7	70.83	73.22	75.5	74.04	74.66	76.7	74.72
TiO_2	0.3	0.34	0.39	0.21	0.14	0.15	0.21	0.12	0.11
Al_2O_3	14.82	14.92	14.98	14.36	13.75	14.42	14.01	12.83	14.03
$Fe_2O_3^T$	1.75	1.99	2.21	1.39	0.82	0.92	1.27	0.71	0.77
MnO	0.04	0.03	0.04	0.03	0.02	0.03	0.03	0.04	0.07
MgO	0.58	0.67	0.74	0.42	0.24	0.29	0.44	0.17	0.12
CaO	1.96	1.99	1.08	1.57	1.11	1.4	0.54	0.47	0.43
Na_2O	3.68	3.83	4.1	3.71	3.78	4.08	3.95	3.71	4.23
K_2O	4.13	3.68	3.97	4.34	3.99	4.27	4.4	4.64	4.96
P_2O_5	0.09	0.11	0.15	0.08	0.05	0.04	0.1	0.06	0.04
LOI	0.52	0.76	1.16	0.54	0.5	0.76	0.88	0.46	0.46
Total	100.2	100	99.6	99.9	99.9	100.4	100.5	99.9	99.9
A/CNK	1.05	1.07	1.15	1.05	1.1	1.04	1.14	1.07	1.07
$Mg^{\#}$	0.44	0.44	0.44	0.41	0.41	0.42	0.45	0.36	0.27
V	21.5	25.2	29.7		13.2	12.7	21.4	9.55	9.41
Cr	3.43	4.27	4.84		1.6	2.66	3.13	1.6	1.99

本页氧化物单位：%；微量元素单位：$\times10^{-6}$。

续附表 3

岩体	包饶勒二长花岗岩				正长花岗岩			碱长花岗岩	
样品	EL14-13-1	EL14-13-3	EL14-13-4	EL14-13-5	EL13-9-4	EL15-7-1	EL15-9-3	EL14-11-2	EL14-11-3
Co	2.57	2.88	3.19		1.42	1.47	2.43	1	1.5
Ni	1.79	1.98	2.21		1.39	1.72	2.2	1	1.48
Ga	19.7	20.1	20		18.3	17.1	17	21	22.2
Rb	173	146	206		243	247	271	444	451
Sr	312	331	382		191	195	196	64.7	75.3
Y	9.47	10.8	11.4		17.8	11.7	10.7	10.4	10.5
Zr	192	207	270		93.3	95.6	110	75.8	75.9
Nb	8.78	9.05	10.7		12.7	8.24	10	26.5	26.9
Cs	9.82	5.96	10.2		7.77	6.47	9.34	13.4	11.2
Ba	685	734	931		336	323	415	117	140
Hf	5.07	5.62	6.78		3.34	2.98	3.29	3.68	3.62
Ta	1.08	0.88	1.27		2.34	1.2	1.28	3.11	2.97
Pb	28.5	29.4	26.1		35.1	25.2	20.2	78.1	73.9
Th	20.3	24.1	22.2		15.8	17.4	15.6	36.9	33.7
U	1.38	2.05	2.52		2.12	2.33	1.87	2.17	2.5
La	19.6	39	33.1		16.2	13.8	14.9	8.52	10.2

本页单位：$\times 10^{-6}$。

续附表 3

岩体	包饶勒二长花岗岩			正长花岗岩			碱长花岗岩		
样品	EL14-13-1	EL14-13-3	EL14-13-4	EL14-13-5	EL13-9-4	EL15-7-1	EL15-9-3	EL14-11-2	EL14-11-3
Ce	56.2	72.9	81.4		30	26.4	27.2	34.2	28.1
Pr	4.13	7.53	7.13		3.5	2.92	3.05	1.7	2.15
Nd	13.9	25.8	23.6		12.2	10.1	10.8	5.32	6.65
Sm	2.5	3.95	3.82		2.45	2.02	2.12	0.96	1.18
Eu	0.68	0.79	0.79		0.47	0.49	0.44	0.15	0.18
Gd	1.83	2.53	2.6		2.32	1.69	1.7	0.84	1.02
Tb	0.29	0.36	0.37		0.39	0.3	0.28	0.17	0.19
Dy	1.66	2.02	1.99		2.52	1.82	1.63	1.19	1.31
Ho	0.32	0.37	0.38		0.52	0.37	0.32	0.27	0.29
Er	0.93	1.01	1.11		1.57	1.13	0.91	0.97	1.02
Tm	0.16	0.16	0.18		0.26	0.19	0.17	0.2	0.21
Yb	1.06	1.02	1.26		1.85	1.23	1.09	1.6	1.57
Lu	0.17	0.16	0.2		0.29	0.18	0.18	0.27	0.27
δ_{Eu}	0.96	0.76	0.77		0.6	0.81	0.71	0.52	0.51
T(Zr. sat.)/℃	795	804	836		744	737	759	726	723
T(Ap. sat.)/℃	884	877	838		820	830	849	869	808

本页单位：$\times 10^{-6}$。

续附表 3

岩体	包饶勒文象花岗岩		钠质花岗岩					石英二长岩包体	
样品	EL13-10-2	EL13-10-3	EL10-5-1	EL10-5-4	EL13-9-2	EL13-9-3	EL13-9-5	EL15-8-1	EL15-8-3
SiO_2	77.73	76.78	76.69	77.25	74.77	75.5	76.36	64.01	61.51
TiO_2	0.07	0.06	0.09	0.08	0.14	0.1	0.12	0.71	0.95
Al_2O_3	12.77	13.59	13.61	13.81	13.68	14.64	13.85	17.58	17.41
$Fe_2O_3^T$	0.53	0.45	0.69	0.64	0.74	0.69	0.8	4.36	5.65
MnO	0.01	0.01	0.04	0.02	0.02	0.02	0.03	0.1	0.16
MgO	0.08	0.06	0.04	0.07	0.21	0.18	0.24	1.79	2.56
CaO	0.33	0.71	0.24	0.29	1.4	1.78	0.43	2.7	2.6
Na_2O	3.51	4.32	7.58	7.38	4.59	4.61	4.8	5.55	5.11
K_2O	5.3	4.19	0.22	0.17	3.03	2.39	3.12	2.44	2.74
P_2O_5	0.02	0.01	0.05	0.1	0.05	0.04	0.06	0.24	0.29
LOI	0.24	0.24	0.52	0.42	1.72	0.58	0.6	0.8	0.98
Total	100.6	100.4	99.8	100.2	100.4	100.5	100.4	100.3	100
A/CNK	1.05	1.05	1.04	1.07	1.02	1.09	1.15	1.05	1.08
$Mg^{\#}$	0.26	0.24	0.12	0.2	0.4	0.38	0.41	0.49	0.51
Cr	0.66	0.45	3.41	2.79	1.68	1.31	1.89	10	11.2
Co	0.54	0.55	1.7	1.21	1.04	1.04	1.16	9.37	12.1

本页氧化物单位：%；微量元素单位：$\times10^{-6}$。

续附表 3

岩体	包饶勒文象花岗岩		钠质花岗岩					石英二长岩包体	
样品	EL13-10-2	EL13-10-3	EL10-5-1	EL10-5-4	EL13-9-2	EL13-9-3	EL13-9-5	EL15-8-1	EL15-8-3
Ni	0.85	0.48	3.48	11.3	1.13	1.07	1.92	5.76	7.55
Ga	18.4	19.3	17.4	22.7	17.1	19.4	18.4	32.8	35.6
Rb	207	256	9.05	130	208	174	192	287	371
Sr	43.6	58.5	47.3	265	145	218	172	243	229
Y	5.43	4.58	12.3	34.1	13.9	14.6	15.6	39.5	48.4
Zr	46.4	37.8	113	202	92.5	70.5	80.7	288	280
Nb	11.3	8.8	12	10.9	11.3	8.44	11.2	48.1	53.9
Cs	4.66	7.59	0.31	4.19	20.1	6.18	7.05	28.9	46.4
Ba	100	81.6	92.8	1393	256	124	213	212	262
Hf	2.87	2.15	4.22	6.53	3.11	2.53	2.9	8.83	8.64
Ta	1.53	0.98	1.08	0.77	2.41	1.48	1.64	6.46	6.38
Pb	61.7	48.9	30.8	21	24.2	30.4	33.7	28.7	26.4
Th	23.1	21.1	18.9	11.5	15.3	12.7	15.5	72.1	38.3
U	2.89	1.52	2.95	3.32	3.17	1.48	2.19	5.15	8.98
La	10.8	11.2	27.4	37.7	18.1	13.8	13.1	63.7	41.7
Ce	17.8	20.5	43.8	79.8	28.8	25.1	25.7	128	92.4

本页单位：$\times 10^{-6}$。

续附表 3

岩体	包饶勒文象花岗岩		钠质花岗岩					石英二长岩包体	
样品	EL13-10-2	EL13-10-3	EL10-5-1	EL10-5-4	EL13-9-2	EL13-9-3	EL13-9-5	EL15-8-1	EL15-8-3
Pr	1.36	1.51	4.71	10.4	3.71	2.99	3.15	13	9.6
Nd	3.42	4.16	14	39.6	12.7	10.4	11.7	47.7	36
Sm	0.51	0.62	2.15	7.45	2.54	2.17	2.82	9.86	8.24
Eu	0.12	0.17	0.3	1.44	0.43	0.51	0.42	0.77	0.75
Gd	0.67	0.7	1.95	6.44	2.32	2.01	2.53	7.87	7.62
Tb	0.09	0.1	0.29	1.04	0.33	0.33	0.43	1.26	1.29
Dy	0.63	0.57	1.72	5.92	2.14	2.01	2.46	6.99	7.76
Ho	0.14	0.13	0.4	1.22	0.41	0.41	0.48	1.21	1.47
Er	0.51	0.41	1.21	3.48	1.29	1.36	1.43	3.36	4.27
Tm	0.08	0.07	0.21	0.54	0.22	0.22	0.23	0.52	0.69
Yb	0.74	0.55	1.52	3.54	1.55	1.44	1.59	3.36	4.48
Lu	0.14	0.1	0.25	0.54	0.24	0.23	0.25	0.49	0.66
δ_{Eu}	0.64	0.78	0.45	0.63	0.55	0.74	0.48	0.27	0.29
T(Zr. sat.)/℃	688	672	753	808	736	721	736		
T(Ap. sat.)/℃	814	771	879	923	876	815	820		

本页单位：$\times 10^{-6}$。

续附表 3

岩体	包饶勒细晶岩		花岗斑岩	石英脉		二长闪长玢岩		闪长玢岩	
样品	EL14-12-1	EL14-12-2	EL10-23-2	EL12-05-04	EL12-05-09	EL14-14-1	EL14-14-2	EL14-20-1	EL14-20-3
SiO_2	72.37	71.51	76.89	89.35	87.4	53.93	53.83	56.93	56.98
TiO_2	0.26	0.25	0.04	0.16	0.16	2.04	2.04	0.64	0.62
Al_2O_3	15.21	15.18	12.97	4.87	5.71	15.03	14.89	14.49	14.73
$Fe_2O_3^T$	1.46	1.44	1	1.39	1.27	8.52	8.4	7.29	7.11
MnO	0.02	0.03	0.02	0.02	0.02	0.09	0.09	0.14	0.13
MgO	0.51	0.54	0.08	0.68	0.66	3.79	3.76	6	5.84
CaO	1.76	2.07	0.08	0.53	0.96	5.43	5.73	5.48	5.74
Na_2O	4.79	4.34	3.92	1.19	1.53	3.9	3.92	2.89	2.89
K_2O	3.17	3.63	4.31	0.9	0.92	2.17	2.27	3.06	2.98
P_2O_5	0.09	0.11	0.02	0.05	0.05	0.79	0.79	0.25	0.24
LOI	0.54	0.46	0.74	1.46	1.9	3.64	3.46	2.14	2.12
Total	100.2	99.6	100.1	100.6	100.6	99.3	99.2	99.3	99.4
A/CNK	1.05	1.02	1.15			0.81	0.77	0.8	0.8
$Mg^{\#}$	0.45	0.47	0.16			0.51	0.51	0.66	0.66
Cr	4.72	4.13	2.53	13.7	10.4	66.3	63.6	249	248
Co	2.43	2.19	0.95	3.02	2.49	22.2	23.8	24.1	24.9

本页氧化物单位：%；微量元素单位：$\times10^{-6}$。

续附表 3

岩体	包饶勒细晶岩		花岗斑岩	石英脉		二长闪长玢岩		闪长玢岩	
样品	EL14-12-1	EL14-12-2	EL10-23-2	EL12-05-04	EL12-05-09	EL14-14-1	EL14-14-2	EL14-20-1	EL14-20-3
Ni	2.1	1.86	6.45	4.61	3.4	43.4	42.6	65.8	68.6
Ga	21.4	20.5	36.7	6.2	6.45	22.7	22.5	16.2	16.5
Rb	133	125	589	35.6	36.4	73.8	63.8	89.7	98.6
Sr	452	444	20.5	83.4	109	840	784	539	621
Y	6.59	6.07	87.1	6.11	6.32	24.8	23.9	17.4	18.4
Zr	149	144	183	42.3	39.2	388	384	118	99.7
Nb	6.48	6.07	75.3	3.72	3.85	27.3	28.3	6.63	5.75
Cs	9.86	15.7	14.2	2.35	2.7	2.69	2.21	1.8	2
Ba	715	557	12.2	201	251	887	834	637	570
Hf	4.09	3.91	12.9	1.21	1.13	8.66	8.73	3.22	2.79
Ta	0.69	0.58	7.27	0.35	0.45	1.4	1.44	0.53	0.44
Pb	30.4	30.3	46.3	6.04	5.45	12.2	12.4	11.7	13.5
Th	17.7	16.7	59.6	6.12	5.94	5.74	5.85	5.95	6.22
U	1.84	1.76	6.72	0.7	0.72	2.2	2.06	1.2	1.29
La	20.7	23.3	26.1	7.38	8.31	63.3	62.3	14.1	15.2
Ce	43.3	44.6	54	15.9	17.2	134	136	31.9	33.4

本页单位：$\times 10^{-6}$。

续附表 3

岩体	包饶勒细晶岩		花岗斑岩	石英脉		二长闪长玢岩		闪长玢岩	
样品	EL14-12-1	EL14-12-2	EL10-23-2	EL12-05-04	EL12-05-09	EL14-14-1	EL14-14-2	EL14-20-1	EL14-20-3
Pr	4. 15	4. 53	7. 89	2. 02	2. 23	16. 4	16. 3	3. 8	4. 04
Nd	14. 5	15. 9	33. 5	8. 35	9. 23	60. 9	60. 2	15. 2	16. 5
Sm	2. 53	2. 63	8. 9	1. 62	1. 92	10. 3	10. 4	3. 38	3. 54
Eu	0. 54	0. 55	0. 04	0. 27	0. 28	2. 57	2. 64	0. 93	0. 93
Gd	1. 74	1. 81	10. 2	1. 31	1. 45	7. 64	7. 63	3. 25	3. 34
Tb	0. 26	0. 24	2. 4	0. 18	0. 19	1	0. 96	0. 49	0. 53
Dy	1. 26	1. 21	16. 5	1. 18	1. 13	5. 22	5. 06	3. 21	3. 37
Ho	0. 23	0. 22	3. 7	0. 23	0. 24	0. 87	0. 84	0. 66	0. 65
Er	0. 62	0. 58	10. 6	0. 68	0. 67	2. 17	2. 12	1. 84	1. 99
Tm	0. 09	0. 08	1. 66	0. 12	0. 11	0. 28	0. 28	0. 28	0. 3
Yb	0. 58	0. 53	10. 9	0. 74	0. 72	1. 68	1. 69	1. 84	1. 84
Lu	0. 08	0. 07	1. 54	0. 11	0. 12	0. 24	0. 24	0. 29	0. 3
δ_{Eu}	0. 79	0. 77	0. 01	0. 57	0. 51	0. 89	0. 91	0. 86	0. 83
T(Zr. sat.)/℃	772	766	807						
T(Ap. sat.)/℃	880	910	733						

本页单位：$\times10^{-6}$。

附表 4　艾勒格庙-二连浩特地区古生代-早中生代侵入杂岩全岩 Rb-Sr 与 Sm-Nd 同位素分析数据

岩体	乌兰敖包		哈尔绍若敖包			牧场一队		本巴图				巴彦高勒东	
样品	EL14-19-1	EL14-19-4	EL14-22-1	EL14-22-3	EL14-22-4	EL14-23-1	EL14-23-3	EL10-18-1	EL10-18-4	EL10-19-1	EL10-19-4	EL10-4-1	EL10-4-4
t/Ma	496	496	451	451	451	373	373	335	335	335	335	325	325
$Rb/\times10^{-6}$	39.05	77.17	116.9	308.3	4.028	54.02	50.43	96.63	161.42	80.54	79.48	99.07	101.4
$Sr/\times10^{-6}$	170.1	206.3	653.8	800.7	745.6	173.2	226.8	253.9	209.7	216.4	264.7	622.3	635.0
$^{87}Rb/^{86}Sr$	0.6648	1.083	0.5174	1.114	0.0156	0.9034	0.6437	1.102	2.230	1.077	0.8693	0.4608	0.4621
$^{87}Sr/^{86}Sr$	0.710637	0.710051	0.705725	0.705487	0.705288	0.713536	0.710400	0.709926	0.713801	0.709819	0.708859	0.707200	0.706650
$\pm2\sigma$	0.000012	0.000013	0.000014	0.000010	0.000013	0.000014	0.000016	0.000013	0.000014	0.000014	0.000009	0.000014	0.000013
$(^{87}Sr/^{86}Sr)_t$	0.70594	0.70240	0.70240	0.69833	0.70519	0.70874	0.70698	0.704673	0.703169	0.704681	0.704714	0.705067	0.704510
$Sm/\times10^{-6}$	2.479	2.623	5.950	6.286	5.647	2.664	1.879	1.971	1.683	2.754	2.183	4.032	4.280
$Nd/\times10^{-6}$	10.54	11.72	29.13	27.10	24.40	12.06	7.754	10.62	10.12	12.56	12.22	18.15	18.89
$^{147}Sm/^{144}Nd$	0.1424	0.1355	0.1237	0.1404	0.1401	0.1337	0.1467	0.1123	0.1007	0.1327	0.1081	0.1345	0.1372
$^{143}Nd/^{144}Nd$	0.512498	0.512485	0.512542	0.512589	0.512581	0.512416	0.512528	0.512606	0.512581	0.512632	0.512753	0.512605	0.512635
$\pm2\sigma$	0.000008	0.000008	0.000014	0.000008	0.000009	0.000011	0.000009	0.000011	0.000014	0.000011	0.000012	0.000013	0.000012
$(^{143}Nd/^{144}Nd)_t$	0.512035	0.512045	0.512177	0.512174	0.512167	0.512090	0.512169	0.512360	0.512360	0.512341	0.512516	0.512319	0.512343
$\varepsilon_{Nd}(0)$	-2.7	-3.0	-1.9	-1.0	-1.1	-4.3	-2.2	-0.6	-1.1	-0.1	2.3	-0.6	-0.1
$\varepsilon_{Nd}(t)$	0.7	0.9	2.3	2.3	2.2	-1.3	0.2	3.0	3.0	2.6	6.0	1.9	2.4
T_{DM1}/Ma	1397	1299	1032	1170	1181	1400	1418	821	770	978	575	1051	1029
T_{DM2}/Ma	1167	1152	998	1002	1013	1232	1105	850	849	879	600	927	888
$f_{Sm/Nd}$	-0.28	-0.31	-0.37	-0.29	-0.29	-0.32	-0.25	-0.43	-0.49	-0.33	-0.45	-0.32	-0.30

续附表 4

岩体	浩尧尔海拉苏				哈拉图庙			干苏呼都格				才里乌苏		
样品	EL15-3-2	EL15-5-1	EL15-5-4	EL15-6-2	E110-11-1	E110-11-2	EL14-5-2	EL10-9-1	EL10-9-2	EL10-9-5	EL10-9-8	EL10-6-1	EL10-6-2	EL10-9-1
t/Ma	305	303	303	303	304	304	304	280	280	280	280	276	276	280
Rb/$\times10^{-6}$	56.50	40.71	45.03	14.14	176.2	150.4	159.2	121.8	124.4	114.3	122.4	170.1	160.9	121.8
Sr/$\times10^{-6}$	132.4	103.5	112.8	94.97	9.158	8.940	6.844	104.0	97.66	114.1	102.0	106.1	103.2	104.0
^{87}Rb/^{86}Sr	1.237	1.140	1.156	0.4313	56.95	49.64	69.16	3.393	3.689	2.902	3.476	4.648	4.522	3.393
^{87}Sr/^{86}Sr	0.720571	0.717742	0.715822	0.716051	0.937121	0.905477	0.986810	0.716736	0.718226	0.715079	0.717177	0.721883	0.721708	0.716736
±2σ	0.000015	0.000014	0.000014	0.000014	0.000015	0.000011	0.000014	0.000012	0.000014	0.000013	0.000014	0.000010	0.000010	0.000012
(^{87}Sr/^{86}Sr)$_t$	0.715202	0.712826	0.710836	0.714192	0.690751	0.690707	0.68761	0.70394	0.70353	0.70348	0.70382	0.70363	0.70395	0.70394
Sm/$\times10^{-6}$	2.943	2.631	2.623	2.083	10.26	8.160	2.999	3.242	3.784	3.442	3.290	5.954	6.787	3.242
Nd/$\times10^{-6}$	10.09	7.933	7.639	7.285	40.94	35.66	12.41	14.63	17.18	15.58	14.80	24.24	29.28	14.63
^{147}Sm/^{144}Nd	0.1766	0.2008	0.2079	0.1731	0.1517	0.1385	0.1463	0.1341	0.1333	0.1338	0.1345	0.1487	0.1403	0.1341
^{143}Nd/^{144}Nd	0.512477	0.512642	0.512647	0.512270	0.512719	0.512659	0.512730	0.512770	0.512740	0.512660	0.512753	0.512647	0.512659	0.512770
±2σ	0.000008	0.000010	0.000008	0.000008	0.000014	0.000014	0.000008	0.000014	0.000013	0.000013	0.000012	0.000013	0.000013	0.000014
(^{143}Nd/^{144}Nd)$_t$	0.512124	0.512244	0.512235	0.511927	0.512417	0.512383	0.512439	0.512538	0.512496	0.512414	0.512515	0.512378	0.512406	0.512538
$\varepsilon_{Nd}(0)$	-3.1	0.1	0.2	-7.2	1.6	0.4	1.8	2.6	2.0	0.4	2.2	0.2	0.4	2.6
$\varepsilon_{Nd}(t)$	-2.4	-0.1	-0.2	-6.3	3.3	2.7	3.8	4.7	4.3	2.7	4.4	1.9	2.4	4.7
T_{DM1}/Ma	2765	5947	12860	3290	1063	999	952	731	781	937	768	1183	1023	731
T_{DM2}/Ma	1261	1072	1087	1575	796	850	761	652	700	829	682	892	849	652
$f_{Sm/Nd}$	-0.10	0.02	0.06	-0.12	-0.23	-0.30	-0.26	-0.32	-0.32	-0.32	-0.32	-0.24	-0.29	-0.32

续附表 4

岩体	昆都冷								包饶勒敖包			
样品	EL10-14-1	EL10-15-1	EL10-16-1	EL10-20-1	EL10-20-2	EL10-20-5	EL10-21-1	EL10-21-3	EL14-13-1	EL13-9-4	EL14-11-2	EL13-10-2
t/Ma	279	279	279	279	279	279	279	279	235	235	239	234
Rb/$\times10^{-6}$	198.7	199.7	185.7	177.9	177.4	181.0	194.1	209.51	174.4	176.2	449.8	204.2
Sr/$\times10^{-6}$	25.61	24.29	17.66	52.42	55.84	53.84	28.53	24.4	312.0	215.2	63.02	43.31
$^{87}Rb/^{86}Sr$	22.64	24.01	30.77	9.857	9.221	9.765	19.83	25.1111	1.619	2.371	20.79	13.71
$^{87}Sr/^{86}Sr$	0.786646	0.794163	0.822635	0.742727	0.739497	0.741846	0.778999	0.800904	0.711542	0.713603	0.773895	0.752088
$\pm2\sigma$	0.000015	0.000014	0.000013	0.000014	0.000011	0.000011	0.000010	0.000012	0.000016	0.000013	0.000014	0.000014
$(^{87}Sr/^{86}Sr)_t$	0.69679	0.69887	0.70050	0.70360	0.70289	0.70308	0.70029	0.70122	0.706132	0.705677	0.704691	0.706465
Sm/$\times10^{-6}$	8.590	7.593	7.736	5.934	5.372	5.284	7.233	7.505	2.516	2.101	0.885	0.4895
Nd/$\times10^{-6}$	40.22	34.06	30.05	27.32	25.41	24.17	32.02	33.08	14.29	10.50	4.938	3.746
$^{147}Sm/^{144}Nd$	0.1293	0.1349	0.1558	0.1315	0.1280	0.1323	0.1367	0.1374	0.1066	0.1211	0.1085	0.0791
$^{143}Nd/^{144}Nd$	0.512661	0.512707	0.512697	0.512679	0.512688	0.512643	0.512710	0.512683	0.512478	0.512542	0.512496	0.512447
$\pm2\sigma$	0.000013	0.000011	0.000013	0.000012	0.000014	0.000015	0.000011	0.000012	0.000008	0.000009	0.000009	0.00001
$(^{143}Nd/^{144}Nd)_t$	0.512425	0.512460	0.512412	0.512438	0.512454	0.512401	0.512460	0.512432	0.512314	0.512356	0.512330	0.512326
$\varepsilon_{Nd}(0)$	0.4	1.3	1.1	0.8	1.0	0.1	1.4	0.9	−3.1	−1.9	−2.8	−3.7
$\varepsilon_{Nd}(t)$	2.9	3.5	2.6	3.1	3.4	2.4	3.5	3.0	−0.4	0.4	−0.1	−0.2
T_{DM1}/Ma	886	861	1198	877	825	953	874	935	958	1000	949	796
T_{DM2}/Ma	815	758	835	793	768	852	758	803	1045	975	1020	1025
$f_{Sm/Nd}$	−0.34	−0.31	−0.21	−0.33	−0.35	−0.33	−0.30	−0.30	−0.46	−0.38	−0.45	−0.60

续附表 4

岩体	包饶勒敖包				
样品	EL13-10-3	EL10-5-1	EL13-9-2	EL10-23-2	EL15-8-1
t/Ma	234	252	235	235	235
$Rb/\times10^{-6}$	250.7	9.564	205.2	645.8	281.0
$Sr/\times10^{-6}$	57.30	50.73	141.9	18.90	236.9
$^{87}Rb/^{86}Sr$	12.71	0.5459	4.190	101.8	3.435
$^{87}Sr/^{86}Sr$	0.748195	0.711713	0.718940	1.004448	0.716333
$\pm2\sigma$	0.000013	0.000015	0.000013	0.000014	0.000015
$(^{87}Sr/^{86}Sr)_t$	0.705882	0.709756	0.704936	0.664230	0.704850
$Sm/\times10^{-6}$	0.5672	2.369	2.325	10.33	8.439
$Nd/\times10^{-6}$	4.028	15.13	12.33	31.12	40.30
$^{147}Sm/^{144}Nd$	0.0852	0.0947	0.1142	0.2009	0.1268
$^{143}Nd/^{144}Nd$	0.512431	0.512375	0.512538	0.512715	0.512523
$\pm2\sigma$	0.000009	0.000015	0.000009	0.000012	0.000008
$(^{143}Nd/^{144}Nd)_t$	0.512300	0.512218	0.512363	0.512406	0.512328
$\varepsilon_{Nd}(0)$	-4.0	-5.1	-1.9	1.5	-2.2
$\varepsilon_{Nd}(t)$	-0.7	-1.9	0.5	1.4	-0.1
T_{DM1}/Ma	854	996	937	5109	1102
T_{DM2}/Ma	1066	1176	965	877	1023
$f_{Sm/Nd}$	-0.57	-0.52	-0.42	0.02	-0.36

附表 5 浩尧尔海拉苏中–基性岩墙全岩 Lu–Hf 同位素分析数据

样品编号	t/Ma	Lu/×10^{-6}	Hf/×10^{-6}	$^{176}Lu/^{177}Hf$	$^{176}Hf/^{177}Hf$	±2σ	$(^{176}Hf/^{177}Hf)_t$	$\varepsilon_{Hf}(0)$	$\varepsilon_{Hf}(t)$	T_{DM}/Ma	T_{DM2}/Ma	$f_{Lu/Hf}$
EL15-3-2	305	0. 28	1. 55	0. 0251	0. 282810	0. 000004	0. 282665	1. 3	2. 9	1748	1136	-0. 24
EL15-5-1	303	0. 28	1. 13	0. 0345	0. 282948	0. 000004	0. 282750	6. 2	5. 9	4011	944	0. 04
EL15-5-4	303	0. 30	1. 10	0. 0382	0. 282937	0. 000004	0. 282718	5. 8	4. 8	50249	1017	0. 15
EL15-6-2	303	0. 24	1. 75	0. 0191	0. 282685	0. 000003	0. 282575	-3. 1	-0. 3	1547	1340	-0. 43

附表 6 艾勒格庙–二连浩特地区古生代–早中生代侵入杂岩锆石 Hf–O 同位素分析数据

点号	t /Ma	$^{176}Yb/^{177}Hf$	$^{176}Lu/^{177}Hf$	$^{176}Hf/^{177}Hf$	2σ	$(^{176}Hf/^{177}Hf)_t$	$\varepsilon_{Hf}(0)$	$\varepsilon_{Hf}(t)$	T_{DM1}^{Hf}/Ma	T_{DM}^{C}/Ma	$\delta^{18}O$/‰	2σ
乌兰敖包												
EL14-19-1 01	497	0. 0297	0. 0011	0. 282824	0. 000021	0. 282812	1. 8	12. 4	611	681	4. 47	0. 29
EL14-19-1 02	505	0. 0217	0. 0008	0. 282363	0. 000020	0. 282354	-14. 5	-3. 7	1251	1711	6. 13	0. 26
EL14-19-1 03	492	0. 0500	0. 0018	0. 282887	0. 000021	0. 282869	4. 0	14. 3	531	554	4. 93	0. 22
EL14-19-1 04	488	0. 0234	0. 0008	0. 282766	0. 000019	0. 282757	-0. 3	10. 2	688	811	4. 40	0. 26
EL14-19-1 05	497	0. 0199	0. 0008	0. 282451	0. 000020	0. 282441	-11. 4	-0. 7	1129	1518	5. 25	0. 35
EL14-19-1 06	499	0. 0425	0. 0016	0. 282440	0. 000024	0. 282423	-11. 8	-1. 3	1169	1558	5. 55	0. 19
EL14-19-1 08	510	0. 0159	0. 0006	0. 282409	0. 000019	0. 282401	-12. 9	-1. 9	1181	1600	5. 55	0. 25
EL14-19-1 09	496	0. 0443	0. 0016	0. 282847	0. 000021	0. 282830	2. 6	13. 0	586	639	5. 90	0. 42
EL14-19-1 11	502	0. 0448	0. 0017	0. 282871	0. 000021	0. 282853	3. 4	14. 0	553	582	5. 50	0. 22

续附表6

点号	t /Ma	$^{176}Yb/^{177}Hf$	$^{176}Lu/^{177}Hf$	$^{176}Hf/^{177}Hf$	2σ	$(^{176}Hf/^{177}Hf)_t$	$\varepsilon_{Hf}(0)$	$\varepsilon_{Hf}(t)$	T_{DM1}^{Hf}/Ma	T_{DM}^{C}/Ma	$\delta^{18}O$/‰	2σ
EL14-19-1 12	504	0.0242	0.0008	0.282702	0.000024	0.282692	-2.5	8.3	778	947	4.49	0.38
EL14-19-1 13	500	0.0165	0.0007	0.282467	0.000020	0.282459	-10.9	-0.1	1103	1478	5.61	0.23
EL14-19-1 14	506	0.0800	0.0027	0.282801	0.000022	0.282773	1.0	11.2	673	762	5.84	0.23
EL14-19-1 16	490	0.0229	0.0009	0.282373	0.000021	0.282363	-14.2	-3.7	1239	1698	4.96	0.24
哈尔绍若敖包												
EL14-22-1 01	453	0.0241	0.0008	0.282745	0.000017	0.282736	-1.0	8.7	718	881	5.73	0.19
EL14-22-1 02	450	0.0284	0.0009	0.282743	0.000016	0.282733	-1.1	8.5	723	890	5.99	0.15
EL14-22-1 03	449	0.0238	0.0008	0.282785	0.000016	0.282776	0.4	10.0	662	793	5.82	0.18
EL14-22-1 04	450	0.0127	0.0004	0.282769	0.000018	0.282764	-0.2	9.6	677	820	5.98	0.15
EL14-22-1 05	452	0.0164	0.0005	0.282737	0.000020	0.282730	-1.3	8.5	724	895	5.99	0.13
EL14-22-1 06	457	0.0470	0.0015	0.282814	0.000022	0.282799	1.4	11.0	632	735	5.87	0.24
EL14-22-1 11	452	0.0212	0.0007	0.282775	0.000021	0.282767	0.0	9.8	673	811	6.22	0.11
EL14-22-1 12	451	0.0156	0.0006	0.282703	0.000022	0.282697	-2.5	7.3	771	972	5.95	0.16
EL14-22-1 13	442	0.0316	0.0011	0.282753	0.000024	0.282742	-0.8	8.7	712	875	6.20	0.17
EL14-22-1 15	450	0.0812	0.0029	0.282744	0.000026	0.282717	-1.1	8.0	761	925	5.62	0.16
EL14-22-1 17	454	0.0155	0.0005	0.282731	0.000018	0.282725	-1.5	8.3	731	905	5.43	0.21

续附表 6

点号	t/Ma	$^{176}Yb/^{177}Hf$	$^{176}Lu/^{177}Hf$	$^{176}Hf/^{177}Hf$	2σ	$(^{176}Hf/^{177}Hf)_t$	$\varepsilon_{Hf}(0)$	$\varepsilon_{Hf}(t)$	T_{DM1}^{Hf}/Ma	T_{DM}^{C}/Ma	$\delta^{18}O$/‰	2σ
牧场一队												
EL14-23-1 01	380	0. 0180	0. 0006	0. 282683	0. 000017	0. 282676	-3. 2	5. 0	801	1063	5. 29	0. 15
EL14-23-1 02	377	0. 0390	0. 0012	0. 282756	0. 000022	0. 282745	-0. 6	7. 4	710	909	5. 47	0. 23
EL14-23-1 03	378	0. 0377	0. 0012	0. 282799	0. 000020	0. 282788	0. 9	8. 9	648	810	5. 82	0. 24
EL14-23-1 04	383	0. 0171	0. 0006	0. 282719	0. 000020	0. 282713	-2. 0	6. 3	749	979	5. 47	0. 19
EL14-23-1 05	383	0. 0274	0. 0009	0. 282761	0. 000019	0. 282753	-0. 5	7. 7	696	888	5. 79	0. 18
EL14-23-1 06	388	0. 0133	0. 0005	0. 282721	0. 000020	0. 282716	-1. 9	6. 5	745	969	5. 71	0. 18
EL14-23-1 07	374	0. 0323	0. 0010	0. 282748	0. 000017	0. 282739	-0. 9	7. 1	718	925	5. 31	0. 22
EL14-23-1 09	378	0. 0309	0. 0009	0. 282699	0. 000021	0. 282691	-2. 6	5. 4	784	1032	5. 74	0. 27
EL14-23-1 10	374	0. 0319	0. 0010	0. 282717	0. 000023	0. 282708	-2. 0	6. 0	761	995	6. 08	0. 26
EL14-23-1 11	369	0. 0270	0. 0009	0. 282778	0. 000023	0. 282770	0. 1	8. 1	672	858	5. 68	0. 23
EL14-23-1 12	366	0. 0445	0. 0013	0. 282744	0. 000019	0. 282733	-1. 1	6. 7	729	944	5. 89	0. 27
EL14-23-1 13	372	0. 0213	0. 0007	0. 282739	0. 000020	0. 282732	-1. 2	6. 8	724	942	5. 93	0. 35
EL14-23-1 14	371	0. 0404	0. 0013	0. 282711	0. 000021	0. 282700	-2. 2	5. 6	774	1015	5. 69	0. 15
EL14-23-1 15	369	0. 0229	0. 0007	0. 282750	0. 000021	0. 282743	-0. 9	7. 1	709	920	5. 71	0. 26
EL14-23-1 17	366	0. 0506	0. 0015	0. 282753	0. 000020	0. 282740	-0. 7	6. 9	720	927		
EL14-23-1 19	367	0. 0387	0. 0013	0. 282766	0. 000018	0. 282755	-0. 3	7. 5	698	894		
EL14-23-1 20	364	0. 0395	0. 0012	0. 282741	0. 000020	0. 282731	-1. 2	6. 6	730	949		

续附表6

点号	t/Ma	$^{176}Yb/^{177}Hf$	$^{176}Lu/^{177}Hf$	$^{176}Hf/^{177}Hf$	2σ	$(^{176}Hf/^{177}Hf)_t$	$\varepsilon_{Hf}(0)$	$\varepsilon_{Hf}(t)$	T_{DM1}^{Hf}/Ma	T_{DM}^{C}/Ma	$\delta^{18}O$/‰	2σ
本巴图												
EL10-19-1 01	336	0. 0277	0. 0012	0. 282800	0. 000016	0. 282792	1. 0	8. 1	644	829	6. 70	0. 26
EL10-19-1 02	336	0. 0264	0. 0012	0. 282787	0. 000020	0. 282780	0. 5	7. 6	662	858	6. 61	0. 29
EL10-19-1 03	337	0. 0277	0. 0012	0. 282850	0. 000017	0. 282843	2. 8	9. 9	573	715	6. 81	0. 13
EL10-19-1 04	336	0. 0311	0. 0013	0. 282802	0. 000017	0. 282793	1. 0	8. 1	644	827	6. 57	0. 20
EL10-19-1 05	337	0. 0239	0. 0010	0. 282835	0. 000017	0. 282829	2. 2	9. 4	591	747	7. 24	0. 19
EL10-19-1 06	332	0. 0276	0. 0012	0. 282814	0. 000018	0. 282806	1. 5	8. 6	625	797	7. 09	0. 27
EL10-19-1 07	333	0. 0334	0. 0014	0. 282891	0. 000019	0. 282882	4. 2	11. 3	518	625	6. 82	0. 30
EL10-19-1 08	336	0. 0180	0. 0008	0. 282849	0. 000017	0. 282845	2. 7	9. 9	567	710	6. 56	0. 19
EL10-19-1 09	334	0. 0161	0. 0007	0. 282887	0. 000018	0. 282883	4. 1	11. 3	513	623	7. 14	0. 24
EL10-19-1 10	341	0. 0229	0. 0010	0. 282829	0. 000016	0. 282823	2. 0	9. 2	599	759	6. 97	0. 22
EL10-19-1 11	337	0. 0295	0. 0013	0. 282868	0. 000017	0. 282860	3. 4	10. 5	548	675	6. 75	0. 25
EL10-19-1 12	329	0. 0268	0. 0011	0. 282833	0. 000018	0. 282826	2. 2	9. 3	596	753	6. 81	0. 29
EL10-19-1 13	334	0. 0210	0. 0010	0. 282869	0. 000018	0. 282863	3. 4	10. 6	542	667	6. 33	0. 29
EL10-19-1 14	333	0. 0168	0. 0007	0. 282805	0. 000016	0. 282800	1. 2	8. 4	629	811	7. 20	0. 29
EL10-19-1 15	335	0. 0196	0. 0009	0. 282794	0. 000017	0. 282789	0. 8	8. 0	647	837	7. 43	0. 21
EL10-19-1 16	337	0. 0166	0. 0007	0. 282813	0. 000018	0. 282808	1. 5	8. 7	618	792	6. 93	0. 32

续附表6

点号	t/Ma	$^{176}Yb/^{177}Hf$	$^{176}Lu/^{177}Hf$	$^{176}Hf/^{177}Hf$	2σ	$(^{176}Hf/^{177}Hf)_t$	$\varepsilon_{Hf}(0)$	$\varepsilon_{Hf}(t)$	T_{DM1}^{Hf}/Ma	T_{DM}^{C}/Ma	$\delta^{18}O$/‰	2σ
巴彦高勒东												
EL10-4-1	320	0. 0485	0. 0021	0. 282913	0. 000018	0. 282901	5. 0	11. 7	494	589	5. 64	0. 25
EL10-4-2	326	0. 0548	0. 0022	0. 282886	0. 000019	0. 282873	4. 0	10. 7	536	653	5. 60	0. 28
EL10-4-3	324	0. 0739	0. 0030	0. 282953	0. 000018	0. 282935	6. 4	12. 9	447	511	5. 46	0. 28
EL10-4-4	325	0. 0669	0. 0027	0. 282953	0. 000020	0. 282937	6. 4	13. 0	443	506	5. 79	0. 26
EL10-4-5	322	0. 0745	0. 0030	0. 282923	0. 000017	0. 282905	5. 3	11. 9	492	579	5. 66	0. 26
EL10-4-6	330	0. 0323	0. 0013	0. 282127	0. 000023	0. 282119	-22. 8	-16. 0	1598	2341	6. 74	0. 2
EL10-4-7	325	0. 0883	0. 0033	0. 282981	0. 000016	0. 282961	7. 4	13. 8	408	451	5. 87	0. 31
EL10-4-8	321	0. 0964	0. 0037	0. 282953	0. 000020	0. 282931	6. 4	12. 8	456	521	5. 27	0. 24
EL10-4-9	327	0. 0319	0. 0013	0. 282220	0. 000031	0. 282212	-19. 5	-12. 7	1467	2135	5. 66	0. 25
EL10-4-10	333	0. 0870	0. 0033	0. 282856	0. 000019	0. 282836	3. 0	9. 4	598	737	5. 49	0. 24
EL10-4-11	327	0. 0453	0. 0020	0. 282881	0. 000020	0. 282869	3. 9	10. 6	540	661	5. 81	0. 28
EL10-4-13	321	0. 0497	0. 0021	0. 282947	0. 000018	0. 282938	6. 2	13. 0	438	504	5. 73	0. 21
EL10-4-14	328	0. 0531	0. 0023	0. 282925	0. 000020	0. 282911	5. 4	12. 1	480	566	5. 48	0. 24
EL10-4-15	324	0. 0807	0. 0029	0. 282826	0. 000018	0. 282808	1. 9	8. 4	637	799	5. 59	0. 26
EL10-4-16	327	0. 0539	0. 0023	0. 282912	0. 000020	0. 282898	5. 0	11. 6	499	594	5. 77	0. 17

续附表6

点号	t/Ma	$^{176}Yb/^{177}Hf$	$^{176}Lu/^{177}Hf$	$^{176}Hf/^{177}Hf$	2σ	$(^{176}Hf/^{177}Hf)_t$	$\varepsilon_{Hf}(0)$	$\varepsilon_{Hf}(t)$	T_{DM1}^{Hf}/Ma	T_{DM}^{C}/Ma	$\delta^{18}O$/‰	2σ
哈拉图庙												
EL14-5-4-1	305	0. 1328	0. 0039	0. 282863	0. 000029	0. 282839	3. 2	9. 1	600	742	6. 26	0. 28
EL14-5-4-3	304	0. 1653	0. 0045	0. 282929	0. 000022	0. 282901	5. 5	11. 3	508	602	6. 06	0. 22
EL14-5-4-4	305	0. 1549	0. 0045	0. 282863	0. 000024	0. 282835	3. 1	9. 0	611	750	6. 19	0. 21
EL14-5-4-5	304	0. 0889	0. 0026	0. 282807	0. 000024	0. 282790	1. 2	7. 3	662	853	6. 27	0. 26
EL14-5-4-6	305	0. 1053	0. 0031	0. 282813	0. 000025	0. 282793	1. 4	7. 5	661	846	6. 28	0. 23
EL14-5-4-7	305	0. 1418	0. 0043	0. 282894	0. 000030	0. 282868	4. 3	10. 1	558	676	6. 28	0. 24
EL14-5-4-8	305	0. 1283	0. 0038	0. 282824	0. 000028	0. 282801	1. 8	7. 7	658	829	5. 58	0. 32
EL14-5-4-9	306	0. 1436	0. 0040	0. 282882	0. 000027	0. 282857	3. 8	9. 7	573	701	2. 17	0. 20
EL14-5-4-10	306	0. 0979	0. 0029	0. 282832	0. 000027	0. 282814	2. 1	8. 2	630	799	6. 38	0. 33
EL14-5-4-11	301	0. 1531	0. 0045	0. 282909	0. 000031	0. 282882	4. 8	10. 5	539	647	6. 50	0. 28
EL14-5-4-12	302	0. 1748	0. 0051	0. 282965	0. 000029	0. 282933	6. 7	12. 4	460	527	6. 36	0. 33
EL14-5-4-13	305	0. 0897	0. 0026	0. 282903	0. 000024	0. 282886	4. 6	10. 7	520	636	6. 48	0. 40
EL14-5-4-14	301	0. 1282	0. 0038	0. 282867	0. 000025	0. 282843	3. 3	9. 1	594	735	5. 66	0. 28
EL14-5-4-16	304	0. 1932	0. 0058	0. 283024	0. 000032	0. 282989	8. 8	14. 4	373	401		

续附表6

点号	t/Ma	$^{176}Yb/^{177}Hf$	$^{176}Lu/^{177}Hf$	$^{176}Hf/^{177}Hf$	2σ	$(^{176}Hf/^{177}Hf)_t$	$\varepsilon_{Hf}(0)$	$\varepsilon_{Hf}(t)$	T_{DM1}^{Hf}/Ma	T_{DM}^{C}/Ma	$\delta^{18}O$/‰	2σ
才里乌苏												
EL10-6-5 01	277	0. 094362	0. 002860	0. 282924	0. 000025	0. 282909	5. 4	10. 9	489	602	10. 02	0. 34
EL10-6-5 04	279	0. 070267	0. 002149	0. 282922	0. 000021	0. 282911	5. 3	11. 0	482	597	9. 74	0. 32
EL10-6-5 05	278	0. 062727	0. 001899	0. 282934	0. 000023	0. 282924	5. 7	11. 5	461	566		
EL10-6-5 07	276	0. 040691	0. 001255	0. 282809	0. 000028	0. 282802	1. 3	7. 1	633	844	10. 85	0. 32
EL10-6-5 08	273	0. 094288	0. 002738	0. 282955	0. 000026	0. 282941	6. 5	12. 1	441	528	10. 29	0. 25
EL10-6-5 09	279	0. 068708	0. 002019	0. 282794	0. 000030	0. 282783	0. 8	6. 5	667	887	9. 94	0. 26
EL10-6-5 10	276	0. 051140	0. 001543	0. 282896	0. 000019	0. 282888	4. 4	10. 2	512	649		
EL10-6-5 11	276	0. 076497	0. 002270	0. 282900	0. 000020	0. 282888	4. 5	10. 2	517	649	10. 40	0. 31
EL10-6-5 12	270	0. 052981	0. 001613	0. 282889	0. 000017	0. 282881	4. 1	9. 9	523	666	10. 14	0. 36
EL10-6-5 13	278	0. 063159	0. 001868	0. 282886	0. 000017	0. 282876	4. 0	9. 8	531	676	9. 95	0. 22
EL10-6-5 15	276	0. 051317	0. 001515	0. 282910	0. 000015	0. 282902	4. 9	10. 7	491	617	10. 34	0. 35
EL10-6-5 17	282	0. 058950	0. 001840	0. 282867	0. 000020	0. 282857	3. 3	9. 1	559	719		
EL10-6-5 18	276	0. 091799	0. 002534	0. 282881	0. 000021	0. 28286817	3. 9	9. 5	548	694	10. 12	0. 43

续附表6

点号	t/Ma	$^{176}Yb/^{177}Hf$	$^{176}Lu/^{177}Hf$	$^{176}Hf/^{177}Hf$	2σ	$(^{176}Hf/^{177}Hf)_t$	$\varepsilon_{Hf}(0)$	$\varepsilon_{Hf}(t)$	T_{DM1}^{Hf}/Ma	T_{DM}^{C}/Ma	$\delta^{18}O$/‰	2σ
干苁呼都格												
EL10-9-1 01	270	0.040430	0.001594	0.282939	0.000020	0.282931	5.9	11.6	450	554	—	—
EL10-9-1 02	267	0.058842	0.002272	0.282962	0.000025	0.282951	6.7	12.2	425	513	7.97	0.28
EL10-9-1 03	283	0.051826	0.001985	0.282942	0.000022	0.282931	6.0	11.9	452	546	8.70	0.22
EL10-9-1 04	267	0.061225	0.002346	0.282991	0.000023	0.282979	7.7	13.2	384	448	7.73	0.30
EL10-9-1 05	265	0.059664	0.002286	0.282959	0.000023	0.282948	6.6	12.0	429	520	7.65	0.25
EL10-9-1 06	283	0.065343	0.002470	0.282941	0.000024	0.282928	6.0	11.7	459	554	7.60	0.37
EL10-9-1 07	287	0.062682	0.002441	0.282942	0.000020	0.282929	6.0	11.9	457	549	7.90	0.28
EL10-9-1 08	284	0.053203	0.002086	0.282888	0.000020	0.282877	4.1	10.0	531	668	7.87	0.27
EL10-9-1 09	272	0.056292	0.002196	0.282914	0.000019	0.282902	5.0	10.6	495	619	7.96	0.26
EL10-9-1 10	256	0.062004	0.002458	0.282994	0.000024	0.282982	7.8	13.1	381	448	7.49	0.26
EL10-9-1 11	257	0.053674	0.002106	0.282974	0.000022	0.282964	7.1	12.4	406	489	7.78	0.27
EL10-9-1 12	265	0.038517	0.001568	0.282903	0.000020	0.282895	4.6	10.2	503	641	7.65	0.25
EL10-9-1 13	282	0.068299	0.002553	0.282935	0.000018	0.282922	5.8	11.5	468	568	7.54	0.23
EL10-9-1 14	269	0.045849	0.001932	0.282839	0.000025	0.282830	2.4	8.0	600	786	7.37	0.15
EL10-9-1 15	278	0.061007	0.002336	0.282979	0.000023	0.282967	7.3	13.0	401	468	7.82	0.33
EL10-9-1 16	284	0.080185	0.003105	0.282938	0.000020	0.282921	5.9	11.5	472	569	7.84	0.21
EL10-9-1 17	285	0.049515	0.001919	0.282941	0.000021	0.282931	6.0	11.9	452	546	8.15	0.19
EL10-9-1 18	262	0.056174	0.002178	0.282852	0.000020	0.282842	2.8	8.2	585	763	7.7	0.3

续附表6

点号	t/Ma	$^{176}Yb/^{177}Hf$	$^{176}Lu/^{177}Hf$	$^{176}Hf/^{177}Hf$	2σ	$(^{176}Hf/^{177}Hf)_t$	$\varepsilon_{Hf}(0)$	$\varepsilon_{Hf}(t)$	T_{DM1}^{Hf}/Ma	T_{DM}^{C}/Ma	$\delta^{18}O$/‰	2σ
昆都冷												
EL10-20-1 01	280	0. 042845	0. 001492	0. 282898	0. 000020	0. 282890	4. 5	10. 3	508	642	6. 79	0. 33
EL10-20-1 02	277	0. 047026	0. 001667	0. 282887	0. 000021	0. 282878	4. 1	9. 9	527	670	7. 48	0. 25
EL10-20-1 03	278	0. 070982	0. 002404	0. 282845	0. 000019	0. 282833	2. 6	8. 3	599	773	7. 23	0. 19
EL10-20-1 04	283	0. 058229	0. 002006	0. 282874	0. 000021	0. 282863	3. 6	9. 4	551	704	7. 26	0. 28
EL10-20-1 08	282	0. 066888	0. 002298	0. 282900	0. 000019	0. 282888	4. 5	10. 3	516	646	7. 34	0. 29
EL10-20-1 12	280	0. 040184	0. 001440	0. 282909	0. 000019	0. 282901	4. 8	10. 7	492	617	7. 42	0. 27
EL10-20-1 13	280	0. 052678	0. 001834	0. 282852	0. 000020	0. 282842	2. 8	8. 6	580	751	7. 37	0. 32
EL10-20-1 15	278	0. 058178	0. 002006	0. 282946	0. 000019	0. 282936	6. 2	11. 9	445	539	7. 11	0. 44
EL10-21-1 01	280	0. 047133	0. 001685	0. 282938	0. 000021	0. 282930	5. 9	11. 7	453	552	7. 11	0. 27
EL10-21-1 02	277	0. 052390	0. 001815	0. 282925	0. 000019	0. 282916	5. 4	11. 2	473	584	7. 44	0. 25
EL10-21-1 03	277	0. 070276	0. 002403	0. 282884	0. 000022	0. 282872	4. 0	9. 7	541	684	7. 11	0. 29
EL10-21-1 04	279	0. 066603	0. 002277	0. 282931	0. 000021	0. 282919	5. 6	11. 3	477	577	7. 55	0. 20
EL10-21-1 06	277	0. 063014	0. 002152	0. 282898	0. 000022	0. 282887	4. 5	10. 2	517	650	7. 11	0. 18
EL10-21-1 08	278	0. 057784	0. 001998	0. 282909	0. 000021	0. 282899	4. 9	10. 6	499	622	7. 36	0. 29
EL10-21-1 09	283	0. 059406	0. 002036	0. 282852	0. 000018	0. 282842	2. 8	8. 6	583	753	7. 27	0. 25
EL10-21-1 10	283	0. 064081	0. 002174	0. 282897	0. 000022	0. 282886	4. 4	10. 2	519	652	7. 43	0. 28
EL10-21-1 11	287	0. 062034	0. 002122	0. 282884	0. 000023	0. 282873	4. 0	9. 7	537	681	6. 95	0. 27
EL10-21-1 12	283	0. 072097	0. 002477	0. 282894	0. 000019	0. 282881	4. 3	10. 0	528	662	7. 22	0. 21
EL10-21-1 13	283	0. 060378	0. 002086	0. 282948	0. 000020	0. 282935	6. 2	11. 9	448	540	7. 27	0. 28
EL10-21-1 14	280	0. 055326	0. 001878	0. 282923	0. 000020	0. 282913	5. 3	11. 1	477	589	7. 42	0. 21

续附表6

点号	t/Ma	$^{176}Yb/^{177}Hf$	$^{176}Lu/^{177}Hf$	$^{176}Hf/^{177}Hf$	2σ	$(^{176}Hf/^{177}Hf)_t$	$\varepsilon_{Hf}(0)$	$\varepsilon_{Hf}(t)$	T_{DM1}^{Hf}/Ma	T_{DM}^{C}/Ma	$\delta^{18}O$/‰	2σ
包饶勒敖包(继承锆石时间校正到 235 Ma)												
EL14-13-1 05	296	0. 05567	0. 001582	0. 282761	0. 000027	0. 282752	−0. 5	4. 4	710	985	7. 26	0. 33
EL14-13-1 15	298	0. 040766	0. 001331	0. 282809	0. 000022	0. 282802	1. 3	6. 2	636	872	6. 43	0. 25
EL14-13-1 01	231	0. 044356	0. 00152	0. 282823	0. 00002	0. 282814	1. 7	6. 6	620	846	6. 74	0. 28
EL14-13-1 03	235	0. 059791	0. 001833	0. 28278	0. 000023	0. 28277	0. 2	5. 1	688	943	6. 12	0. 26
EL14-13-1 06	230	0. 039421	0. 001201	0. 282735	0. 000027	0. 282728	−1. 4	3. 5	740	1042	6. 02	0. 23
EL14-13-1 07	233	0. 095911	0. 002852	0. 282764	0. 000023	0. 282749	−0. 4	4. 3	731	991	5. 92	0. 29
EL14-13-1 08	239	0. 04536	0. 001359	0. 282753	0. 000032	0. 282744	−0. 8	4. 3	717	998	5. 69	0. 29
EL14-13-1 09	232	0. 053811	0. 001582	0. 282832	0. 000032	0. 282823	2	6. 9	608	825	5. 69	0. 28
EL14-13-1 10	234	0. 046252	0. 001481	0. 282844	0. 000032	0. 282836	2. 5	7. 4	588	794	5. 32	0. 22
EL14-13-1 11	233	0. 056477	0. 001754	0. 282822	0. 000019	0. 282812	1. 7	6. 5	625	849	5. 95	0. 21
EL14-13-1 12	235	0. 057068	0. 001759	0. 282728	0. 000022	0. 282718	−1. 6	3. 3	761	1059	5. 51	0. 16
EL14-13-1 13	242	0. 049708	0. 001595	0. 282806	0. 000021	0. 282797	1. 1	6. 2	645	877	5. 42	0. 18
EL14-13-1 14	232	0. 067605	0. 002149	0. 282719	0. 00003	0. 282707	−2	2. 8	782	1086	5. 84	0. 23
EL14-13-1 16	223	0. 052678	0. 001675	0. 28282	0. 000025	0. 282811	1. 6	6. 3	626	857	5. 64	0. 25
EL13-9-4 07	947	0. 089217	0. 002712	0. 282344	0. 000035	0. 282331	−15. 2	−10. 5	1345	1926	6. 47	0. 24
EL13-9-4 11	384	0. 034325	0. 001335	0. 282691	0. 000018	0. 282683	−2. 9	2	804	1138	7. 26	0. 25
EL13-9-4 01	233	0. 051691	0. 001735	0. 282828	0. 000016	0. 282819	1. 9	6. 8	616	834	6. 38	0. 28
EL13-9-4 02	233	0. 033476	0. 001347	0. 282816	0. 000023	0. 282808	1. 5	6. 4	626	857	6. 43	0. 29

续附表6

点号	t/Ma	$^{176}Yb/^{177}Hf$	$^{176}Lu/^{177}Hf$	$^{176}Hf/^{177}Hf$	2σ	$(^{176}Hf/^{177}Hf)_t$	$\varepsilon_{Hf}(0)$	$\varepsilon_{Hf}(t)$	T_{DM1}^{Hf}/Ma	T_{DM}^{C}/Ma	$\delta^{18}O$/‰	2σ
EL13-9-4 03	233	0. 064807	0. 002274	0. 282685	0. 000027	0. 282673	-3. 1	1. 6	834	1162	6. 46	0. 28
EL13-9-4 04	233	0. 104015	0. 003405	0. 28283	0. 000027	0. 282813	2	6. 6	642	846	5. 48	0. 24
EL13-9-4 05	233	0. 056152	0. 002042	0. 282722	0. 000022	0. 282711	-1. 9	3	776	1078	5. 45	0. 16
EL13-9-4 06	235	0. 057421	0. 001859	0. 282777	0. 000026	0. 282767	0. 1	5	692	950	5. 78	0. 16
EL13-9-4 10	232	0. 049774	0. 001792	0. 282864	0. 000021	0. 282854	3. 2	8	565	754	6. 55	0. 24
EL13-9-4 13	233	0. 057859	0. 002123	0. 282808	0. 000023	0. 282797	1. 2	6	651	882	4. 69	0. 3
EL13-9-4 14	238	0. 050485	0. 0019	0. 282849	0. 000024	0. 282838	2. 6	7. 6	589	786	6. 05	0. 23
EL14-11-2 01	239	0. 225969	0. 006243	0. 28276	0. 000038	0. 28273	-0. 5	3. 8	813	1029	5. 21	0. 28
EL14-11-2 03	240	0. 170032	0. 004652	0. 282869	0. 000022	0. 282846	3. 4	7. 9	605	767	4. 69	0. 2
EL14-11-2 04	239	0. 0389	0. 00121	0. 282766	0. 000026	0. 282758	-0. 3	4. 8	696	966	5. 64	0. 21
EL14-11-2 05	239	0. 061036	0. 00187	0. 282772	0. 000022	0. 282761	-0. 1	4. 9	699	959	5. 74	0. 24
EL14-11-2 08	239	0. 038148	0. 00116	0. 28286	0. 000019	0. 282853	3	8. 1	561	753	5. 58	0. 31
EL14-11-2 11	239	0. 096805	0. 002795	0. 282793	0. 000019	0. 282779	0. 7	5. 5	686	920	5. 78	0. 27
EL14-11-2 12	249	0. 051673	0. 001571	0. 282793	0. 000021	0. 282784	0. 7	5. 9	663	902	5. 94	0. 33
EL14-11-2 13	241	0. 087602	0. 002419	0. 282811	0. 00002	0. 282798	1. 3	6. 2	653	875	6. 07	0. 24
EL14-11-2 14	240	0. 080511	0. 002382	0. 282789	0. 000024	0. 282776	0. 5	5. 4	684	925	6. 44	0. 3
EL14-11-2 15	239	0. 128431	0. 003432	0. 282901	0. 000021	0. 282883	4. 5	9. 2	535	683	6. 38	0. 21
EL14-11-2 10	226	0. 054713	0. 001627	0. 282853	0. 000021	0. 282844	2. 8	7. 8	577	772	5. 79	0. 3
EL14-11-2 07	219	0. 232216	0. 006259	0. 282907	0. 000027	0. 282878	4. 7	8. 8	572	701	5. 82	0. 28

续附表6

点号	t/Ma	$^{176}Yb/^{177}Hf$	$^{176}Lu/^{177}Hf$	$^{176}Hf/^{177}Hf$	2σ	$(^{176}Hf/^{177}Hf)_t$	$\varepsilon_{Hf}(0)$	$\varepsilon_{Hf}(t)$	T_{DM1}^{Hf}/Ma	T_{DM}^{C}/Ma	$\delta^{18}O$/‰	2σ
EL13-10-3 06	2397	0. 014024	0. 000656	0. 281381	0. 000017	0. 281376	-49. 3	-44. 2	2591	4001	6. 93	0. 24
EL13-10-3 09	2221	0. 022649	0. 000989	0. 281367	0. 000022	0. 281361	-49. 7	-44. 8	2633	4034	7. 09	0. 19
EL13-10-3 10	2350	0. 009808	0. 000412	0. 281222	0. 000035	0. 281218	-54. 9	-49. 8	2788	4338	6. 8	0. 32
EL13-10-3 11	1999	0. 00787	0. 00036	0. 281338	0. 000028	0. 281335	-50. 8	-45. 7	2629	4091	5. 22	0. 29
EL13-10-3 13	2214	0. 006488	0. 000308	0. 281384	0. 000017	0. 28138	-49. 2	-44. 1	2565	3993	6. 42	0. 29
EL13-10-3 14	1793	0. 009205	0. 000438	0. 281607	0. 000018	0. 281604	-41. 3	-36. 2	2271	3515	6. 6	0. 21
EL13-10-3 16	2330	0. 026675	0. 001067	0. 281447	0. 000021	0. 281441	-46. 9	-41. 9	2528	3864	6. 47	0. 46
EL13-10-3 15	237	0. 010107	0. 000492	0. 282837	0. 000017	0. 282833	2. 2	7. 4	583	799	5. 75	0. 26
EL12-5-9 01	221	0. 028101	0. 000888	0. 282897	0. 000028	0. 282891	4. 3	9	505	679		
EL12-5-9 03	220	0. 027842	0. 000844	0. 282858	0. 000025	0. 282852	3	7. 7	559	767		
EL12-5-9 04	222	0. 041433	0. 00123	0. 282851	0. 000026	0. 282844	2. 7	7. 4	574	785		
EL12-5-9 05	219	0. 0274	0. 000823	0. 28289	0. 000025	0. 282885	4. 1	8. 8	513	692		
EL12-5-9 06	227	0. 030154	0. 000921	0. 282909	0. 000027	0. 282903	4. 8	9. 4	488	651		
EL12-5-9 07	216	0. 034469	0. 00105	0. 282854	0. 000027	0. 282848	2. 8	7. 5	567	776		
EL12-5-9 08	220	0. 041857	0. 001248	0. 282866	0. 000027	0. 282859	3. 2	7. 9	554	752		
EL12-5-9 09	219	0. 030461	0. 000907	0. 28282	0. 000024	0. 282814	1. 6	6. 3	614	852		
EL12-5-9 10	219	0. 018476	0. 000602	0. 282805	0. 000027	0. 2828	1. 1	5. 8	630	884		
EL12-5-9 11	211	0. 032725	0. 001007	0. 28287	0. 000028	0. 282864	3. 4	8. 1	545	741		
EL12-5-9 12	208	0. 031197	0. 000945	0. 282892	0. 000027	0. 282886	4. 2	8. 8	512	690		

续附表6

点号	t/Ma	$^{176}Yb/^{177}Hf$	$^{176}Lu/^{177}Hf$	$^{176}Hf/^{177}Hf$	2σ	$(^{176}Hf/^{177}Hf)_t$	$\varepsilon_{Hf}(0)$	$\varepsilon_{Hf}(t)$	T_{DM1}^{Hf}/Ma	T_{DM}^{C}/Ma	$\delta^{18}O$/‰	2σ
EL12-5-9 13	221	0.024192	0.000778	0.282841	0.000023	0.282836	2.4	7.1	581	803		
EL12-5-9 14	217	0.022865	0.000739	0.282828	0.000024	0.282823	1.9	6.6	599	832		
EL12-5-9 15	221	0.027202	0.000841	0.282844	0.000027	0.282838	2.5	7.2	579	798		
EL12-5-9 16	219	0.052468	0.00152	0.282875	0.000024	0.282867	3.6	8.2	544	733		
EL12-5-9 17	224	0.019451	0.00061	0.282881	0.000023	0.282877	3.8	8.5	523	711		
EL12-5-9 18	219	0.029405	0.000869	0.282801	0.000026	0.282796	1	5.6	640	895		
EL14-20-1 05	459	0.03528	0.001073	0.282734	0.000019	0.282727	-1.4	3.6	738	1039	5.46	0.25
EL14-20-1 07	451	0.036277	0.001133	0.282739	0.00002	0.282732	-1.2	3.7	733	1029	5.87	0.3
EL14-20-1 10	422	0.037128	0.001081	0.282458	0.000018	0.282452	-11.2	-6.2	1127	1657	9.33	0.16
EL14-20-1 15	509	0.027184	0.000906	0.282829	0.000025	0.282823	1.9	7	601	823	6.09	0.19
EL14-20-1 16	421	0.051068	0.001436	0.282487	0.000018	0.282479	-10.2	-5.2	1097	1597	10.14	0.38
EL14-20-1 03	304	0.047765	0.001339	0.282835	0.00002	0.282827	2.2	7.1	599	813	9.81	0.24
EL14-20-1 04	282	0.049216	0.001339	0.282622	0.000021	0.282614	-5.4	-0.4	902	1293	5.71	0.4
EL14-20-1 12	281	0.067021	0.001771	0.282903	0.000022	0.282893	4.6	9.5	508	663	5.85	0.34
EL14-20-1 11	297	0.043071	0.001307	0.282873	0.000018	0.282865	3.5	8.5	544	727	5.46	0.11
EL14-20-1 08	269	0.030971	0.000827	0.282748	0.000018	0.282742	-0.9	4.1	714	1005	8.33	0.26
EL14-20-1 02	243	0.032117	0.000992	0.282705	0.000017	0.282699	-2.4	2.7	777	1099	6.19	0.2

附录2 Rb-Sr、Sm-Nd、Lu-Hf同位素体系计算公式

1）Sr-Nd同位素体系计算公式及参数：

$(^{87}Sr/^{86}Sr)_t=(^{87}Sr/^{86}Sr)_s-(^{87}Rb/^{86}Sr)_s\times(e^{\lambda t}-1)$；

$\varepsilon_{Nd}(0)=[(^{143}Nd/^{144}Nd)_s/(^{143}Nd/^{144}Nd)_{CHUR}-1]\times10000$；

$\varepsilon_{Nd}(t)=\{[(^{143}Nd/^{144}Nd)_s-(^{147}Sm/^{144}Nd)_s\times(e^{\lambda t}-1)]/[(^{143}Nd/^{144}Nd)_{CHUR}-(^{147}Sm/^{144}Nd)_{CHUR}\times(e^{\lambda t}-1)]-1\}\times10000$；

$T_{DM1}=1/\lambda\times\ln\{1+[(^{143}Nd/^{144}Nd)_s-(^{143}Nd/^{144}Nd)_{DM}]/[(^{147}Sm/^{144}Nd)_s-(^{147}Sm/^{144}Nd)_{DM})]\}$；

$T_{DM2}=T_{DM1}-(T_{DM1}-t)\times[(f_c-f_s)/(f_c-f_{DM})]$；

$f_{Sm/Nd}=(^{147}Sm/^{144}Nd)_s/(^{147}Sm/^{144}Nd)_{CHUR}-1$；

其中，$(^{143}Nd/^{144}Nd)_s$ 和 $(^{147}Sm/^{144}Nd)_s$ 为样品测定值；$(^{147}Sm/^{144}Nd)_{CHUR}=0.1967$，$(^{143}Nd/^{144}Nd)_{CHUR}=0.512638$；$(^{147}Sm/^{144}Nd)_{DM}=0.2137$，$(^{143}Nd/^{144}Nd)_{DM}=0.51315$；$f_c$、$f_s$ 和 f_{DM} 分别为大陆地壳、样品和亏损地幔的 $f_{Sm/Nd}$，$f_c=-0.4$，$f_{DM}=0.08643$；t 为样品形成时间，^{87}Rb 衰变常数 $\lambda=1.42\times10^{-11}\ a^{-1}$，$^{147}Sm$ 衰变常数 $\lambda=6.54\times10^{-12}\ a^{-1}$。

2）Lu-Hf同位素体系计算公式及参数：

$(^{176}Hf/^{177}Hf)_t=(^{176}Hf/^{177}Hf)_s-(^{176}Lu/^{177}Hf)_s\times(e^{\lambda t}-1)$；

$\varepsilon_{Hf}(t)=10000\times\{[(^{176}Hf/^{177}Hf)_s-(^{176}Lu/^{177}Hf)_s\times(e^{\lambda t}-1)]/[(^{176}Hf/^{177}Hf)_{CHUR}-(^{176}Lu/^{177}Hf)_{CHUR}\times(e^{\lambda t}-1)]-1\}$；

$T_{DM1}=1/\lambda\times\ln\{1+[(^{176}Hf/^{177}Hf)_s-(^{176}Hf/^{177}Hf)_{DM}]/[(^{176}Lu/^{177}Hf)_s-(^{176}Lu/^{177}Hf)_{DM}]\}$；

$T_{DM2}=T_{DM1}-(T_{DM1}-t)\times[(f_c-f_s)/(f_c-f_{DM})]$；

$T_{DM}^{C}=1/\lambda\times\ln\{1+[(^{176}Hf/^{177}Hf)_{s,t}-(^{176}Hf/^{177}Hf)_{DM,t}]/[(^{176}Lu/^{177}Hf)_c-(^{176}Lu/^{177}Hf)_{DM}]\}+t$；

$f_{Lu/Hf}=(^{176}Lu/^{177}Hf)_s/(^{176}Lu/^{177}Hf)_{CHUR}-1$。

其中，$(^{176}Lu/^{177}Hf)_s$ 和 $(^{176}Hf/^{177}Hf)_s$ 代表样品的实测比值；$(^{176}Lu/^{177}Hf)_{CHUR}=0.0332$ 和 $(^{176}Hf/^{177}Hf)_{CHUR}=0.282772$（Blichert-Toft 和 Albarède，1997）；$(^{176}Lu/^{177}Hf)_{DM}=0.0384$ 和 $(^{176}Hf/^{177}Hf)_{DM}=0.28325$（Griffin et al.，2000），$(^{176}Lu/^{177}Hf)_c=0.015$；$f_c$、$f_s$、$f_{DM}$ 分别是大陆地壳、样品和亏损地幔的 $f_{Lu/Hf}$；t 为锆石的结晶时间；^{176}Lu 衰变常数 $\lambda=1.867\times10^{-11}\ a^{-1}$（Soderlund et al.，2004）。

附录 3 主要代码一览

1)矿物代码

Pl 斜长石	An 钙长石	Oc 更长石	Ab 钠长石
Afs 碱性长石	Or 正长石	Mc 微斜长石	Pth 条纹长石
Cpx 单斜辉石	Amp 角闪石	Hbl 普通角闪石	Bt 黑云母
Bt[Fe] 富铁黑云母	Mus 白云母	Qtz 石英	Ap 磷灰石
Zrn 锆石	Ilm 钛铁矿	Mnz 独居石	Xtm 磷钇矿
Chl 绿泥石	Ep 绿帘石		

2)其他代码

IAT 岛弧拉斑玄武岩　FAB 弧前玄武岩　OIB 洋岛玄武岩

MORB 洋中脊玄武岩　TTG 奥长花岗岩-英云闪长岩-花岗闪长岩

MME 基性微粒包体　SSZ 俯冲带上盘

$Fe_2O_3^T$, FeO^T 全铁　镁指数 $Mg^{\#}=MgO/(MgO+FeO)$ 或 $Mg/(Mg+Fe^{2+})$

A/CNK 铝饱和指数　铁指数 $Fe^{\#}=FeO^T/(FeO^T+MgO)$ 或 $Fe^{\#}=Fe^{2+}/(Fe^{2+}+Mg)$

LILE 大离子亲石元素　HFSE 高场强元素　REE 稀土元素

HREE 重稀土元素　LREE 轻稀土元素　LOI 烧失量

ID-TIMS 热电离质谱仪　SIMS 二次离子质谱仪　SHRIMP 高灵敏度高分辨率离子探针

LA-(MC)-ICPMS 激光剥蚀(多接收)电感耦合等离子体质谱仪

CL 阴极发光成像　BSE 背散射电子成像　(+) 正交偏光

(-) 单偏光　MSWD 平均标准权重偏差Ga(距今)十亿年

Ma(距今)百万年　Myr 百万年

图书在版编目(CIP)数据

内蒙古中部二连浩特地区古生代-早中生代岩浆-构造演化／袁玲玲，张晓晖著．—长沙：中南大学出版社，2022.8

ISBN 978-7-5487-5026-0

Ⅰ．①内… Ⅱ．①袁… ②张… Ⅲ．①古生代—岩浆活动—研究—二连浩特②中生代—构造演化—研究—二连浩特 Ⅳ．①P588.11②P535.226.3

中国版本图书馆 CIP 数据核字(2022)第 135007 号

内蒙古中部二连浩特地区古生代-早中生代岩浆-构造演化

NEIMENGGU ZHONGBU ERLIANHAOTE DIQU GUSHENGDAI-ZAOZHONGSHENGDAI YANJIANG-GOUZAO YANHUA

袁玲玲　张晓晖　著

□**出 版 人**　吴湘华

□**责任编辑**　伍华进

□**责任印制**　李月腾

□**出版发行**　中南大学出版社

社址：长沙市麓山南路　　邮编：410083

发行科电话：0731-88876770　　传真：0731-88710482

□**印　　装**　长沙鸿和印务有限公司

□**开　　本**　710 mm×1000 mm　1/16　□**印张** 14.75　□**字数** 291 千字

□**互联网+图书　二维码内容**　图片 26 张

□**版　　次**　2022 年 8 月第 1 版　□**印次** 2022 年 8 月第 1 次印刷

□**书　　号**　ISBN 978-7-5487-5026-0

□**定　　价**　78.00 元